自動化工廠

機械臂

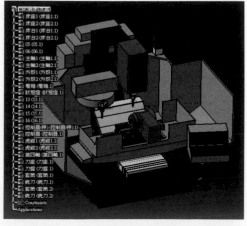
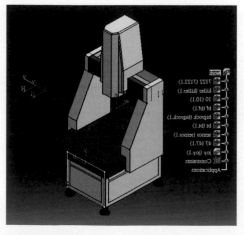

CNC 加工機　　　　　　　三次元量床

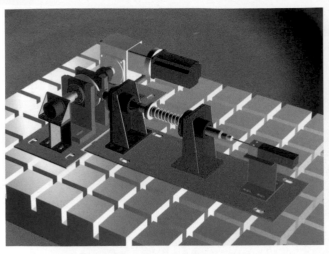

量測機台

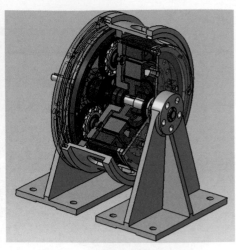

減速機構

立體凸輪

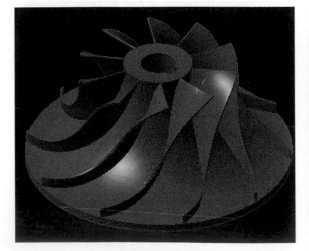
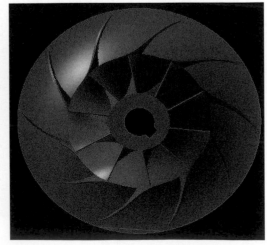

離心式葉片

CATIA 電腦輔助三維元件設計
（附範例光碟片）（修訂版）

杜黎蓉・林博正　編著

全華圖書股份有限公司　印行

國家圖書館出版品預行編目資料

CATIA 電腦輔助三維元件設計 / 杜黎蓉, 林博正
編著. -- 二版.-- 臺北縣土城市：全華圖書，
2009.03
面 ； 公分
參考書目：面
ISBN 978-957-21-6429-7(平裝附光碟)
1. 電腦輔助設計 2. 電腦輔助製造
440.029   97008837

CATIA 電腦輔助三維元件設計

(附範例光碟片)(修訂版)

作者 / 杜黎蓉、林博正

發行人 / 陳本源

執行編輯 / 康容慈

出版者 / 全華圖書股份有限公司

郵政帳號 / 0100836-1 號

印刷者 / 宏懋打字印刷股份有限公司

圖書編號 / 05603017

二版六刷 / 2018 年 12 月

定價 / 新台幣 580 元

ISBN / 978-957-21-6429-7 (平裝附光碟)

全華圖書 / www.chwa.com.tw

全華網路書店 Open Tech / www.opentech.com.tw

若您對書籍內容、排版印刷有任何問題，歡迎來信指導 book@chwa.com.tw

臺北總公司(北區營業處)
地址：23671 新北市土城區忠義路 21 號
電話：(02) 2262-5666
傳真：(02) 6637-3695、6637-3696

中區營業處
地址：40256 臺中市南區樹義一巷 26 號
電話：(04) 2261-8485
傳真：(04) 3600-9806

南區營業處
地址：80769 高雄市三民區應安街 12 號
電話：(07) 381-1377
傳真：(07) 862-5562

序

法國達梭(Dassault)公司針對 CAD/CAM/CAE 所開發的 CATIA 應用軟體，積極由工作站移轉至 PC 平台，從 V5R1 到今的 V5R13，由於版本的更新迅速，每年至少會有兩大版本更新，可想而知該公司具有龐大的研發團隊，也顯現出該應用軟體的功能與應用性頗受使用者的青睞與使用。為能配合軟體不斷地推陳出新，並讓使用者能即時應用到新增功能與模組，本書只得急起直追。

CATIA 應用軟體在歐美廣泛被採用，但引入國內較晚，由於其功能強大，V5/R13 目前已超過二百一十個模組，航太精密機械領域已到非採用不可，尤其與國外廠商進行合作，在設計均以此為整合互通之工具，因此，目前國內技術與產品不斷提昇，亦陸續採用與必備工具。

目前國內學校電腦輔助工程基礎教育亦朝此方向進行，取代平面繪圖設計，尤其在設計理念的構思與表達，亦是一個基本工具。再者，目前國內已朝向高精度、高品質與高附加價值等產品，傳統的應用軟體已不在吻合目前需求，且在學校職前訓練，亦朝向務實與企業結合，使學生進入社會均能具有基礎工具技能。由學生專題製作與課程授課得知，學習過程相當短，即可操作應用，唯應用軟體使用關鍵在於需多用心與動手演練，CATIA 應用軟體只是一種完整多功能易操作的輔助工具，需多加利用方能得心應手。

經教育部、工業局、航太小組、成功大學航太系及 IBM 公司等單位積極推動，進行電腦輔助設計相關課程之訓練。從設計觀點來看，仿間軟體現都以 3D 方式下手，提高設計概念，本書以 V5R13 進行更新，將元件設計、製圖、組裝及曲面設計常用模組歸納成冊，提供完整有系統的實例，供使用者參考演練。於修改過程中軟體一再出新，時間相當緊迫，雖經再三校對恐未臻完善，書中欠妥及謬誤處，敬請各位先進不吝指正。請來函或以電子郵件聯繫 **dodo@mail.ncku.edu.tw**，我們

會儘速作改進及回覆。

感謝全華圖書公司的專業及讀者們共襄盛舉，使得我們能有此一機會再重新彙整本書。對 IBM 公司許欲生先生、廖偵祥先生、吳啓彰先生、展大國際股份有限公司劉朝明先生、賴文章先生的多方協助與指導，受益良多，再此一併感謝。最後在成大航太系對 CAD/CAM 的教育普及與重視，同仁的關懷與支持，得使本書再版順利完成。

于台南

作 者 簡 介

林博正副教授，任職於國立虎尾科技大學自動化工程系，專長生產自動化、電腦輔助設計與製造、精密機械加工量測等，曾任職於台塑公司與台南三星五金公司等從事機械設計十餘年。目前專注於曲面設計、數值曲線合成與精密加工等相關研究與教學，著有串接二段式滾子輪式凸輪分割器等專利與實體幾何設計加工相關論文。

杜黎蓉資訊技師，任職於國立成功大學航空太空工程系，專長於大型系統維護及網路規畫管理、CAD/CAM 軟體教學等，目前負責航太系 CAD/CAM 教育訓練與研究發展中心，推廣 CATIA 效能及提供學生就業之技能需求，著有高效能計算研究論文與立體凸輪機構整合電腦應用軟體等。

編 輯 部 序

　　「系統編輯」是我們的編輯方針，我們所提供給您的，絕不只是一本書，而是關於這門學問的所有知識，它們由淺入深，循序漸進。

　　CATIA 在歐美廣泛被採用，其功能強大，V5 R13 目前已超過二百一十個模組，在航太及精密機械領域已普編採用，並大大提昇國內技術產品品質。本書為 V5 R13 版，將元件設計、製圖、組裝及曲面設計常用模組歸納成冊，提供完整有系統的實例，供使用者參考演練。再輔以作者精心製作的教學範例光碟，相信能使讀者易懂易學，無師自通。適用大學機械相關科系 CAD/CAM/CAE 教學使用，亦可做為工程技術人員自修之用。

　　若您在這方面有任何問題，歡迎來函連繫，我們將竭誠為您服務。

目　錄

CATIA　電腦輔助三維元件設計

第一篇　元件設計篇

第 1 章	啓動 CATIA 工作模式	I-1-1
第 2 章	繪圖環境參數設定	I-2-1
第 3 章	實體繪圖模式工具列功能介紹	I-3-1
第 4 章	平面繪圖模式工具列功能介紹	I-4-1
第 5 章	實例介紹	I-5-1
第 6 章	演　練	I-6-1

第二篇　組裝設計篇

第 1 章	開啓組裝設計模組	II-1-1
第 2 章	使用者環境參數設定	II-2-1
第 3 章	組裝設計模組	II-3-1
第 4 章	組裝工具列介紹	II-4-1
第 5 章	皮帶輪組裝範例	II-5-1

第三篇　裝配動畫模擬篇

第 1 章	開啓裝配動畫模擬模組及參數	III-1-1
第 2 章	裝配動畫模擬範例－皮帶輪組裝	III-2-1

第四篇　曲面設計篇

第 1 章	曲面設計建構基本觀念	IV-1-1

第2章　工具列介紹　　　　　　　　　　　　　　　IV-2-1

第3章　曲面功能鍵運用範例介紹　　　　　　　　　IV-3-1

第4章　實例介紹　　　　　　　　　　　　　　　　IV-4-1

第5章　演　練　　　　　　　　　　　　　　　　　IV-5-1

第五篇　製圖篇

第1章　製圖流程與綱要　　　　　　　　　　　　　V-1-1

第2章　進入繪圖模組　　　　　　　　　　　　　　V-2-1

第3章　繪圖參數設定　　　　　　　　　　　　　　V-3-1

第4章　製圖之工具列功能　　　　　　　　　　　　V-4-1

第5章　幾何公差標定範例－軸承內環製圖　　　　　V-5-1

參考文獻

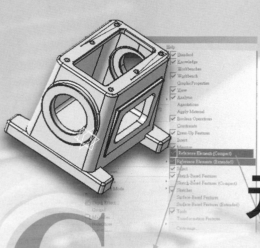

第一篇
元件設計篇

第 1 章　啓動 CATIA 工作模式

第 2 章　繪圖環境參數設定

第 3 章　實體繪圖模式工具列功能介紹

第 4 章　平面繪圖模式工具列功能介紹

第 5 章　實例介紹

第 6 章　演　練

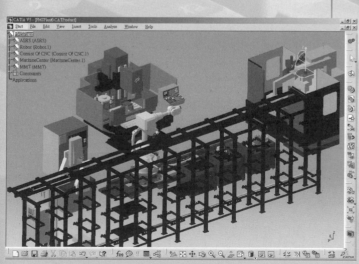

第1章

啟動 CATIA 工作模式

　　從桌面選取 CATIA 圖示執行 CATIA V5 RX 版接著進入 CATIA 繪圖模式，其 CATIA 圖示會依安裝之版本而有所改變。本書以 V5 R13 為主。

　　首先進入 CATIA 繪圖模式視窗，V5 R8 版本現擴增模組至 230 組以上，仍陸續當開始若無啟動任何的模組畫面時，執行 Workbench 便無法載入模組，如下畫面：

繪圖工具列

指令區

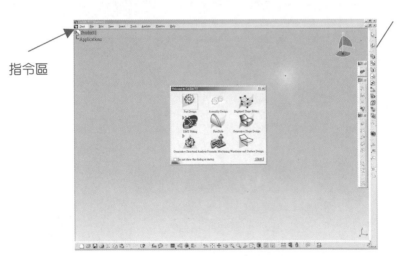

CATIA 繪圖版面

畫面上會顯示上圖訊息，一般而言，使用者會依照需求的模組先行載入，在操作過程中再依序新增所需之模組，本項工具列屬於經常使用之功具列。接著進行模組載入程序如下：

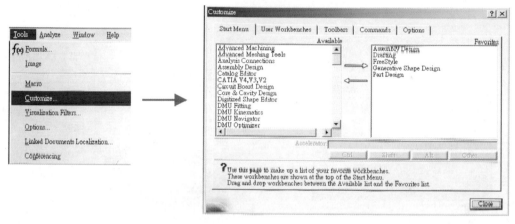

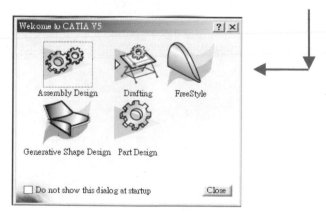

在 CATIA 繪圖中，操作時以滑鼠為主要的工具，若能熟悉控制按扭，則會更有助於繪圖的速度，請採用三鍵式滑鼠：左鍵(MB1)、中鍵(MB2)及右鍵(MB3)。常用快速按鍵有平移(translate)、放大(zoom in/out)及旋轉(roate)，按鍵如下：

◆平移(translate)：點選 part 元件再按 MB2 即可移動元件。

◆放大/縮小(zoom in/out)：點選 part 元件，先按 MB2 再按 MB1 或 MB3，接著放開 MB1 或 MB3，MB2 不得放手即可。

◆旋轉(roate)：點選 part 元件，先按 MB2 再按 MB1 或 MB3，且不得放手即可旋轉元件。

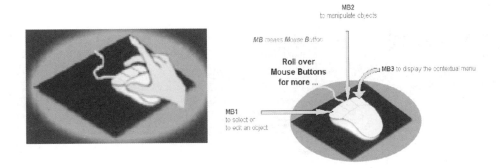

CATIA 元件設計(Part Design)繪圖模式時，有三種不同開啓工作的模式，分述如下。

1-1 **直接執行元件設計的圖示進入** Part Design。**當進入** CATIA **元件設計工作模式畫面，視窗右上角顯示工具列為：**

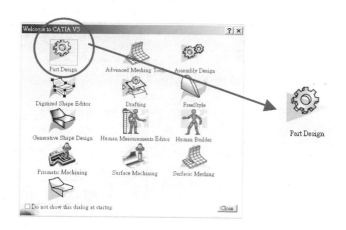

1-2 **已在** CATIA **工作模式視窗下，下拉工具列選單上的檔案**(File)，**選取新版面**(New)。**或利用** Open **開啟已存在的檔案等。**

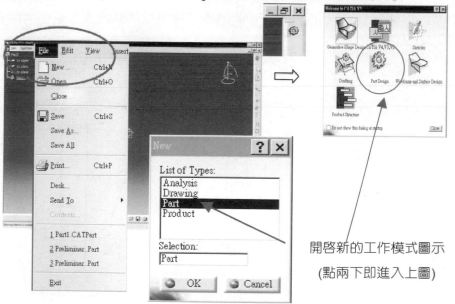

開啟新的工作模式圖示
(點兩下即進入上圖)

1-3 已進入 CATIA，欲開啓新檔，下拉 Start 選單後選取 Part Design 或其它工作模式。

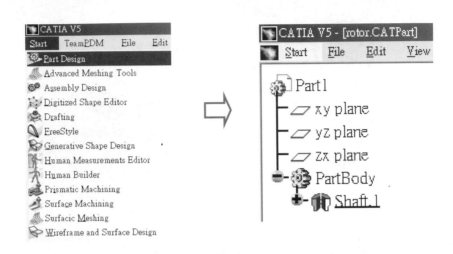

CATIA 提供一種設計狀態：元件樹狀結構(Part Tree Structure)，可提供於元件設計模式下記錄節點，便於設計修改時的搜尋，樹狀結構可依需求移動或放大縮小，例如：

樹狀結構主縱線
(tree structure)
依其 tree 結構複雜
與否，會在視窗左
側產生捲動軸以利
操作。

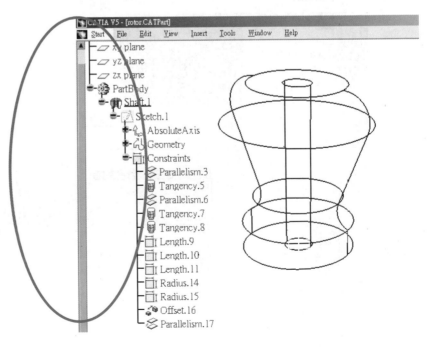

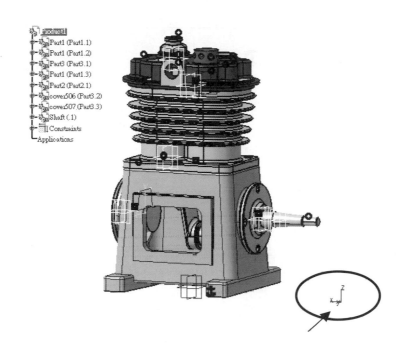

在操作過程中，游標若移至樹狀結構主縱線上或點在右下角的座標系上，則實體即呈現暗色，再利用三鍵滑鼠的 MB2(表中間按鈕)移動樹狀結構與配合放大縮小功能鍵操作使用。還原時重複按 MB1(表滑鼠左鍵)二次，便返回正常操作模式。

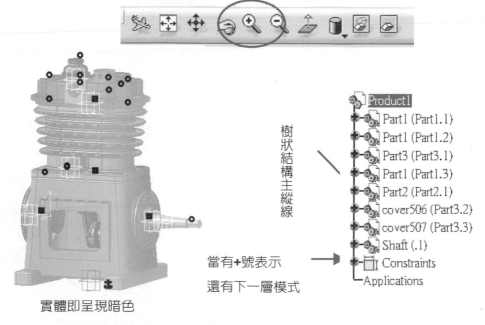

樹狀結構主縱線

當有+號表示
還有下一層模式

實體即呈現暗色

MEMO

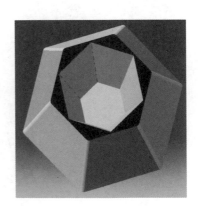

第 2 章

繪圖環境參數設定

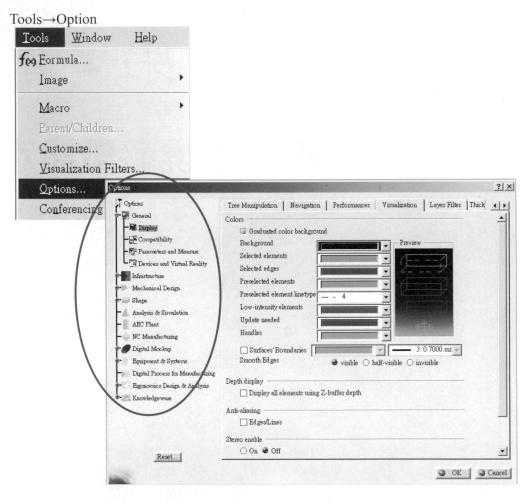

　　所謂工欲善其事，必先利其器。所以我們先對 CATIA 軟體提供各種不同模組的相關參數來做設定，由於模組甚多，無法一一的列出說明，本書採用方式是以目前常用到的模組，其所需用到修正的參數進行說明或舉例介紹，首先以基本繪圖工作模式進行環境參數的設定。

Tools→Option

　　在 CATIA 繪圖模式的**環境參數**基本設定中有十一個部份須加以定義，以符合不同使用者的需求，本書針對所提到的單元介紹常用的參數，分述如下：

一、General－一般參數設定

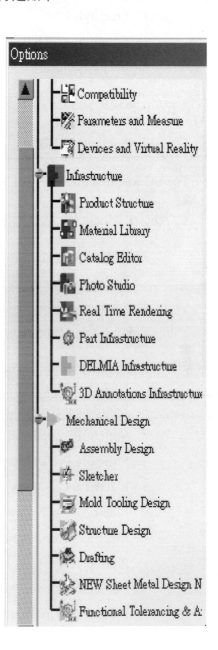

　　　• Display

　　　• Compatibility

　　　• Parameters and Measure

　　　• Devices and Virtual Reality

二、Infrastructure－基本環境參數設定

　　　• Product Structure

　　　• Material Library

　　　• Catalog Editor

　　　• Photo Studio

　　　• Real Time Rendering

　　　• Part Infrastructure

　　　• DELMIA Infrastructure

　　　• 3D Annotations Infrastructure

三、Mechanical Design－機械設計參數設定

　　　• Part Design

　　　• Assembly Design

　　　• Sketcher

　　　• Mold Tooling Design

　　　• Structure Design

　　　• Drafting

　　　• NEW Sheet Metal Design

　　　• Functional Tolerancing

四、 Shape－造型設計參數設定

- FreeStyle
- Generative Shape Design
- Shape Sculptor

五、 Analysis & Simulation－分析模擬參數設定

六、 AEC Plant－ AEC 設定

七、 NC Manufacturing－加工參數設定

八、 Digital Mockup－數位模擬檢測

- DMU Space Analysis
- DMU Fitting
- DMU Optimizer
- SinDesign Motion

九、 Equipments & Systems－裝備系統參數設定

- Equipment Support Structure
- Structure Functional Design
- Structure Preliminary Layer
- Electrical Cableway Router
- Electrical Assembly Design
- Electrical Harness Flattening
- Piping Design
- Compartment and Access
- Electrical Wire Routing
- Waveguide Diagrams

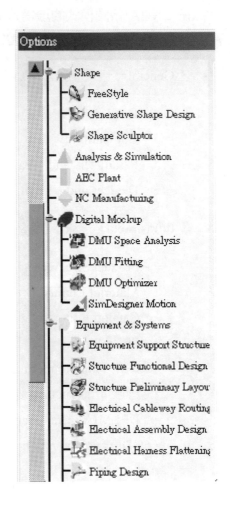

- Tubing Diagrams
- Electrical Connectivity Diagrams
- HVAC Diagrams
- Piping and Instrumentation
- Electrical Harness Installtic
- Circuit Board Design

十、 Digital Process for Manufacturing－製造過程
　　參數設定

十一、 Ergonomics Design & Analysis－人因工程
　　設計與分析

- Human Managements Editor
- Human Activity analysis
- Human Builder
- Human Posture Analysis

十二、 Knowledgeware－資料庫

- Product Function Optimization
- Product Function Definition

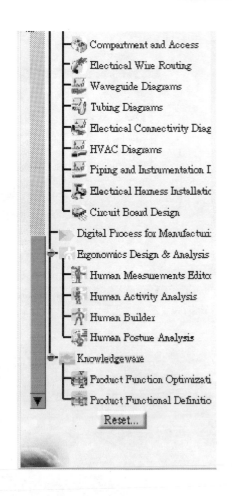

當然，CATIA 也提供還原設定(Reset all options)或目前工作模式參數設定(Reset all options for this category)等各種不同還原參數設定的功能，可依使用者自行設定。

環境參數項目

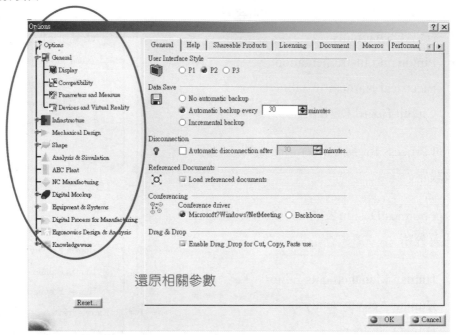

還原相關參數

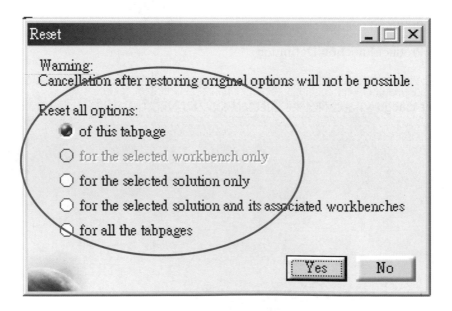

2-1 一般參數設定(General)

1　Tools→Option→General

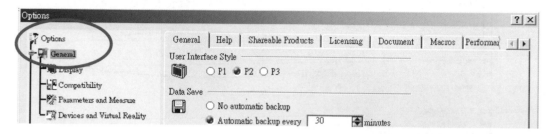

2　Tools→Option→General→General(基本屬性)

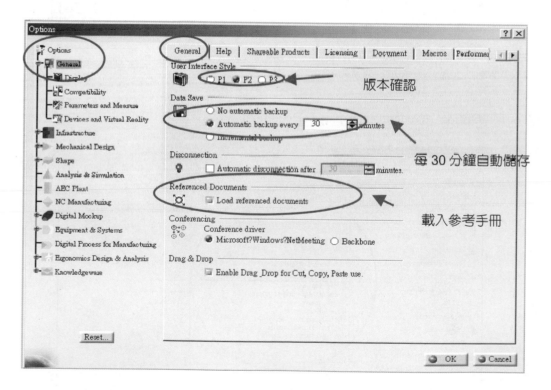

3　Tools→Option→General→Display→Licensing(使用版權)

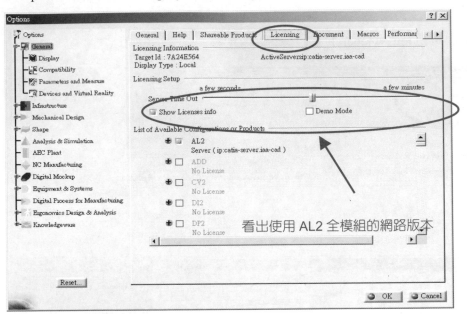

看出使用 AL2 全模組的網路版本

4　Tools→Option→General→Display→Document

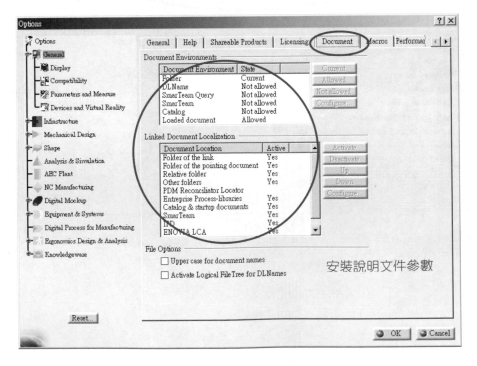

安裝說明文件參數

1. Display 顯示

   當實體之曲線欲表現更圓滑時，必須調整實體的精度或解析度，這是非常重要且經常需用到的功能。

   (1)　Performance(精度調整)

   　　　Tools→Option→General→Display→Performance

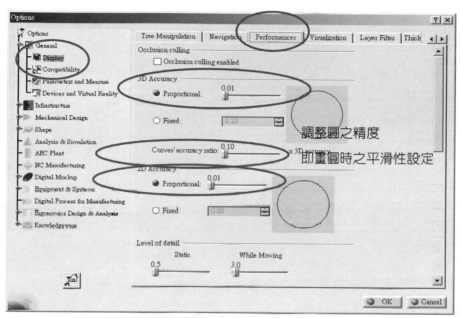

   以下有兩個圖例，分別定義不同的精度，可明顯看出其中之差異處。

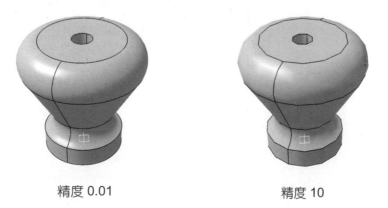

精度 0.01　　　　　　　　　　　　精度 10

(2) Tree(樹狀結構狀態)

不管在何種模組狀態下,當有需要對所設計元件的參數值或有所異動時,藉由 Tree Structure 來偵錯或找出相關訊息,是非常方便也是 CATIA 軟體的一大特色。

Tools→Option→General→Display→Tree

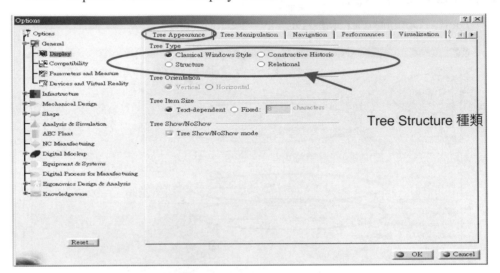

Tree Structure 種類及範例:

(i) Classical Windows Style-基本樹狀 Tree

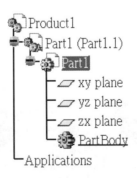

(ii)　Structure－結構樹狀 Tree

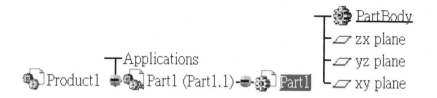

(iii)　Constructive Historic－追蹤過去設計 Tree

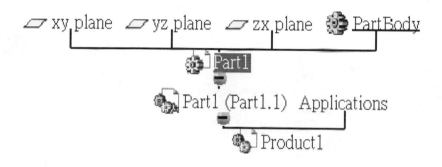

(iv)　Relational－相關性 Tree

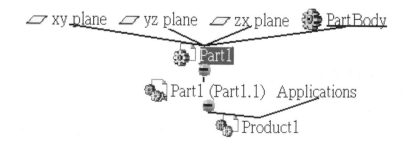

(3) Visualization(針對背景、線條、顏色等顯示設定)

其中較常用到對繪圖工作模式背景(Background)及實體元件(Selected elements)顏色顯示的設定。

Tools→Option→General→Display→Visualization

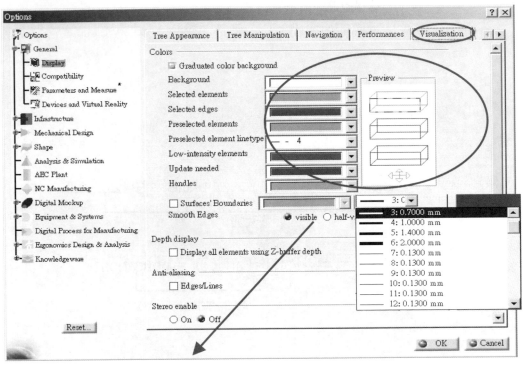

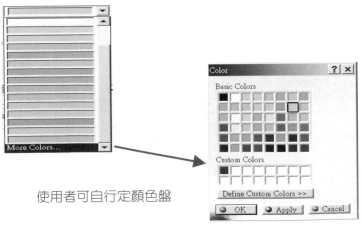

使用者可自行定顏色盤

(4)　Linetype(線條設定)

不同形式線條顯示設定

Tools→Option→General→Display→Linetype

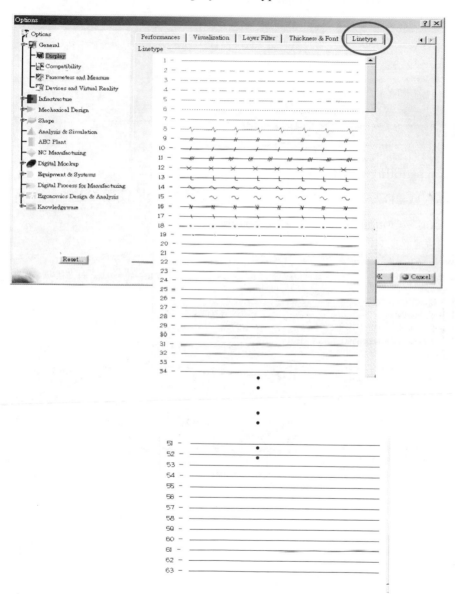

2.　Compatibility(一致性、相容性)

　　本項功能針對儲存不同檔案格式的參數設定，列舉常用範例。

　　Tools→Option→General→Compatibility

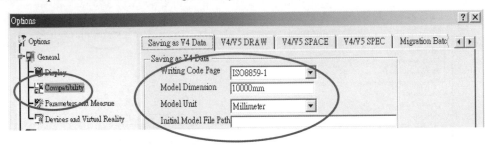

(1)　Compatibility→Dxf

　　儲存成 2D 格式，可供移轉至其他的繪圖軟體讀取使用。

　　Tools→Option→General→ Compatibility→Dxf

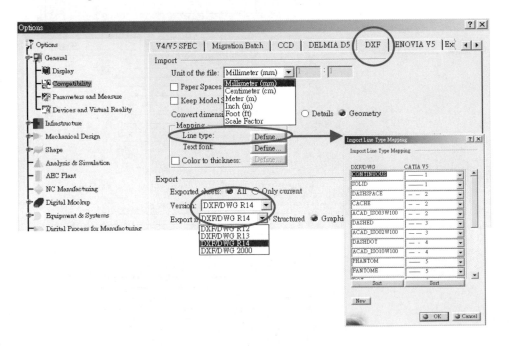

(2) Compatibility→Iges

此為各家繪圖軟體認知上共通使用的一個輸出格式，由於目前尚沒有標準化，故各家的 IGS 仍未完全相容，但最近的各種繪圖專業軟體，轉入其他家軟體已漸漸有所改進。

Tools→Option→General→Compatibility→Iges

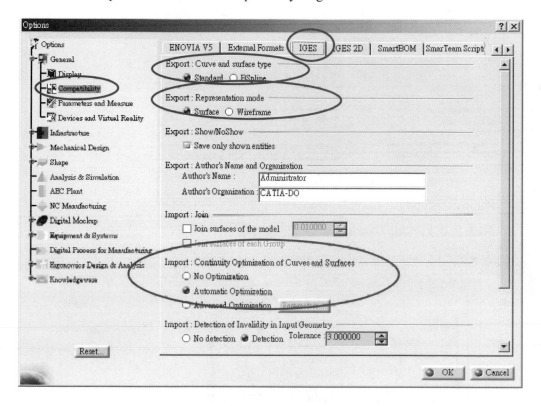

3. Parameter and measure(參數設定)

本項功能針對欲儲存不同檔案格式的參數設定，只舉常用為範例

Tools→Option→General→Parameter and measure

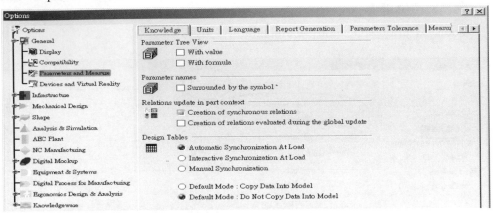

(1) Parameters and measure Tolerance(參數公差)

本項參數對元件 Tolerance 可做適度的調整

Tools→ Option→ General→Parameter and measure→Parameters Tolerance

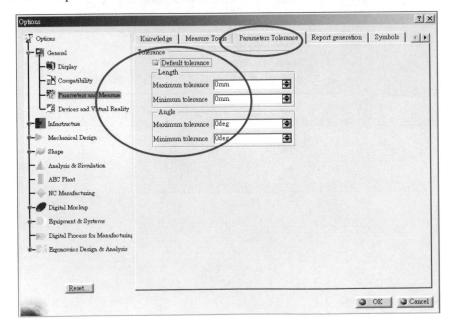

(2) Symbols(改變顏色、尺寸標示之線條大小特性)

本項功能提供對圖形的重新設限、無法設限、超出界限、多餘限制或不正確幾何外形關係等顏色的定義,用來提供設計者由錯誤的訊息中研判所設計元件的錯誤是尺寸不合或不正確邏輯的幾何外廓,如下範例。

Tools→Option→General→Parameter and measure→Symbols

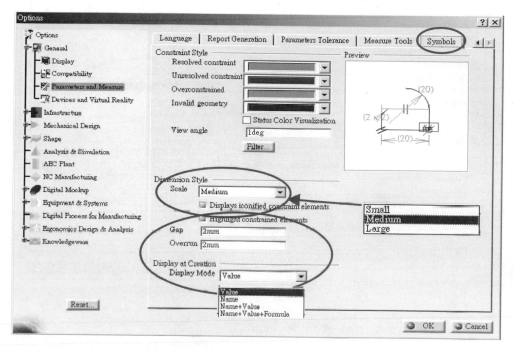

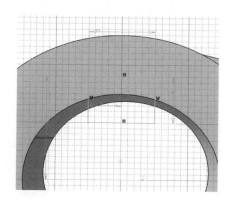

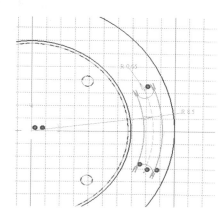

(3) Units(單位設定)

在繪圖模式的基本單位設定，如公英制、重量等各項單位

Tools→Option→General→Parameters and measure→Units

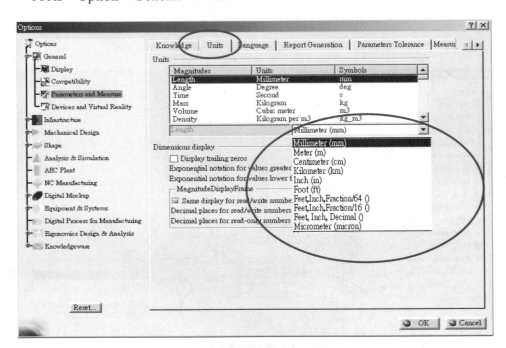

* 長度 mm ◀━━▶ inch
* 角度 deg. ◀━━▶ rad.
* 重量 N ◀━━▶ lb

2-2Infrastructure 基本參數設定

1. Cache Management(快取記憶體管理)

   Tools→Option→Infrastructure→Cache Management

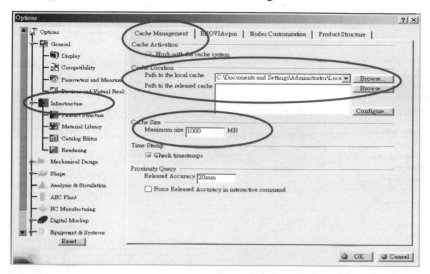

2. Node Customization(點節定製)

   Tools→Option→Infrastructure→Node Customization

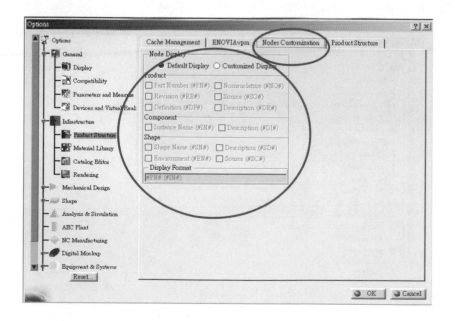

3. Product Structure(可定義組件結構相關參數設定)

   Tools→Option→Infrastructure→Product Structure

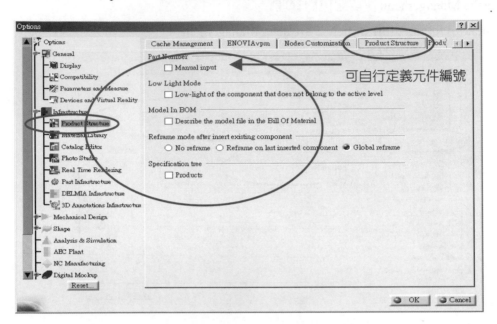

4. Catalogs Editors(建立新參考資料)

   Tools→Option→Infrastructure→Catalogs Editors

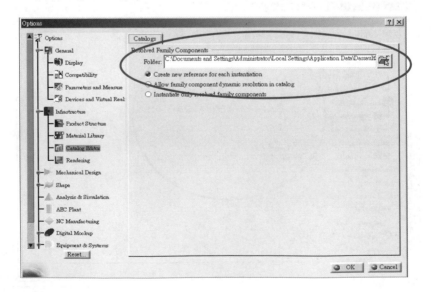

5. Material library(組件材質庫參數設定)

由於 CATIA 只有提供 French、German 與 Japanese 三種語言的材質設定，若其他語系國家的使用者必須自行設定，即可使用材質設定。程序如下：

(1) 安裝 CATIA V5R8 軟體的安裝路徑如

　　d:\Dassault Systems \B08

(2) 建立一個資料夾 Traditional_Chinese

　　d:\Dassault Systems\B08\Intel_a\startup\materials\ Traditional_Chinese

(3) 複製 d:\Dassault Systems\B08\Intel_a\startup\materials\Catalog 檔案至

　　d:\Dassault Systems\B08\Intel_a\startup\materials\Traditional_Chinese

Tools→Option→Infrastructure→Material library

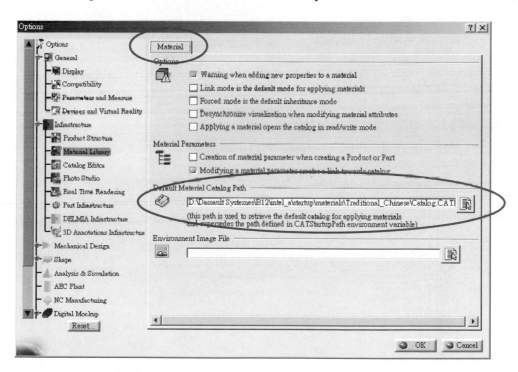

6. Real Time Rendering(詮釋方式)

   Tools→Option→Infrastructure→Rendering

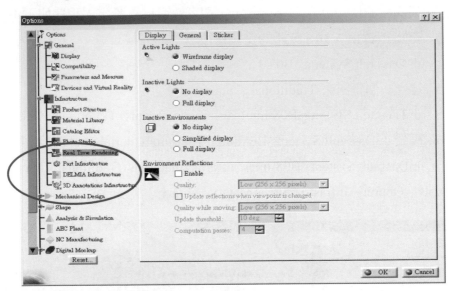

7. Part Infrastructure(元件設計參數設定)

   Tools→Option→Infrastructure→Part Infrastructure

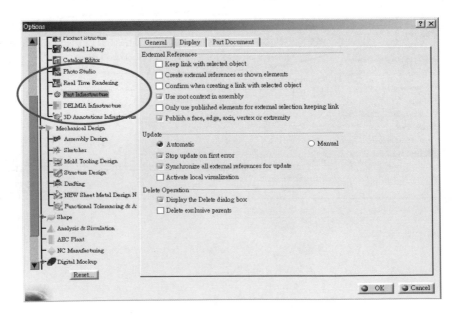

2-3Mechanical Design

1. Assembly Design(組裝限制參數設定)

   Tools→Option→Mechanical Design→Assembly Design

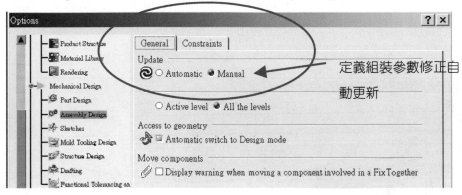

2. Mold Tooling Design(模具設計)

   Tools→Option→Mechanical Design→Mold Tooling Design

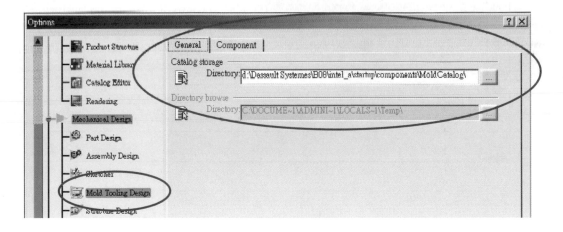

3. Sketcher(草圖繪製)

主要是針對實體元件在繪製草圖(Sketcher)的元件格點設定，它的設定與製圖(Drafting)的格點設定方式相同，尤其是實體元件在點取小平面時，其格點數須設定較小，方能擷取到繪圖點，反之，則可以依實際比例設定，以便於繪製元件的幾何外形。在設計過程，可隨時進行變更，以利設計工作。

Tools→Option→Mechanical Design→Sketcher

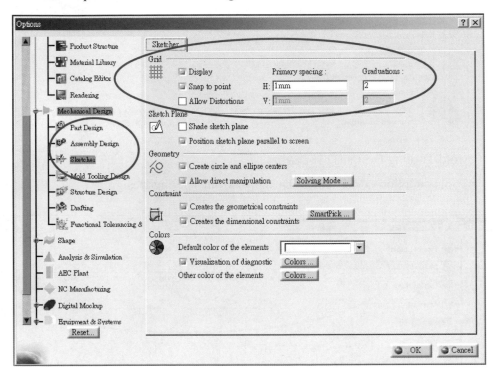

4. Structure Design(結構設計)

Tools→Option→Mechanical Design→Structure Design

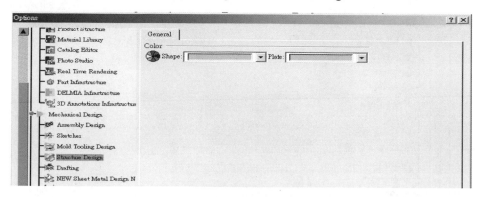

5. Functional Tolerancing and Analysis(公差分析參數設定)

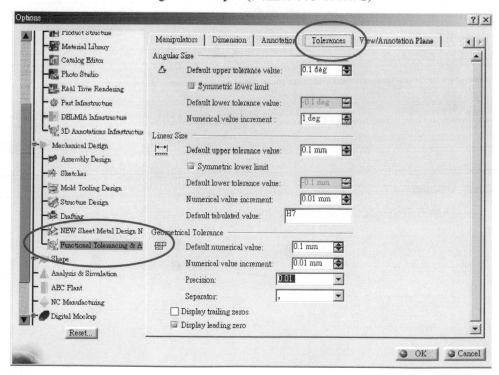

6. Drafting(繪圖)

(1) Tools→Option→Mechanical Design→Drafting→General(一般基本設定)

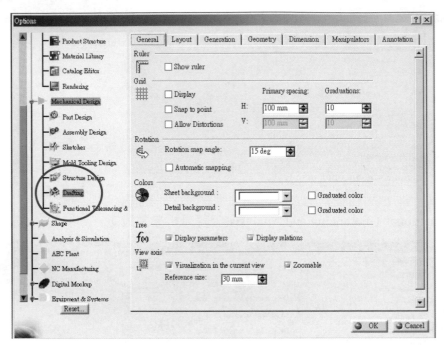

※ Display：

※ 顯示主要格點間距

※ Snap to point Graduations
擷取點之間距

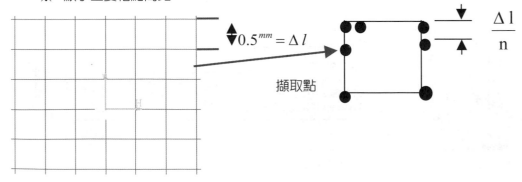

(2)　Tools→Option→Mechanical Design→Drafting→Layout(佈局)

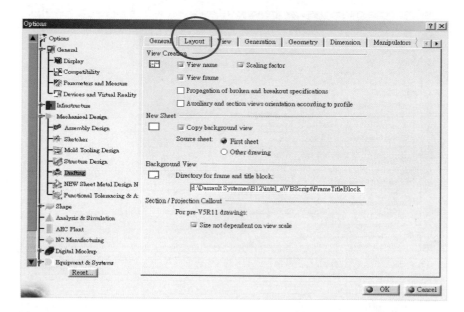

(3)　Tools→Option→Mechanical Design→Drafting→Generation(特性設定)

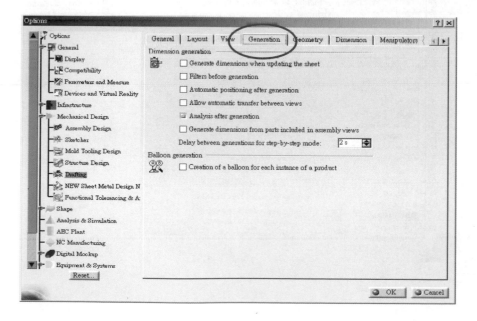

(4) Tools→Option→Mechanical Design→Drafting→Geometry(幾何外型)

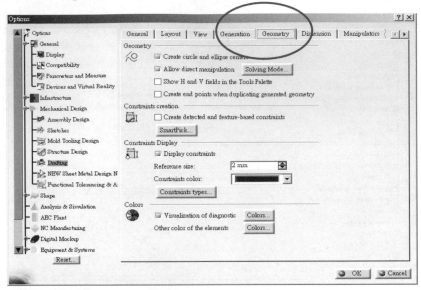

(5) Tools→Option→Mechanical Design→Drafting→Dimension(標示尺寸)

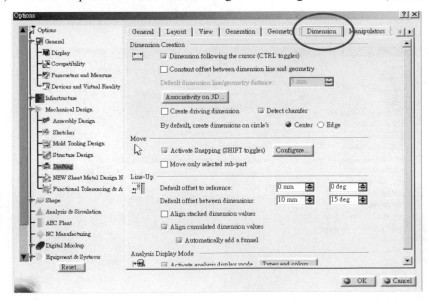

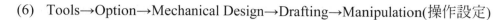

(6)　Tools→Option→Mechanical Design→Drafting→Manipulation(操作設定)

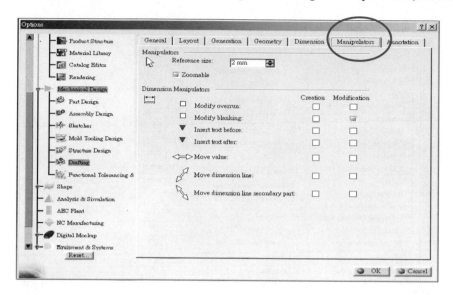

7.　Functional Tolerancing(可變公差或精度)

(1)　Tools→Option→Mechanical Design→Functional Tolerancing→Tolerancing

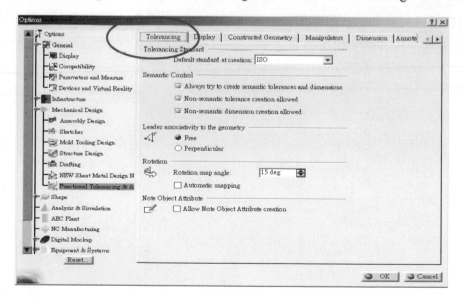

(2) Tools→Option→Mechanical Design→Functional Tolerancing→Tolerances

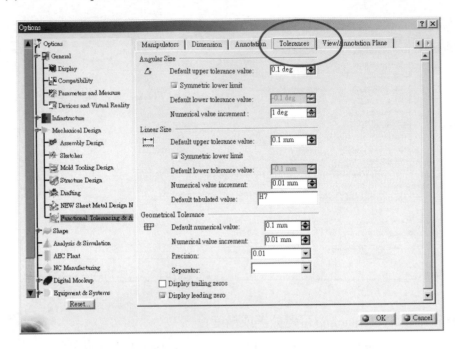

　　環境參數只針對本書章節中所提的部分進行介紹，至於其餘的相關參數，在 CATIA PART II 單元會依序介紹，敬請參考之。

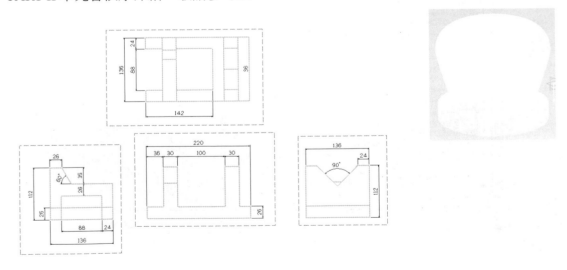

第 3 章

實體繪圖模式

工具列功能介紹

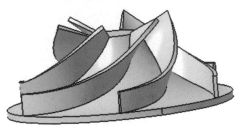

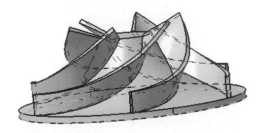

開始進入 CATIA 設計模式有二，一為**實體繪圖模式**，另一為平面繪圖模式。在不同工作模式下功能參數值均有大同小異的設定，接著分別介紹這兩個工作模式的參數功能鍵。首先介紹實體繪圖模式，工具表單至少有 26 項，其中若屬於同一功能屬性，便合在一起解釋，工具列如下：

View→Toolbars

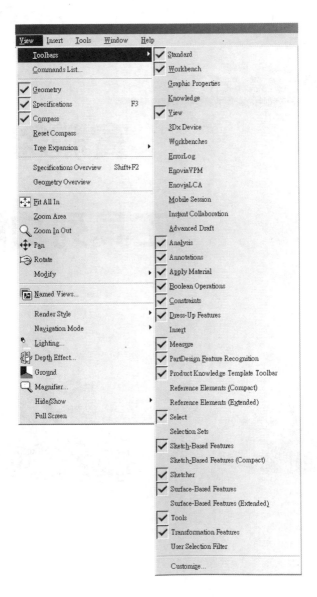

1. Standard：基本檔案管理模式

   最基本之檔案管理功能，由工具表單的圖示便能了解其用途，與其它軟體對檔案管理功用是大同小異。

   View→Toolbars→Standard

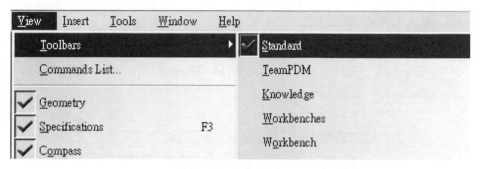

   出現工具列如下：

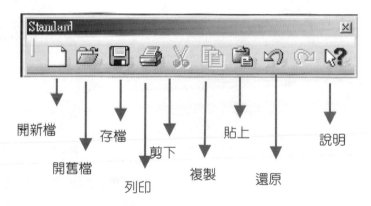

   本項工具列在任何工作模式下均會用到，故為一直在啟動狀態，若有需要解說，可先點選說明項再將游標移置該圖示便有提供相關的說明。

2. Knowledge：

View→Toolbars→Knowledge

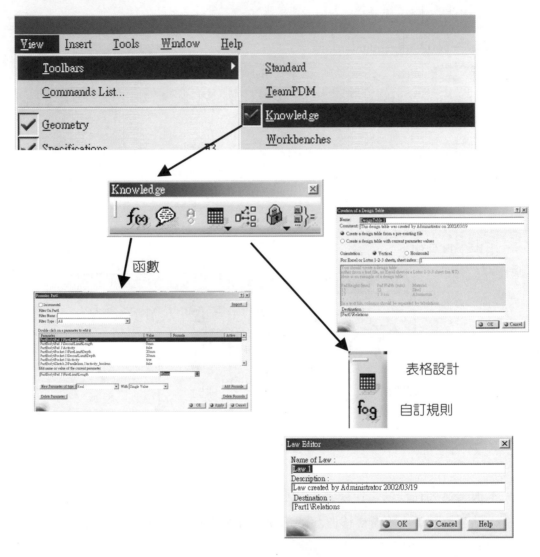

函數

表格設計

自訂規則

3.　Workbench：工作表模式

(i)　View→Toolbars→Workbench

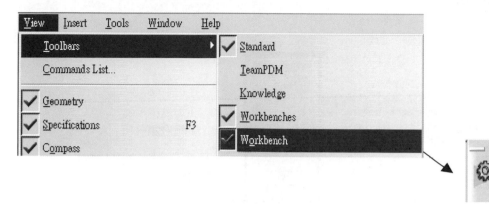

　　由於具有保存紀錄前一個工作模式的圖示，因此工作表的圖示會因選用不同功能的模式而有所不同，所以工作表(Workbench)圖示會依使用者的操作而有所不同。

　　另外也提供目前系統中已有載入的模組，可直接置於桌面上切換不同模組。不過此多項工作表必須配合前面章節曾提過的 Tools→Customize 所載入工作模組而定，並非畫面均一致。

(ii)　View→Toolbars→Workbenches

4.　View：繪圖檢視功能

　　　View→Toolbars→View

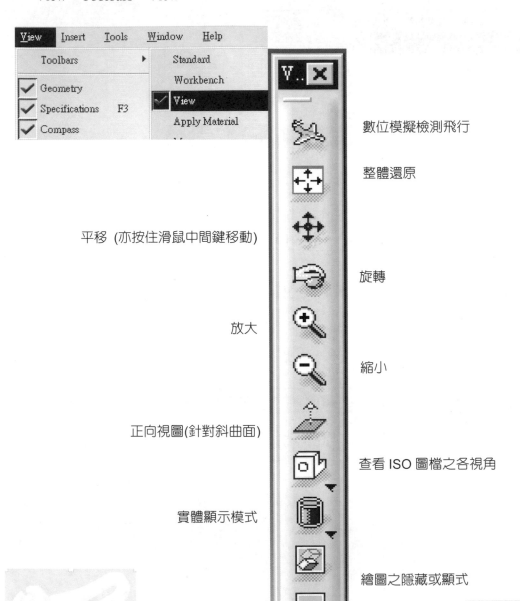

數位模擬檢測飛行

整體還原

平移 (亦按住滑鼠中間鍵移動)

旋轉

放大

縮小

正向視圖(針對斜曲面)

查看 ISO 圖檔之各視角

實體顯示模式

繪圖之隱藏或顯式

(1)　實體顯示模式工具列

Wireframe　不具隱藏之邊線圖(NHR)

Dynamic Hidden Line Removal(HLR)
具隱藏之邊線圖

Shading(SHD)具邊線隱藏之實體圖

Shading with Edges 邊線隱藏之實體圖

Shading with Edges and Hidden Edges
具有邊界與隱藏線之實體圖

Applies customized view parameters
自訂實體顯示參數

實體顯示模式範例

(a)Wireframe

(b)Dynamic Hidden Line

(c)Shading(SHD)

(d)Shading with Edge

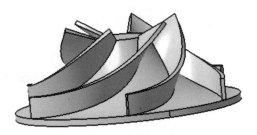

(e)Shading with Edges and Hidden Edges

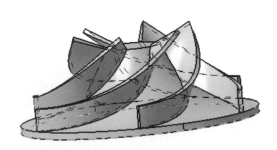

(f)Applies customized view parameters

(2)　查看 ISO 圖檔視角之工具列

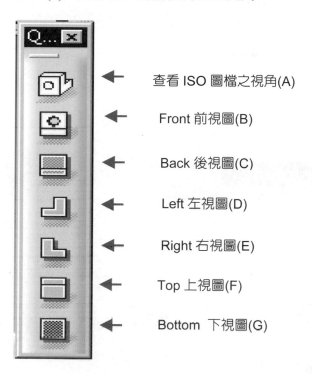

← 查看 ISO 圖檔之視角(A)

← Front 前視圖(B)

← Back 後視圖(C)

← Left 左視圖(D)

← Right 右視圖(E)

← Top 上視圖(F)

← Bottom 下視圖(G)

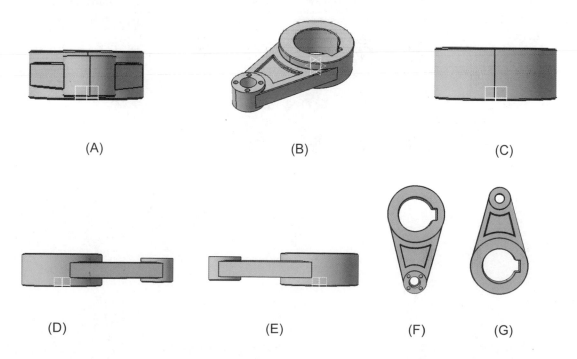

(A)　　　　　　　　　(B)　　　　　　　　　(C)

(D)　　　　　　　(E)　　　　　　(F)　　　(G)

5.　Apply Material：選取材質，以進行應力或應變分析

View→Toolbars→Apply Material

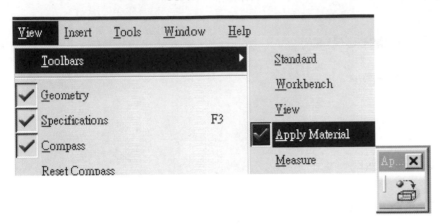

當點選材質圖示則進入材質庫，接著可再選取不同種類的材料，進行分析。

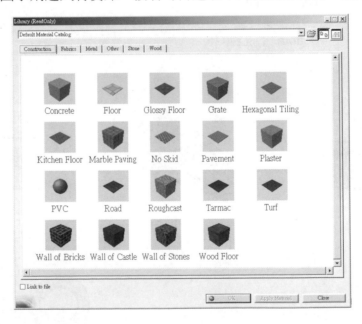

6.　Measure：測量

當元件建構完成，可使用量測工具協助尺寸規格之測試，來驗正物件的準確度，適用在不同工作模式上。

View→Toolbars→Measure

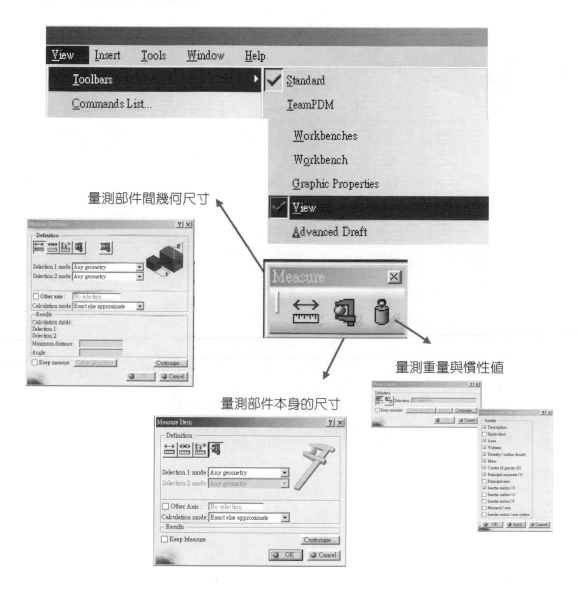

量測部件間幾何尺寸

量測部件本身的尺寸

量測重量與慣性值

量測範例

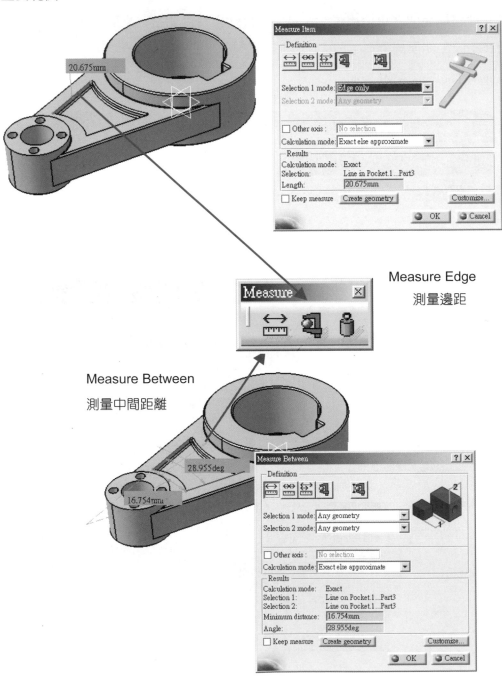

Measure Edge
測量邊距

Measure Between
測量中間距離

7. Tools：自動更新

當幾何元件在作複雜修正或布林運算中的交集、差集等計算時，一般往往須較長的運算時間，此時幾何元件則呈現紅色，若有設定自動更新，則在運算完後便會自動返回原有元件的顏色。

在實體模式進行設計變更完成後，返回組裝模式或製圖模式時，須按此更新功能鍵，使設計變更次於組裝或製圖進行變更的更新。

View→Toolbars→Tools

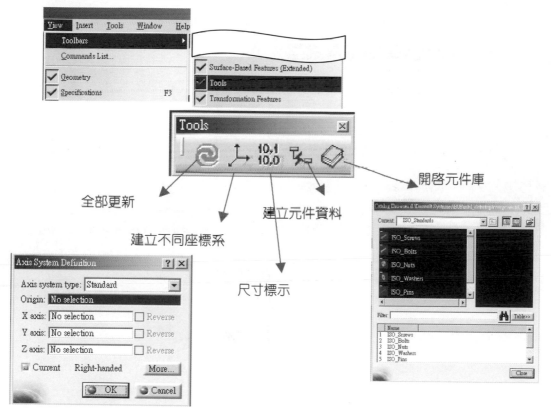

8. Sketch：繪製草圖、速描

View→Toolbars→Sketch

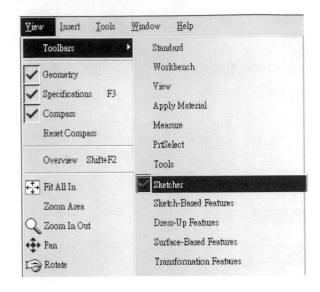

於實體模式點取繪圖

基面，進入繪圖模式

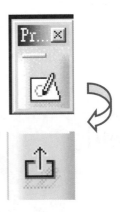

繪圖模式回到實體模式

當不管在 3D 或 2D 模式下顯示圖形有透視圖法(Perspective)及正視法(Parallel)兩種方式，繪圖者則依不同需求而選用。

View→Toolbars→Render Style→Perspective(透視圖法)

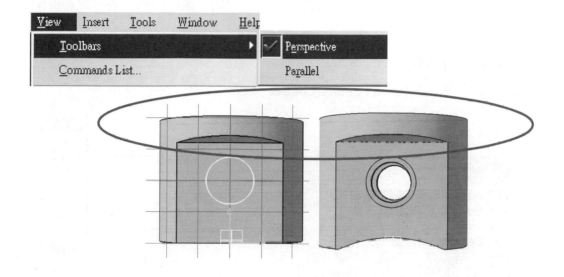

View→Toolbars→Render Style→Parallel(正視法)

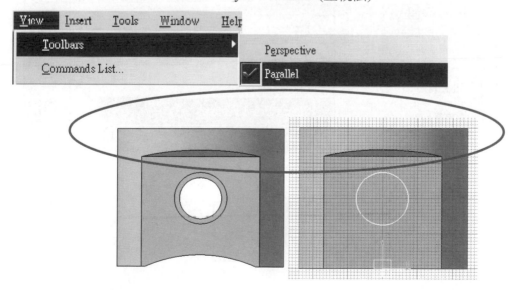

9.　Sketch-Based Features：基本實體繪製功能，工具圖示較簡化。

　　Sketch-Based Features (Compact)：同上述功能，只是工具列有展開的差異。

　　本項工具列使用在實體模式，常介於實體模式與平面模式下相互切換，用來對元件作擠製、挖槽、製作迴轉體等，屬於最常使用的工具列，並依序列出各功能鍵並配合範例說明。

　　View→Toolbars→Sketch-Based Features

　　View→Toolbars→Sketch-Based Features(Compact)精簡工具列

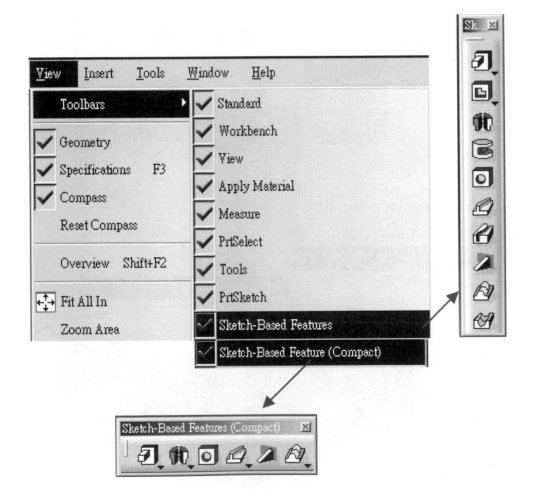

基本實體繪製工具列

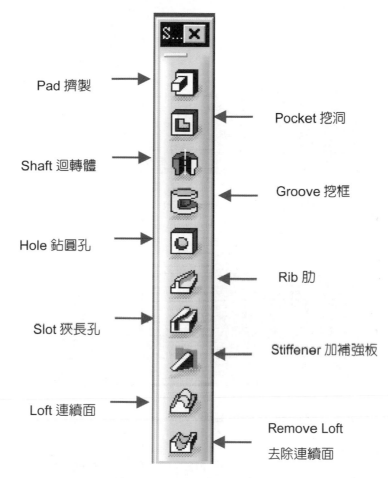

本項功能使用很頻繁，接著舉出幾個常用工具列使用的範例，請參閱。繪圖並無一定設計規則或步驟，只需遵循設計原則及要領，便可依設計者想法，隨心所欲的運用，包括在不同的模組下相互的切換使用。

(1) Pad 實體擠製功能範例

(i) 尺寸設定

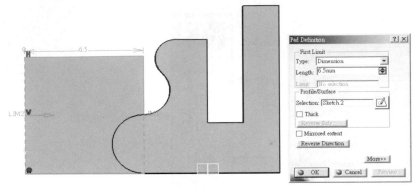

(ii) 至下一個外部取面(Up to Next)

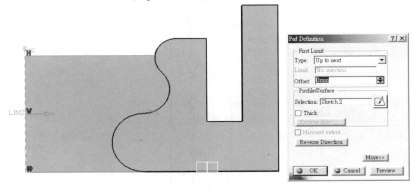

(iii) 至最後外廓曲面(Up to Last)

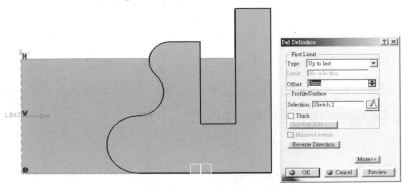

(2)　Hole 實體鑽內側圓孔功能範例

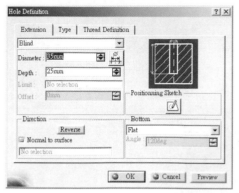 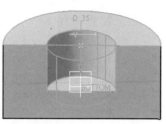

盲　孔

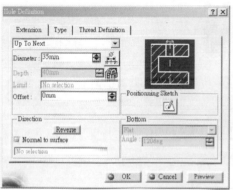 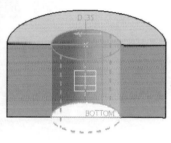

貫穿孔

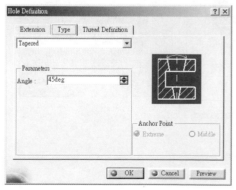 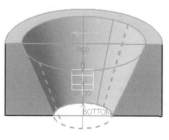

錐　孔

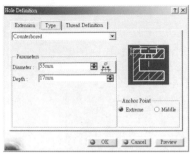
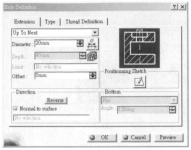
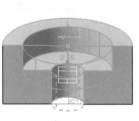

魚眼孔

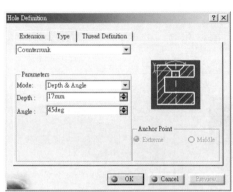
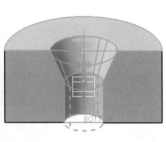

錐形魚眼孔

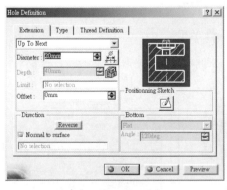
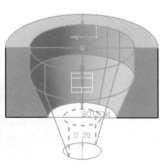

倒錐形魚眼孔

(3)　Pocket 實體移除圓外側功能範例

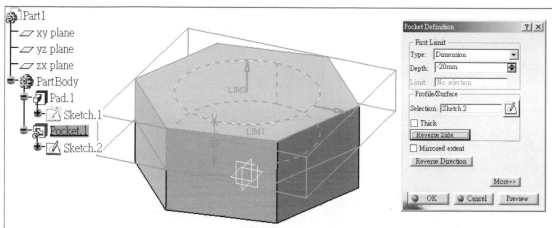

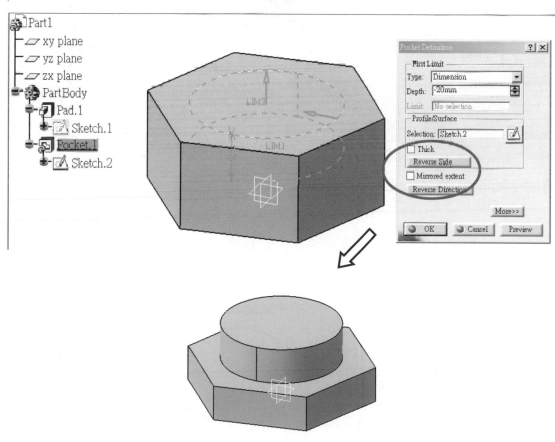

(4) Hole 鑽圓孔或螺栓孔

用 Hole 功能來鑽孔必定為圓孔，形式與前面提到 Pocket 功能鑽孔形式相同。圓孔座標位置的設定可藉由進入位置設定模式(Positioning Sketch)進行，不過須配合限制(Constraint)的功能一起使用。

當然鑽孔除了用 Hole 功能外，亦可使用 Pocket 方式，先訂出圓孔尺寸(Profile)後進行鑽孔，也可以達到鑽孔用途。

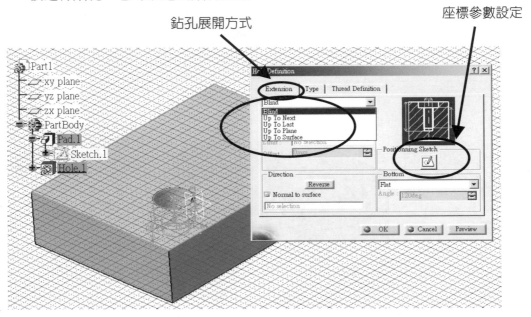

鑽孔展開方式　　　　　　　　　　　　　座標參數設定

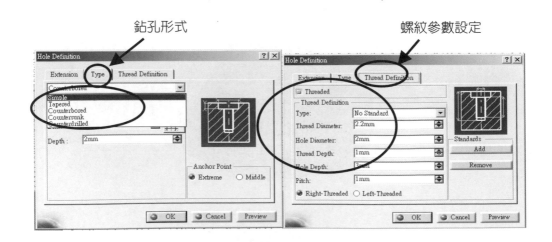

鑽孔形式　　　　　　　　　　　　螺紋參數設定

10. Dress-Up Features 修整

本項功能對於實體圖邊緣修整(圓角、倒角)、挖槽、錐角形、薄殼及增厚度等功能非常便利，是使用次數最多的工具列。

View→Toolbars→Dress Up Features

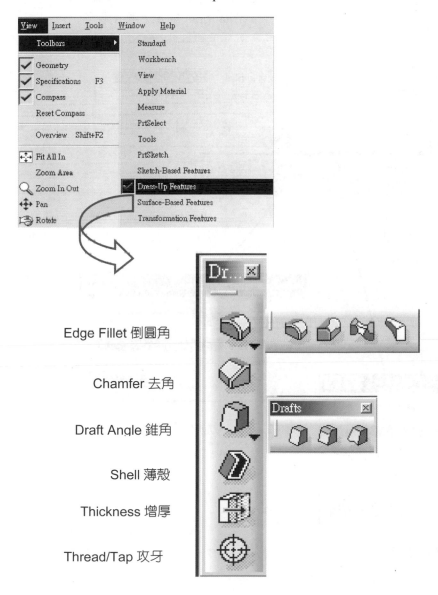

Edge Fillet 倒圓角

Chamfer 去角

Draft Angle 錐角

Shell 薄殼

Thickness 增厚

Thread/Tap 攻牙

修整工具內容

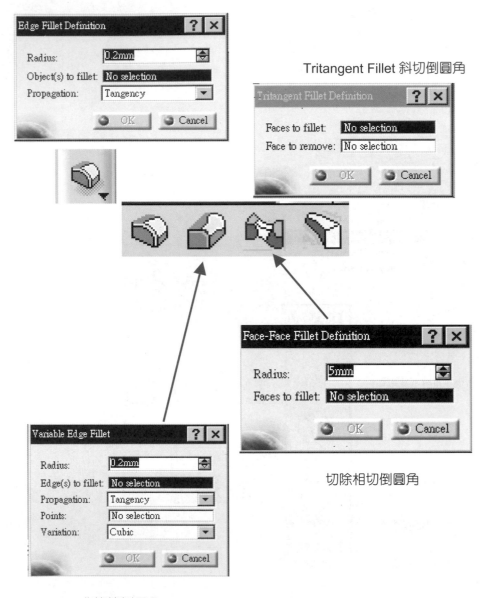

Tritangent Fillet 斜切倒圓角

切除相切倒圓角

非等值倒圓角

(1) 倒圓角

　　倒圓角分等值倒圓角、非等值倒圓角二種，其中，非等值倒圓角有線性(Linear)
與三次(Cubic)半徑值變化倒圓角，如圖例。

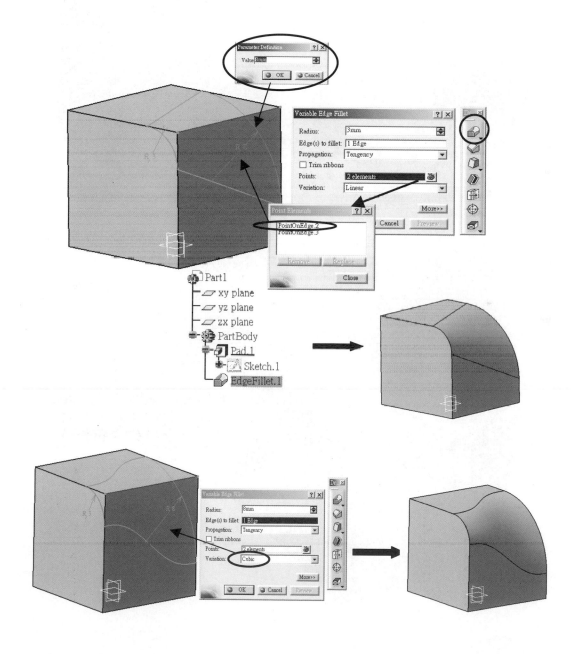

三次半徑變化之倒圓角

線性半徑變化之倒圓角

分別點取半徑值

於表內進行修改

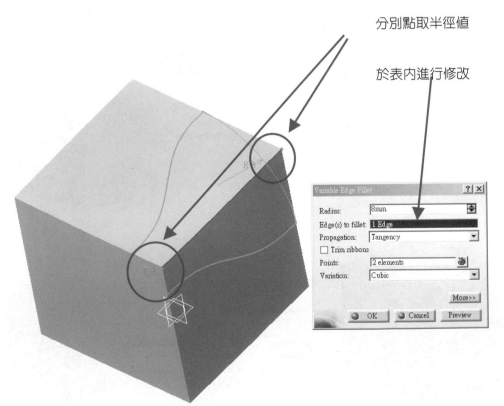

(2)　錐角(Draft Angle)，

可建立任一多邊形，選取各個邊進行各種角度參數或圓錐角等各種外廓設定進行切割，形成所需之錐角或錐台體，本項工具使用非常便利，下舉四種範例，請參閱。

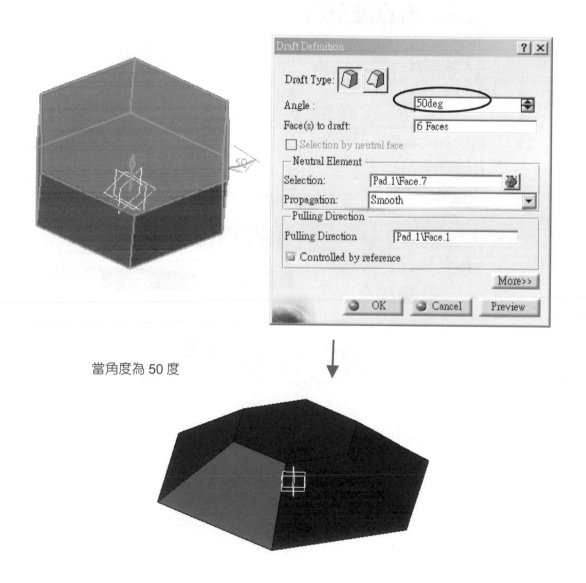

當角度為 50 度

11. Surface-Based Features：改變基本曲面之工具(同下述)

Surface-Based Features(Extended)：改變基本曲面工具列的展開

本項工具列可針對元件或組件製作剖視圖(Split)，對封閉曲面建購實體或增厚等。

View→Toolbars→Surface-Based Features

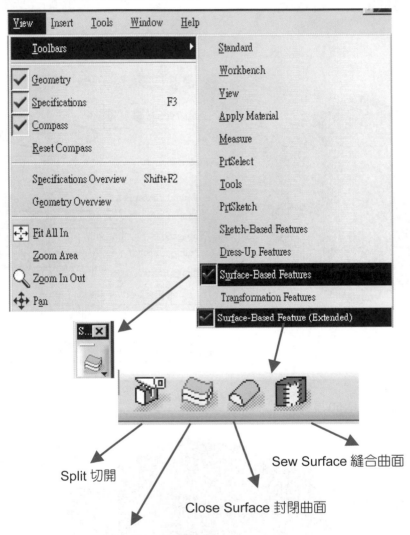

Split 切開

Sew Surface 縫合曲面

Close Surface 封閉曲面

Thick Surface 增厚曲面

切剖視圖

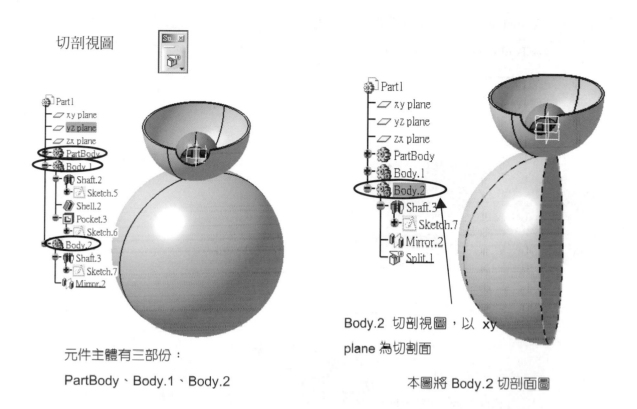

元件主體有三部份：

PartBody、Body.1、Body.2

Body.2 切剖視圖，以 xy

plane 為切割面

本圖將 Body.2 切剖面圖

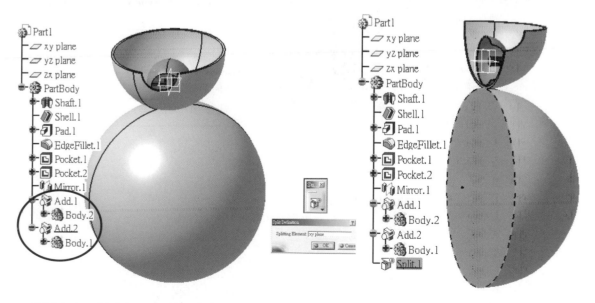

需將不同元件進行 ADD 之布林運算後，結合為一個元件再以 xy plane 作為切割面，完成剖
視圖。

12. Transformation Features：物件轉換的變化

View→Toolbars→Transformation Features

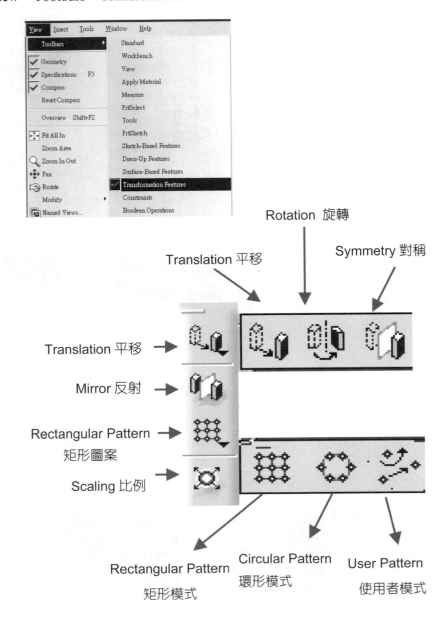

◆簡　例

★Translation

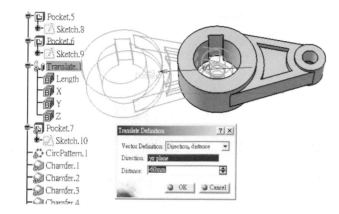

★Symmetry

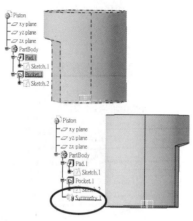

★Mirror

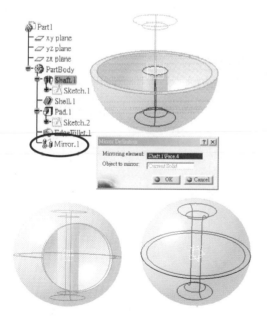

★Circular Pattern

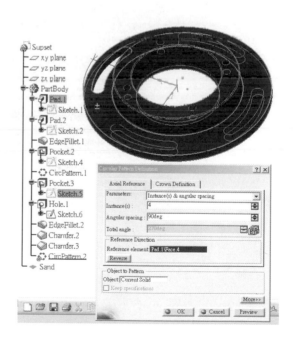

13. Constraints：幾何外形的尺寸限制及標示

　　本項功能非常重要，在平面繪圖模式有詳細及範例介紹。

　　View→Toolbars→Constraints

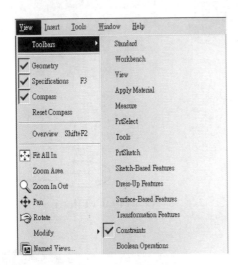

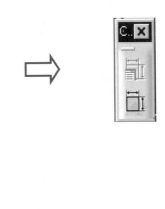

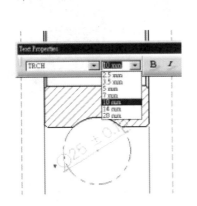

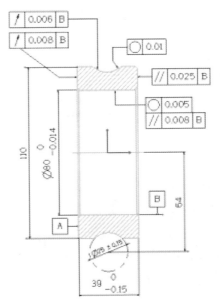

14.　Boolean Operations：布林運算，本項功能非常重要。

　　　View→Toolbars→Boolean Operations

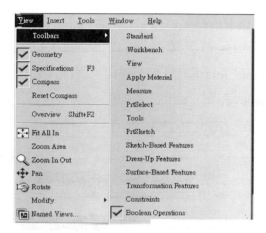

Assemble 組合

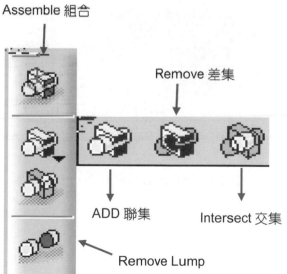

Remove 差集

ADD 聯集

Intersect 交集

Remove Lump

布林運算對元件實體建構是一個相當重要且必備的操作功能，現以分割器內轉盤元件為例，並做說明。

程序步驟：

(1) 繪一圓 $\phi20$ ；抽製 10mm 厚，如圖 3.1。

(2) 插入一元件，如圖 3.2，布林運算必須在不同元件進行操作。

(3) 於新元件繪一正六角形，對邊長為 19mm；抽製 10mm 厚，如圖 3.3，為二元件。

(4) 點後元件，作布林運算之組合(Assemble)或聯集(Add)操作，得圖 3.4 單一元件。

(5) 點後元件，作布林運算之差集(Remove)操作，得圖 3.5 單一元件。

(6) 點後元件，作布林運算之交集(Intersect)操作，得圖 3.6 單一元件。

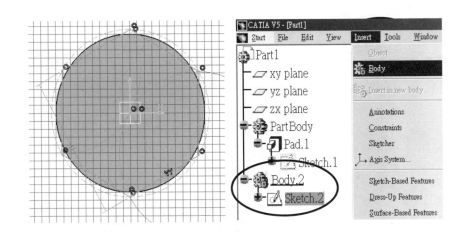

圖 3.1　兩元件 2D 建構　　　圖 3.2　建立新 Part Body

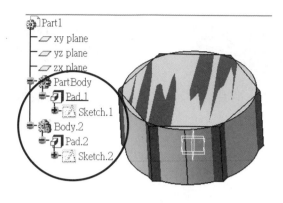

圖 3.3 兩元件 3D 建構

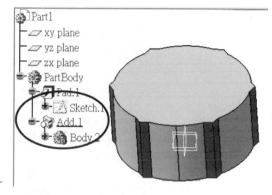

圖 3.4 聯集

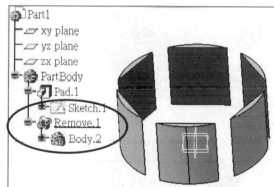

圖 3.5 移除

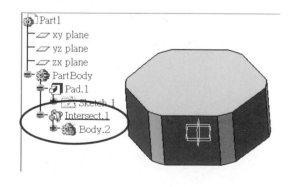

圖 3.6 交集

取交集後進行修整再鑽軸孔與六個滾子軸孔挖孔，再加上一個半球體等進行多種現象的運算，可依實際需求來作調整，請參考之。

當在建構實體時利用布林運算可節省很多時間，但其缺點是當取布林運算後，所建之實體檔案所佔的空間較大，使用者可自行比較。

轉盤轂

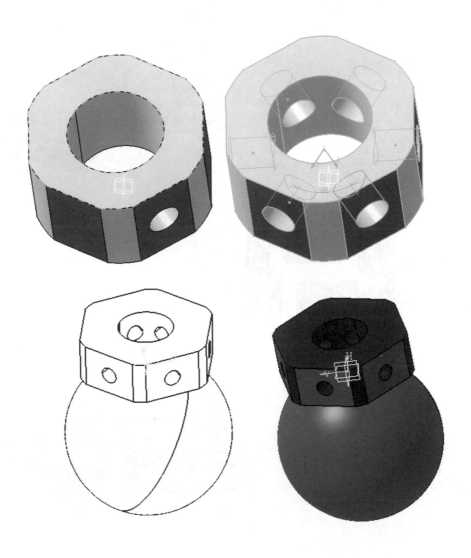

15. Reference Elements(Extends)：建構輔助之點、線、面，建置平面基準面，以利元件的繪圖。

Reference Elements(Compact)：同上述的功能

View→Toolbars→Reference Elements(Extends)

View→Toolbars→Reference Elements(Compact)

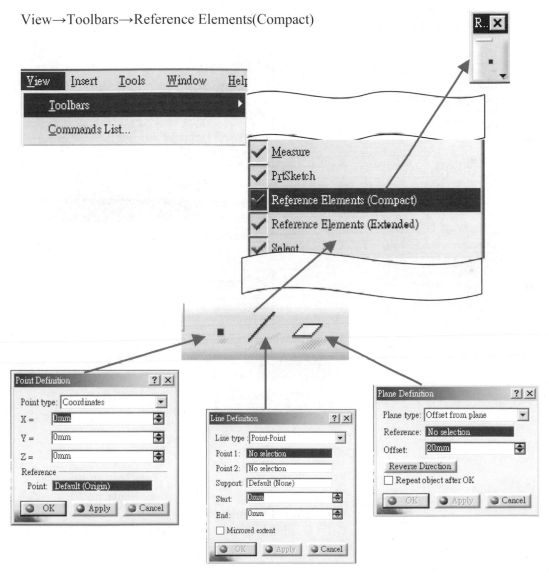

16. Analysis：應力及應變的分析

View→Toolbars→ Analysis

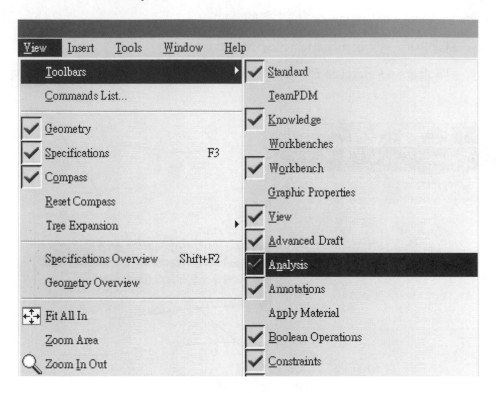

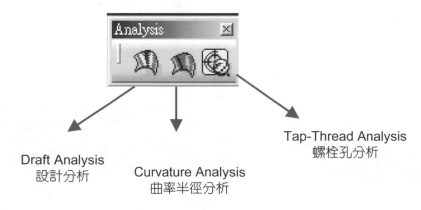

Draft Analysis
設計分析

Curvature Analysis
曲率半徑分析

Tap-Thread Analysis
螺栓孔分析

17. Insert：插入一個新的 Body

View→Toolbars→Insert

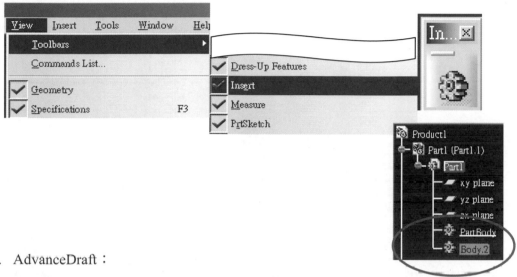

18. AdvanceDraft：

View→Toolbars→Insert

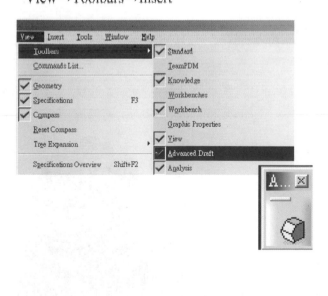

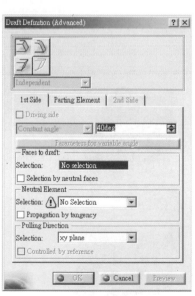

MEMO

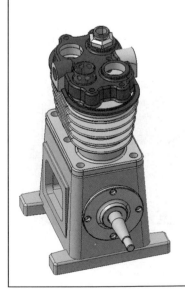

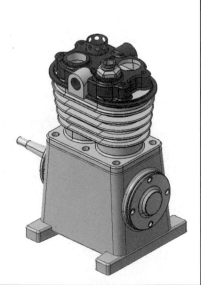

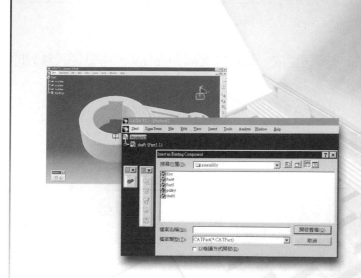

第4章

平面繪圖模式

工具列功能介紹

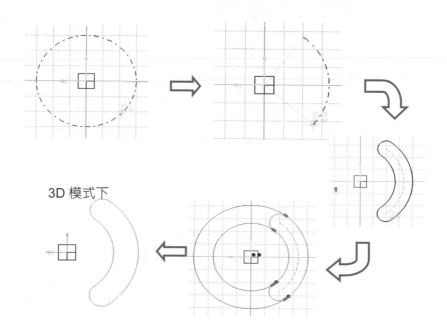

3D 模式下

由實體模式進入平面繪圖模式時，須先選取一繪圖基面如 xy plane，再點選工具列的
繪製草圖(Sketcher)進入平面繪圖模式。

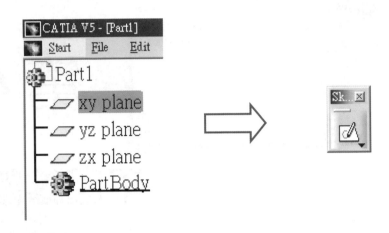

即出現平面繪圖模式，如下圖所示。

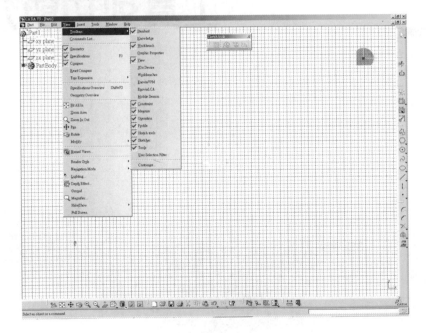

　　平面繪圖模式在設計物件(Product)、元件 (Part)、製圖(Drafting)、曲面(Surface)或外形(Shape)等模式下，均需使用，是為使用非常頻繁的工具列。

　　View→Toolbars

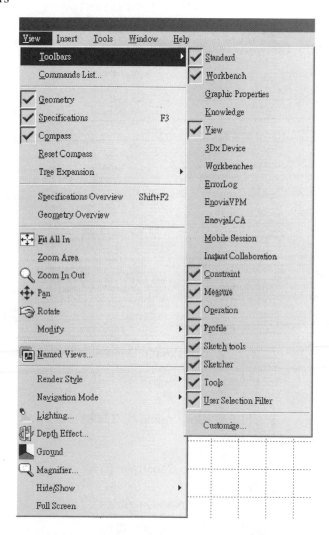

　　其中 Standard、Workbench、View、Sketcher 工具列與實體繪圖相同，請參閱本篇實體繪圖之實例。

　　接著依續說明有關平面繪圖模式的工具列：

一、Constraints：限制(用來標訂元件尺寸限制及設定幾何限制等各項限制功能，與實體繪圖模式相似)

View→Toolbars→Constraints

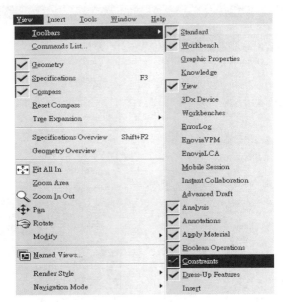

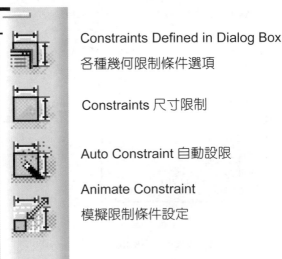

Constraints Defined in Dialog Box
各種幾何限制條件選項

Constraints 尺寸限制

Auto Constraint 自動設限

Animate Constraint
模擬限制條件設定

幾何尺寸限制(Constraints Defined in Dialog Box)

當兩個 Profile 需做幾何邊界設定或限制時，可採用幾何限制工具列，所提供的幾何限制條件如右表，其中功能可制定平行、相切、垂直、水平、同心、同軸、角度、對稱、半徑等等參數。若能熟練本項功能並配合其他工具列，對於使用者在設計元件上能節省很多時間並精準的標示尺寸。其操作步驟如下：

1. 在 2D 平面模式下，幾何尺寸限制工具列呈反白(無法點選)狀態，需先點選欲設定幾何條件的 Profile 邊界線，接著再選幾何尺寸限制工具列，便出現上參數表。

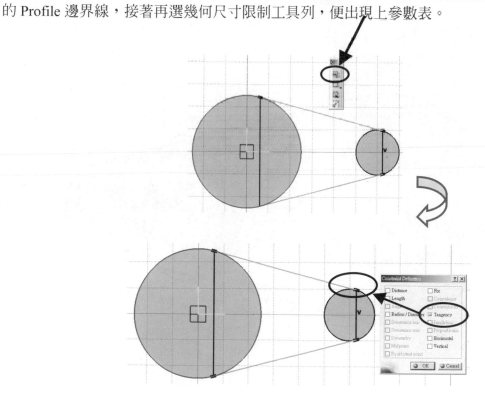

2. 若欲查看幾何尺寸限制參數，可直接連續點幾何尺寸限制數值，查看幾何相關參數表。

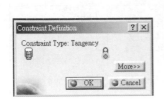
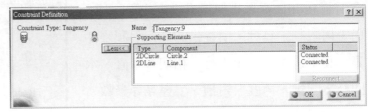

3. 幾何尺寸限制工具列出亦可，若有超過一個以上的邊界線再加按鍵盤 Ctrl，便可多重選邊界線。

4. 本項工具列並無提供直接修改幾何參數功能，若需改變則需重新設定。

幾何尺寸限制範例

    (a)   邊長相切、平行及同心限制

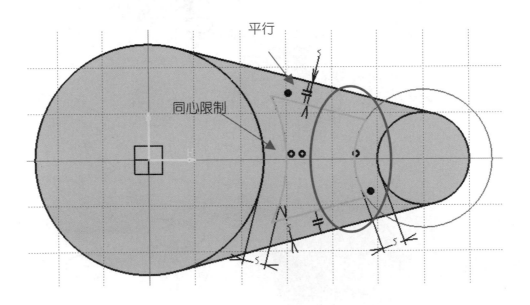

(b)　絕對相切點位置限制(表示切點一定落在圓弧上)

當我們在設定直線與圓弧相切時，會有一符號顯示，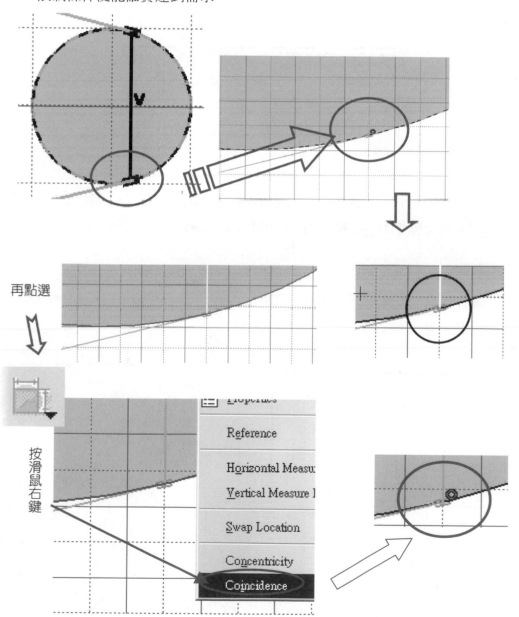但並不一定剛好切點會落在圓弧上，若要求一定要精準時，除了用幾何限制條件外還要再配合尺寸限制條件便能確實達到需求。

尺寸限制(Constraints)

當需設定尺寸設定或限制時,可採用尺寸限制工具列,操作方式有二種:

1. 先點選 Constraints 工具列,再接著點選幾何外廓(Profile)的邊界線拉出即可,若需修改尺寸參數,可直接連續點尺寸數值,修改參數表中數值。

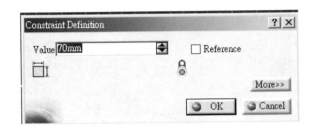

2. 先點選欲設定尺寸 Profile 的邊界線,接著才點選 Constraints 工具列拉出亦可,若有超過一個以上的邊界線再加按鍵盤 Ctrl,便可多重選邊界線。

尺寸限制範例

(1) 邊長限制:點選左右兩邊界　　　　(2) 多餘限制:重複設定限制(呈紫色)

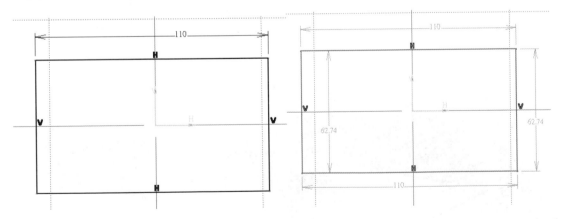

(3)　角度限制：分別點選右左邊界及 X 座標軸

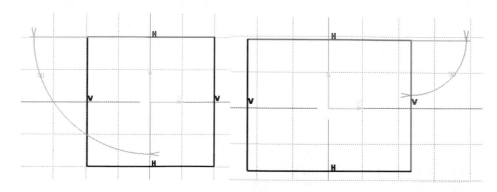

(4)　兩邊界對稱限制：點選左右邊界，按滑鼠右鍵出現選單選對稱(Allow symmetry line)，再點選對稱軸線(Y 座標軸)即可。

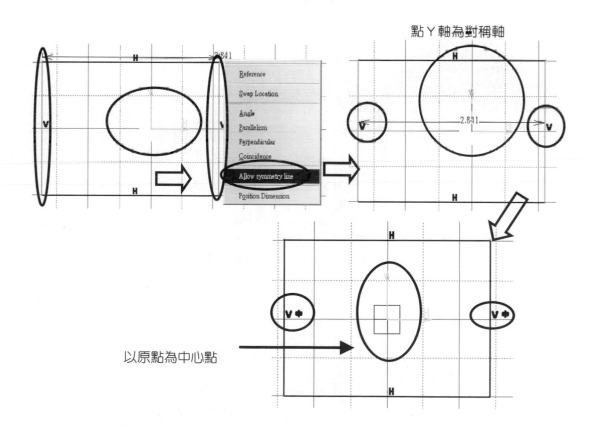

二、Profile：外廓建立，提供各種基本外形如直線、矩形、圓形、曲線等，但也提供以三點建立一圓、矩形延伸出六角形或鑰匙孔外廓等不同外形，供設計者使用。

View→Toolbars→Profile

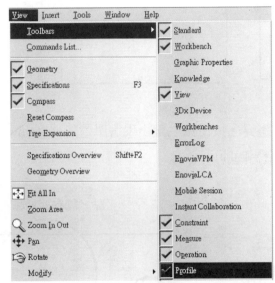

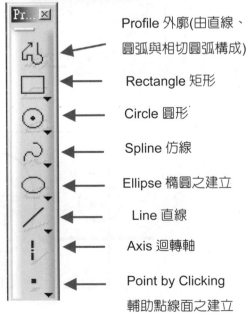

Profile 外廓(由直線、圓弧與相切圓弧構成)

Rectangle 矩形

Circle 圓形

Spline 仿線

Ellipse 橢圓之建立

Line 直線

Axis 迴轉軸

Point by Clicking 輔助點線面之建立

1. 矩形提供不同的外廓及範例如下：

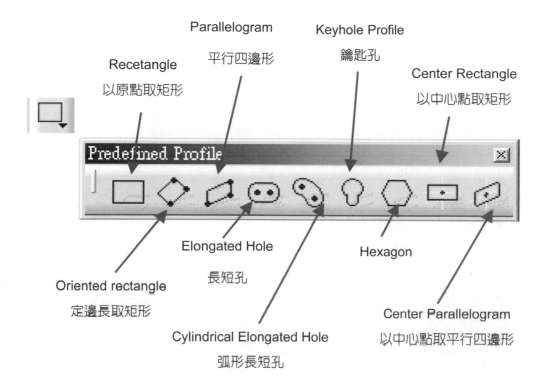

Parallelogram
平行四邊形

Keyhole Profile
鑰匙孔

Recetangle
以原點取矩形

Center Rectangle
以中心點取矩形

Elongated Hole
長短孔

Hexagon

Oriented rectangle
定邊長取矩形

Center Parallelogram
以中心點取平行四邊形

Cylindrical Elongated Hole
弧形長短孔

Examples：

(1)　矩形

(2)　方位矩形

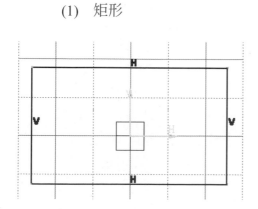

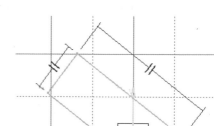

(3) 平行四邊形

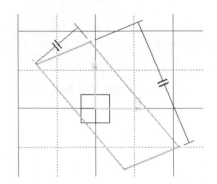

(4) 長短形

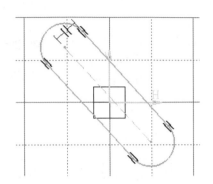

(5) 圓弧型長短孔

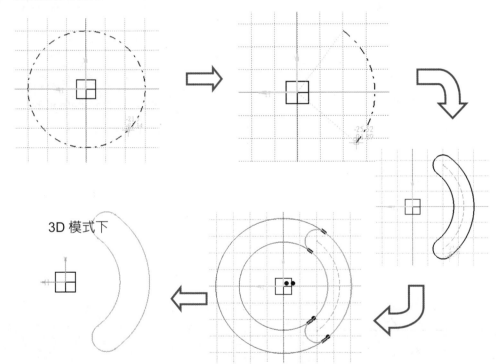

3D 模式下

(6)　鑰孔

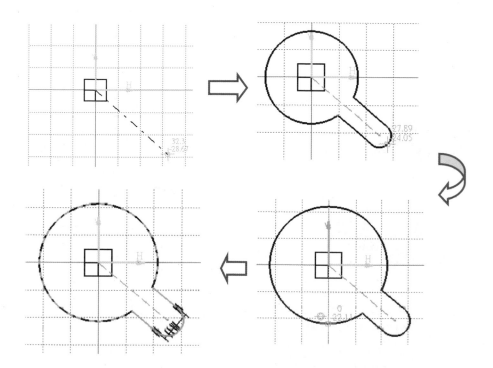

(7)　六邊形

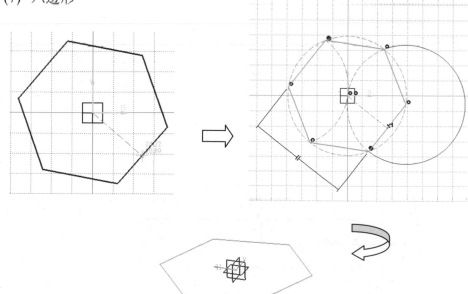

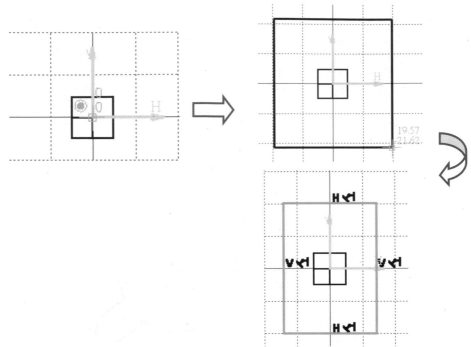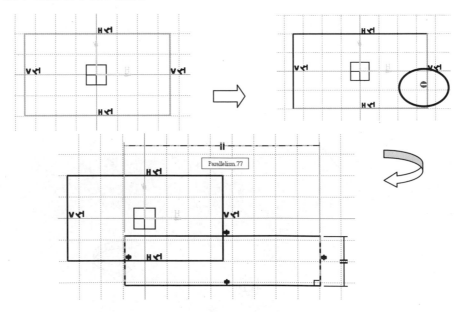

(8) 以中心點取矩形

(9) 以中心點取平行四邊形

2. 圓形提供不同之外廓及範例：

　(1)　Circle(圓)

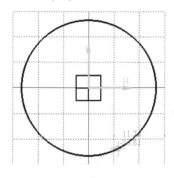

平面繪圖狀態　　　　　　　　　　　實體繪圖狀態

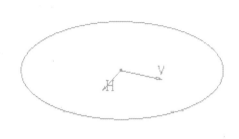

Circle Using Coordinates
以座標取圓

Arc
取不過半圓之弧圓

Three Point Arc starting
with limits
以三點取半圓之圓弧

Circle
以原點取圓

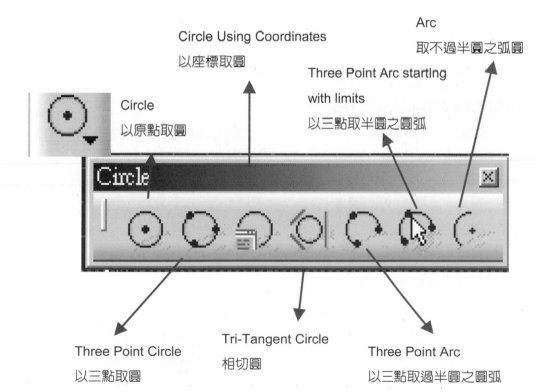

Three Point Circle
以三點取圓

Tri-Tangent Circle
相切圓

Three Point Arc
以三點取過半圓之圓弧

(2) Three Point Circle(通過特定點成圓)

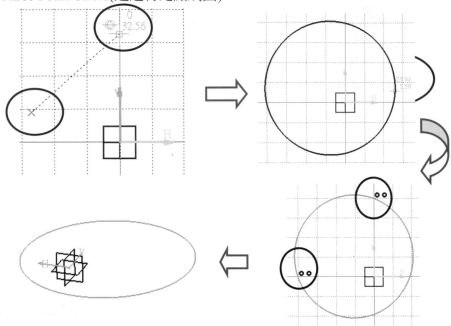

(3) Circle Using Coordinates(圓定義包括圓心與半徑值)

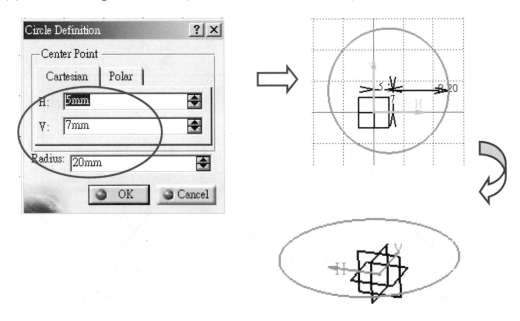

(4)　Three Point Arc(大於半圓之圓弧)

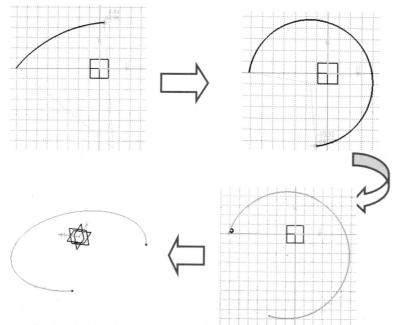

(5)　Arc(小於半圓之圓弧)

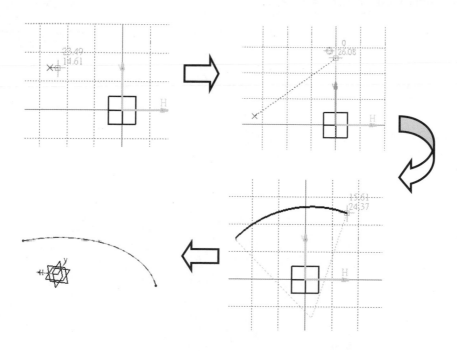

(6) Ellipse(橢圓)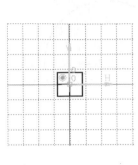

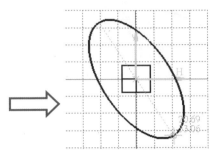

(7) Parabola by Focus(拋物線)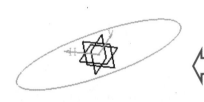

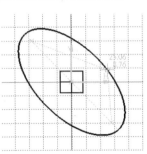

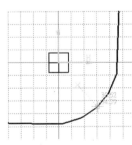
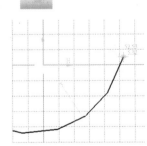
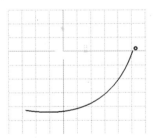

(8) Conics(圓錐曲線)

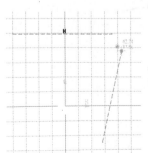
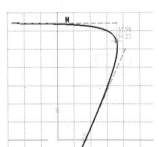
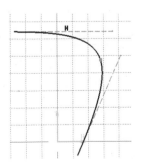

3. Operations(修整平面外形)

修整平面外形建議先抽製建立實體圖後，再使用本項功能，否則常遇到無法使用的現象，請參閱前面修整的範例。

View→Toolbars→Operations

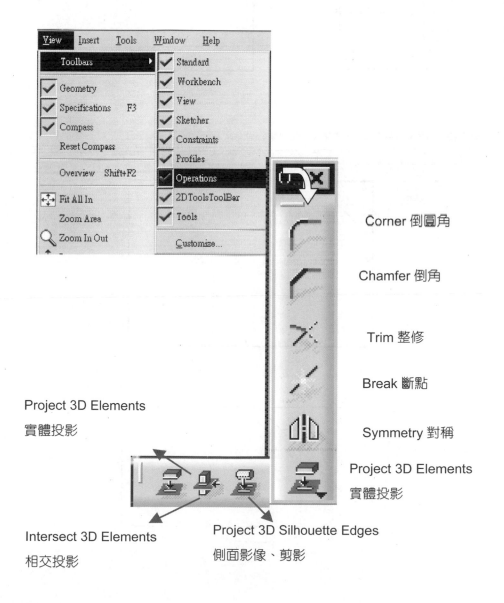

Corner 倒圓角

Chamfer 倒角

Trim 整修

Break 斷點

Symmetry 對稱

Project 3D Elements
實體投影

Project 3D Elements
實體投影

Intersect 3D Elements
相交投影

Project 3D Silhouette Edges
側面影像、剪影

修整平面外形範例

(1) Corner 倒圓角

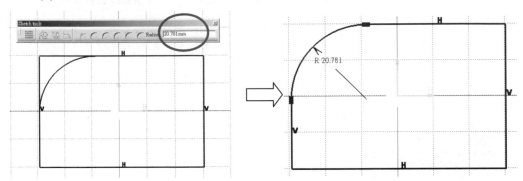

(2) Chamfer 倒角

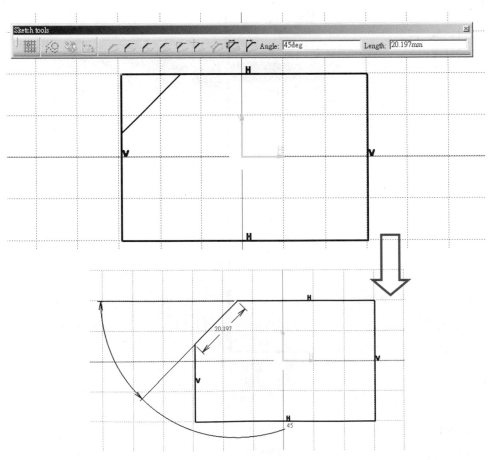

(3)　Trim 整修

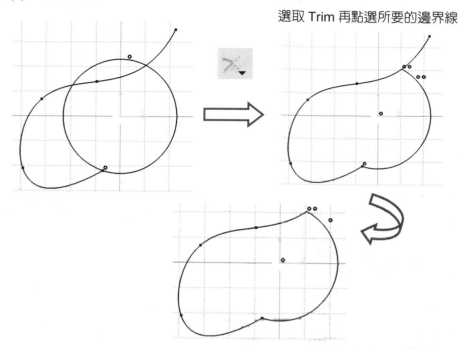

選取 Trim 再點選所要的邊界線

(4)　Break 斷點& Quick Trim 快速修整

邊界線可定義中斷點，再用快速修整去除多餘的線段，快速修整會以交接點為中斷點。

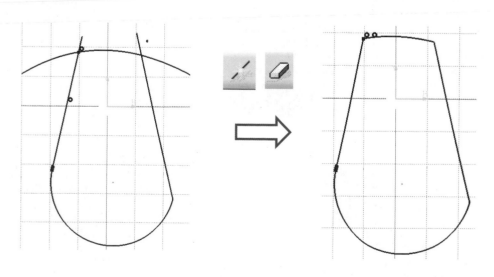

(5) Mirror 鏡射

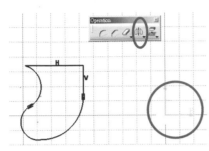

點選鏡射(Mirror)工具列候選取物件
並在定一對稱軸即可

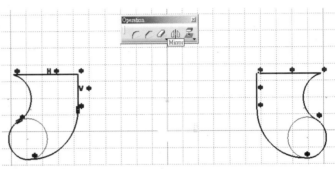

(6) Project 3D Elements 實體投影

欲將此局部的 Profile 作實體投影，
改變整個 Profile 的外型設計

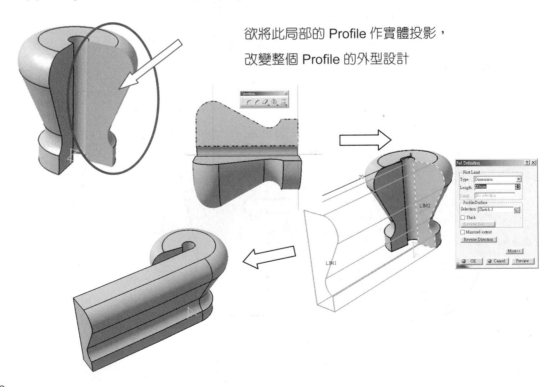

第 5 章

實例介紹

　　本單元主要以九個範例分別將其執行步驟一一作介紹，由於實體建構工作須具備膽大心細且耐性絕佳的工夫。由淺入深下手操作，均會用到相關的工具列，只要加以練習，應能得心應手，必能充份運用 CATIA 這套應用軟體，以輔助設計、分析與加工，來提昇產品的品質與功能，以下為範例：

範例一、迴轉體

範例二、球　體

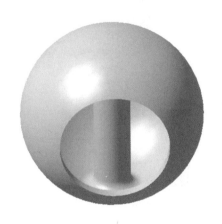

範例三、薄　殼

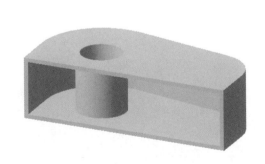

範例四、支　座

範例五、活　塞

範例六、軸承座

範例七、阻尼板

範例八、連　桿

範例九、皮帶輪

5-1 迴轉體(Rotor.CATPart)

　　本範例建構具對稱之迴轉體，如圖 5.1 所示。主要練習以多邊形繪圖鍵與限制功能鍵，來建構具有直線與圓弧相切之 2D 封閉線，再利用迴轉軸功能鍵，於實體模式以迴轉體功能鍵，建構一具對稱之迴轉體。詳細步驟如下說明。

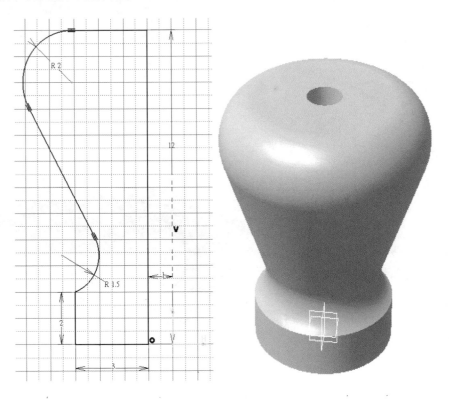

圖 5.1　迴轉體尺寸與實體圖

1. 先點選 xy 基面與進入 2D 繪圖模式之功能鍵，如圖 5.2 所示。

2. 進入 2D 繪圖模式，先點放大功能鍵，使圖面格線顯示出來，如圖 5.3 所示。

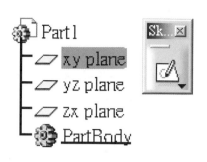

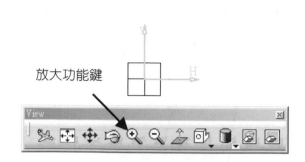

放大功能鍵

圖 5.2 進入 2D 繪圖模式　　　　圖 5.3 放大顯示格線

3. 點選多邊形功能鍵，呈現工具表單，移動滑鼠至表單之座標值為(-1,12)時，按下滑鼠左鍵，即完成第一點位置，如圖 5.4 所示。若位置點座標與格點設定為整數倍，建議點取格點擷取功能鍵；若位置點座標與格點設定為非整數倍，需放開格點擷取功能鍵，利用表單輸入座標值或限制功能鍵來限制尺寸與位置。

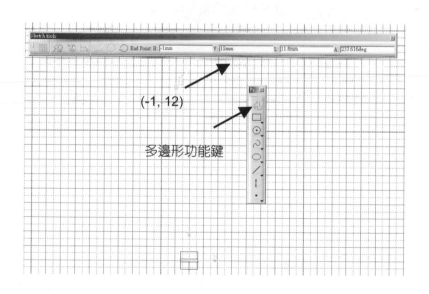

(-1, 12)

多邊形功能鍵

圖 5.4 點多邊形第一點

4. 移動滑鼠至表單之座標值為(-1,0)時，按下滑鼠左鍵，即完成第二點位置，如圖 5.5 所示。

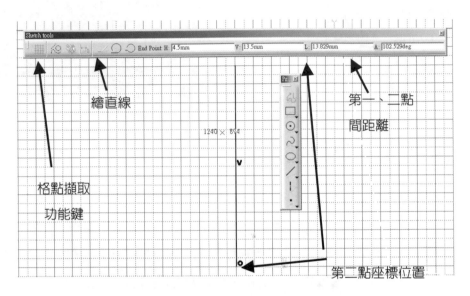

圖 5.5　點多邊形第二點

5. 依序繪製二直線，點座標分別為(-4,0)與(-4,2)，如圖 5.6 所示。

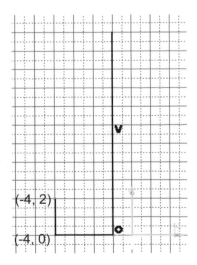

圖 5.6　繪製二直線

6. 點選多邊形工具表單之圓弧鍵，此圓弧鍵係由三點來決定一圓弧，故點選圓弧鍵後，須再點二點以決定一圓弧，如圖 5.7 所示。通常，為使點選適當位置，可放開工具表單之擷取格點鍵，進行微量調整定位。

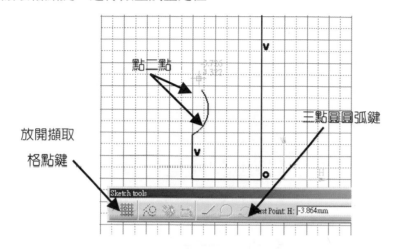

圖 5.7　繪一圓弧

7. 接一直線後，再續接一相切圓弧。相切圓弧係點選多邊形工具表單之相切圓弧鍵，其只須點末端點即可，無須中間點，如圖 5.8 所示。

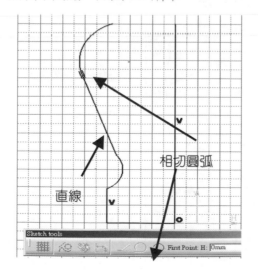

圖 5.8　繪一直線與相切圓弧

8. 繪完相切圓弧，再續接多邊形之起點，完成一封閉多邊形，如圖 5.9 所示。

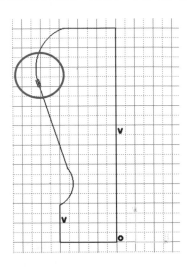

圖 5.9　封閉多邊形

9. 按住鍵盤之 Ctrl 鍵，再分別點選直線與圓弧，並選取幾何關係限制鍵，即顯示限制表，
   於表中點選相切限制，就會呈現出二者相切輔助符號，如圖 5.10 所示。

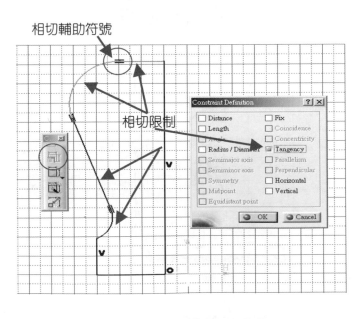

圖 5.10　圓弧與直線相切限制

10. 選取尺寸與位置限制鍵，分別加註尺寸與位置值，並加一迴轉軸，如圖 5.11 所示。

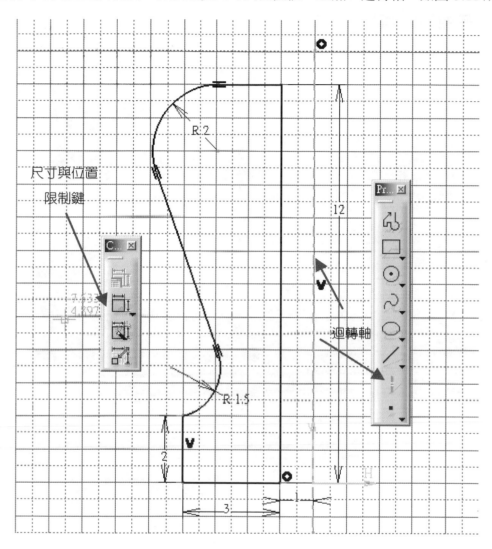

圖 5.11　尺寸限制與迴轉軸

11. 回 3D 實體模式，選取迴轉體(Shaft)功能鍵，即出現迴轉體參數表，輸入 360 度，即得一迴轉實體，如圖 5.12 所示。

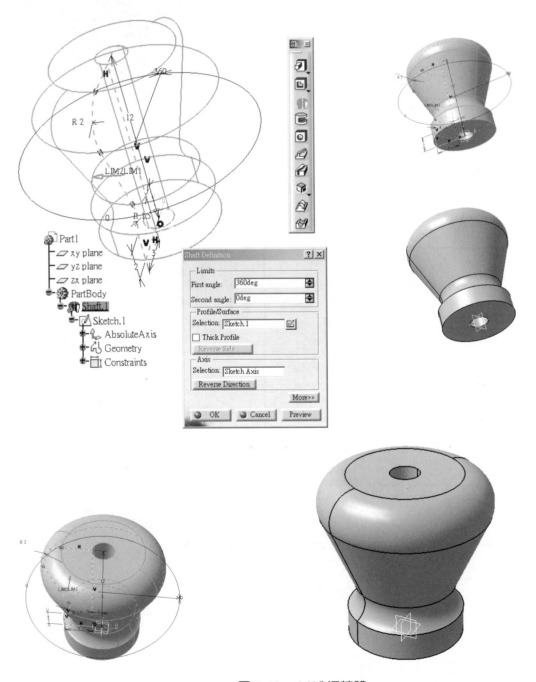

圖 5.12　360° 迴轉體

12. 連續於樹狀結構之迴轉體點二點，即出現迴轉體參數表，輸入不同角度，如圖 5.13 所示，即得不同迴轉實體，如圖 5.14 所示。

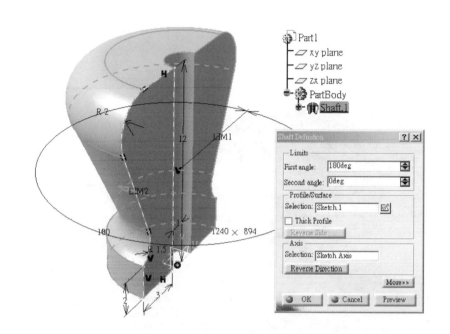

圖 5.13 迴轉體參數設定

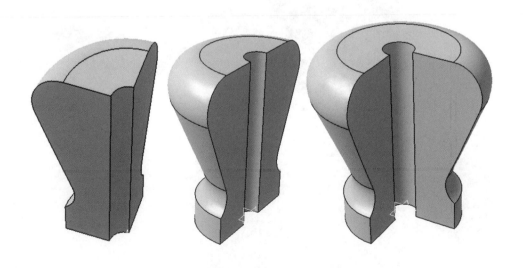

圖 5.14 90°、180°°與 270° 迴轉體

13. 如欲以迴轉體其中一截面之外廓為投影之 Profile，選取後進入 2D 草圖模式，先選
    Project 3D Element，點欲投影的外廓截面，再回 3D 模式下擠製(Pad)，即可得不同的
    迴轉實體，如圖 5.15 所示。

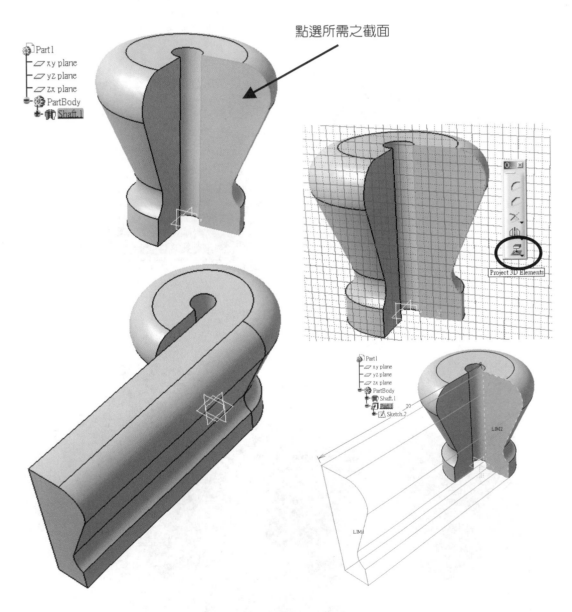

圖 5.15 投影外廓修改迴轉實體

5-2 球體(Ball.CATPart)

　　本範例建構一具有軸心之薄殼球體，如圖 5.16 所示。主要利用迴轉軸功能鍵建構一半球體，再用薄殼功能鍵挖半球薄殼，以鏡射完成一球體。詳細步驟如下說明。

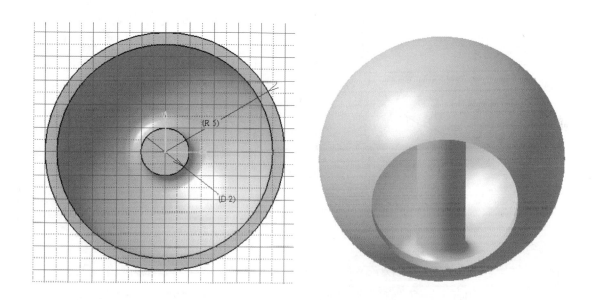

圖 5.16　薄殼球體尺寸與實體圖

1.　繪製半圓：先點選 xy 基面，進入 2D 繪圖模式，繪一 r5 半圓封閉線與建一旋轉軸，如圖 5.17 所示。即點多邊形功能鍵，分別點座標為(0,5)與(0,-5)的二點繪一直線；再點工具列中之圓弧，分別點中點(5,0)與終點(0,5)，即完成一封閉半圓；點迴轉軸功能鍵，分別點(0,6)與(0,-6)二點繪一迴轉軸。

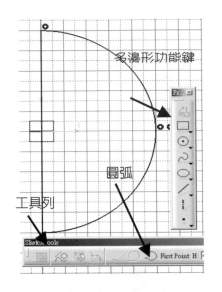
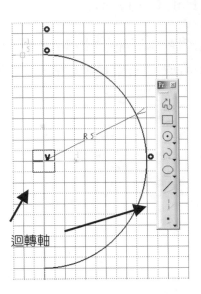

多邊形功能鍵

圓弧

工具列

迴轉軸

圖 5.17　繪半圓與迴轉軸

2. 繪製半球體：回 3D 實體模式，點旋轉體(Shaft)，於參數表輸入迴轉角為360°，即得
一實體球，如圖 5.18 左圖所示；回轉角為180°，即得一實體半球，如圖 5.18 右圖所
示。

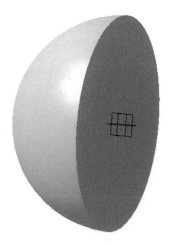

圖 5.18　球體與半球實體

3.　建構半球薄殼：點半球之平面，再點選薄殼功能鍵，於參數表輸入內厚為 0.5mm，如圖 5.19 所示。

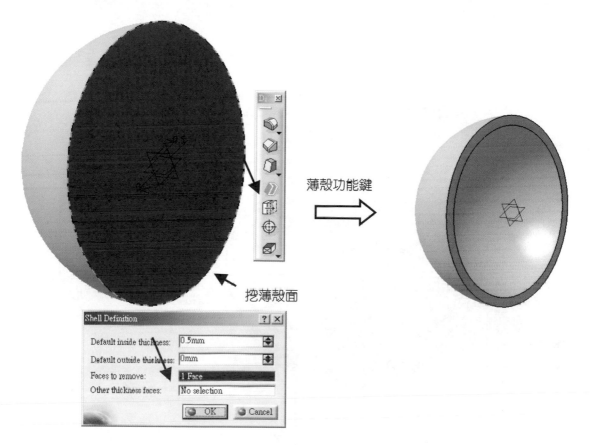

薄殼功能鍵

挖薄殼面

圖 5.19　挖薄殼

4.　加軸心與倒圓角：放大實體，點選半球薄殼平面，進入 2D 繪圖模式；繪一 $\phi 1$ 圓，並回 3D 實體模式，擠製一圓柱，至薄殼內面。且於圓柱與薄殼內面之交線處，倒 r0.5 圓角，如圖 5.20 所示。

5.　鏡射完成一球體：放大實體，點選半球薄殼平面，作為鏡射面；再點選鏡射(Mirror) 功能鍵，按確定，即完成一球體，如圖 5.21 所示。

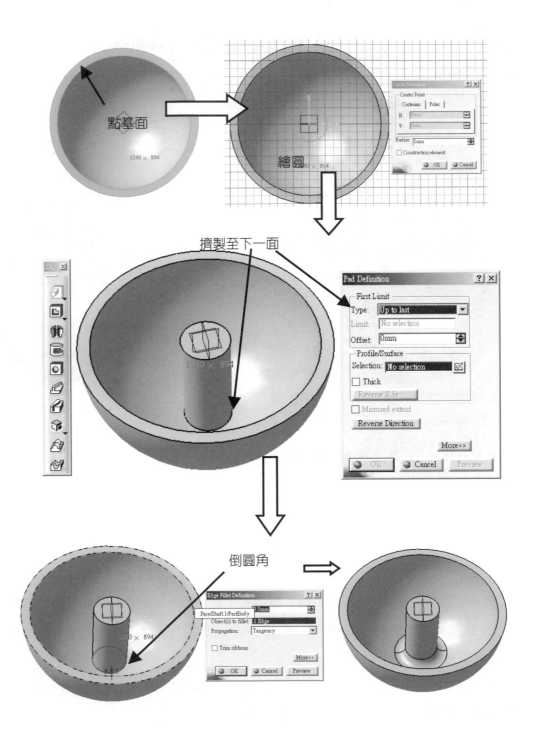

圖 5.20　加軸心與倒圓角

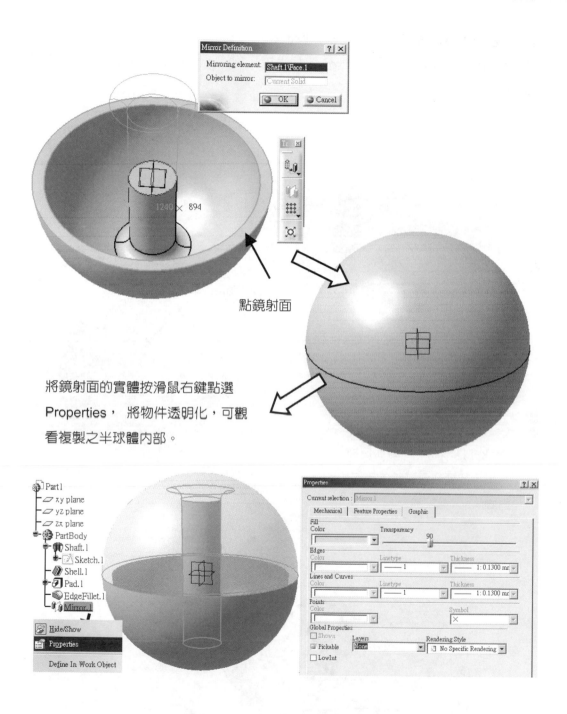

將鏡射面的實體按滑鼠右鍵點選
Properties，　將物件透明化，可觀
看複製之半球體內部。

點鏡射面

圖 5.21　鏡射完成球體

6. 配合挖孔(Pocket)指令將球實體挖一圓洞亦可看球體內部為一薄殼與軸心。以 YZ 或 ZX 為基準面,進 2D 繪製一圓 $\phi6$,利用挖孔功能,設定兩端挖除參數值,如圖 5.22 所示。

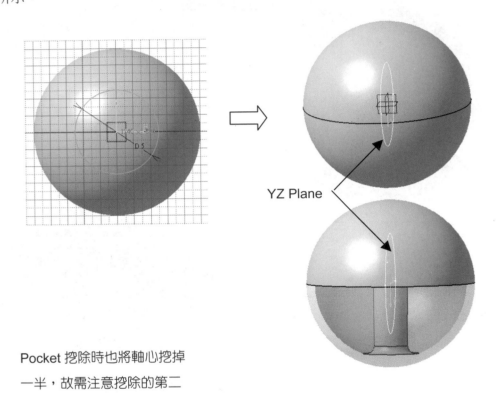

YZ Plane

Pocket 挖除時也將軸心挖掉
一半,故需注意挖除的第二
方向。

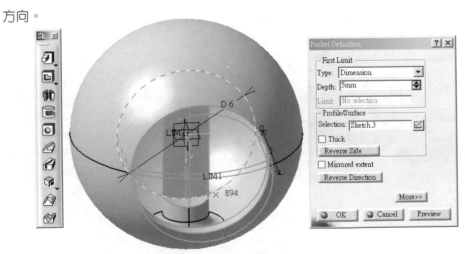

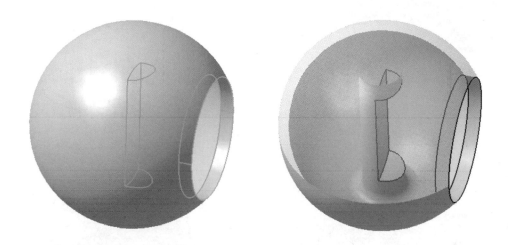

　　將半圓元實體透明化，可以很清楚看出第一方向(First Limit)超過切除部分。故需針對挖孔(Pocket)第二方向(Second Limit)參數進行設定。第二方向也就是第一方向的反方向，故第二方向的負尺寸與第一方向同方向。

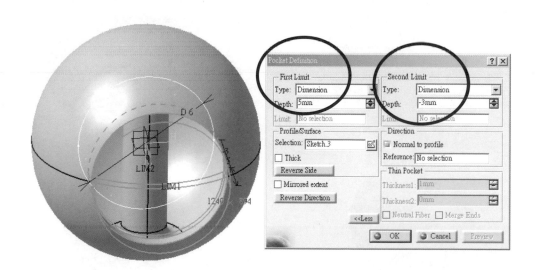

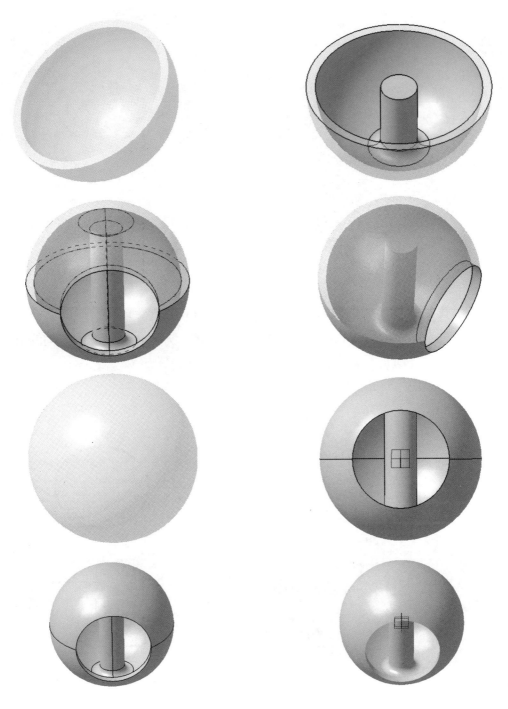

圖 5.22　具一軸心之球薄殼

5-3 薄殼(Shell0.CATPart)

　　本範例主要利用薄殼功能鍵,建構不同薄殼實體,詳細尺寸與薄殼實體如圖 5.23 所示。詳細步驟如下說明:

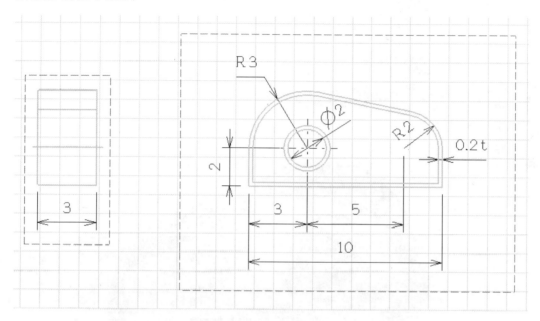

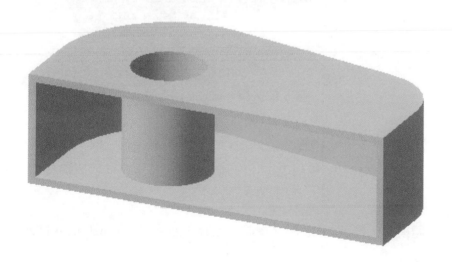

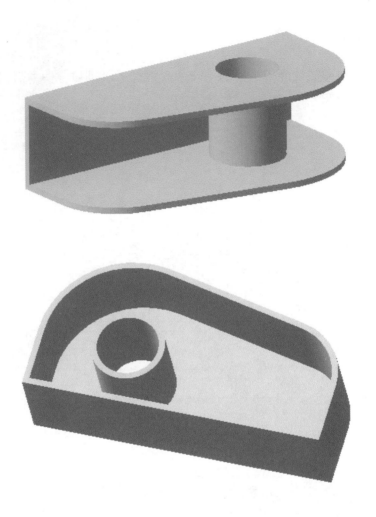

圖 5.23 具一軸心之球薄殼

1. 於 2D 繪圖模式，利用多邊形功能鍵繪製一形狀相近之封閉線；再利用幾何關係限制功能鍵，設定相切條件；及利用尺寸限制功能鍵，設定幾何位置與尺寸值，如圖 5.24 所示。

2. 回 3D 實體模式，擠製 3mm 厚之實體，如圖 5.25 所示。(Shell0.CATPart)

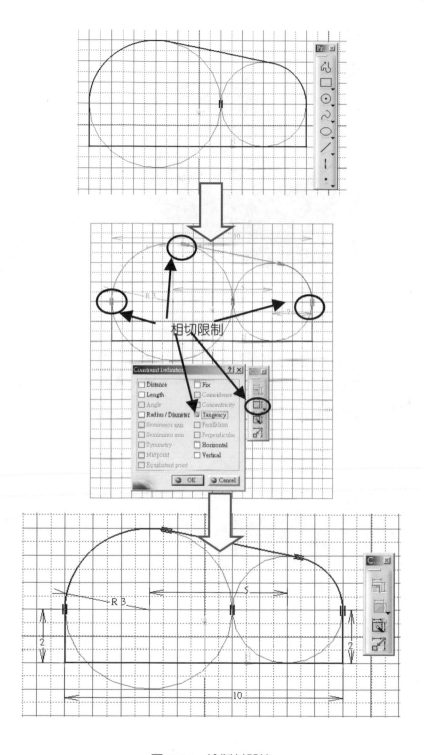

圖 5.24 繪製封閉線

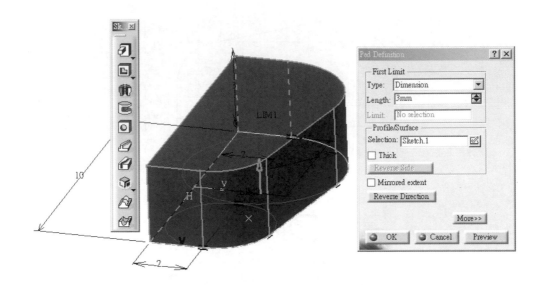

圖 5.25 擠製實體

3. 點實體上表面,並選取薄殼功能鍵,於參數表中輸入 0.2mm 厚,得挖薄殼之實體,
如圖 5.26 所示。(Shell1.CATPart)

點挖薄殼面

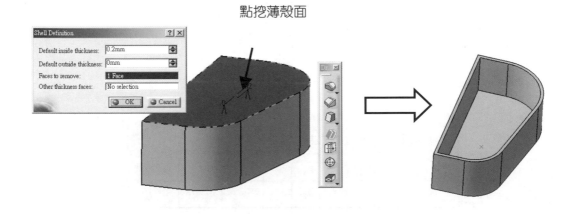

圖 5.26 單面挖模殼

4. 於步驟 2.實體，在(-2,2)位置挖一 ϕ2 圓孔，如圖 5.27 所示。點實體側邊，並選取薄殼
功能鍵，於參數表中輸入 0.2mm 厚，得側邊挖薄殼之實體，如圖 5.28 所示。
(Shell2.CATPart)

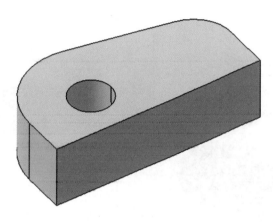

圖 5.27　挖一圓孔

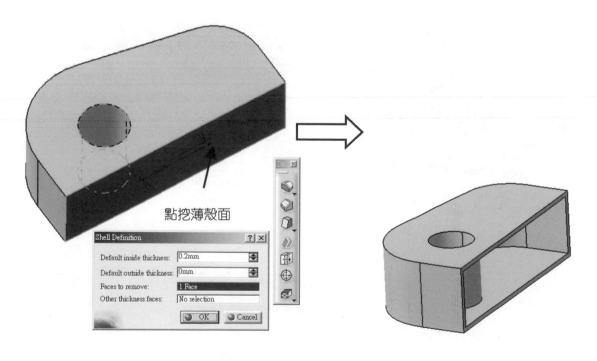

圖 5.28　側邊挖薄殼

5. 如圖 5.27 挖一圓孔之實體，按鍵盤之 Ctrl 鍵，再點實體三個側邊與二圓弧面後，選取薄殼功能鍵，於參數表中輸入 0.2mm 厚，即得如 5.29 之薄殼實體。(Shell3.CATPart)

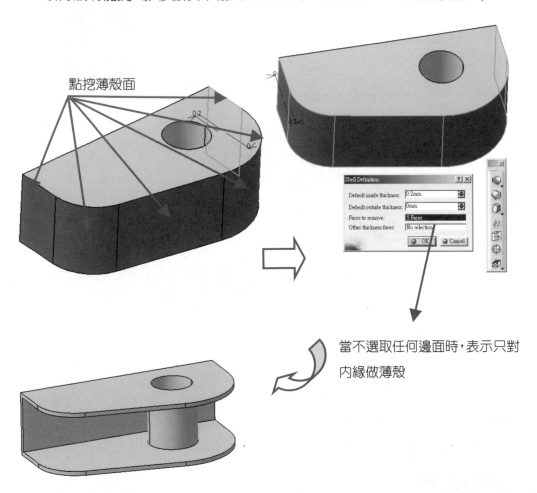

點挖薄殼面

當不選取任何邊面時，表示只對
內緣做薄殼

圖 5.29 三側邊挖薄殼

6. 如圖 5.27 挖一圓孔之實體，點實體上側面，即得如圖 5.30 之薄殼實體。(Shell4.CATPart)

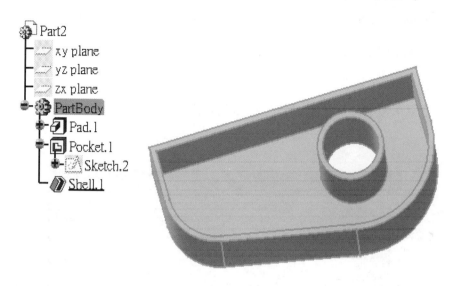

圖 5.30 上邊挖薄殼

7. 進行修整，即倒內圓角，如圖 5.31 所示。

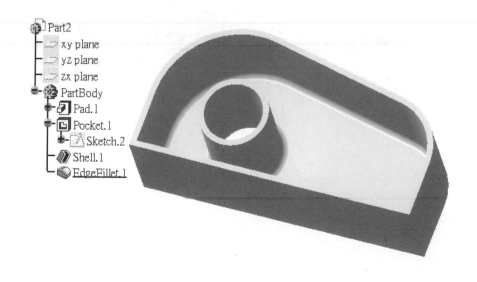

圖 5.31 修整外型圖

修整：

1.　外型：點 Pad.1 之 Sketch.1，進入 2D 繪圖視窗，進行相切、拉動、改變外型。

2.　孔：點 Pocket.1 之 Sketch.2，進入 2D 繪圖視窗，修改孔位置與孔大小。

3.　薄殼：點 Shell.1，修改殼厚與不同面；或取 Shell.1，按 Delete 鍵，即呈現刪除表單，
如圖 5.32 所示按 OK 鍵，實體恢復無薄殼實體。

圖 5.32　刪除表單

5-4 支座(Bathtub Fitting－Bathtub1.CATPart)

本範例主要利用薄殼功能鍵，建構不同薄殼實體，詳細尺寸與薄殼實體如圖 5.33 所示。詳細步驟如下說明：

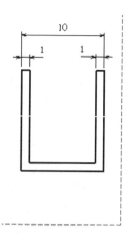
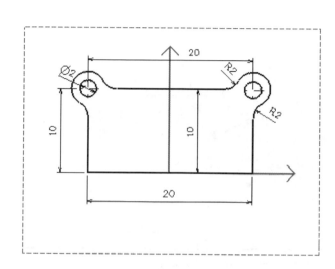

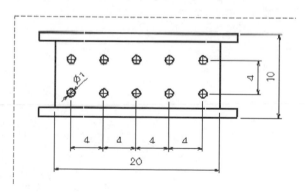

圖 5.33　詳細尺寸圖與實體

1.　於 2D 繪圖模式，利用多邊形功能鍵繪製一形狀相近之封閉線，再利用尺寸限制功能鍵，設定幾何位置與尺寸值；回 3D 實體模式，向二邊各擠製 5mm，得 10mm 厚之實體，如圖 5.34 所示。

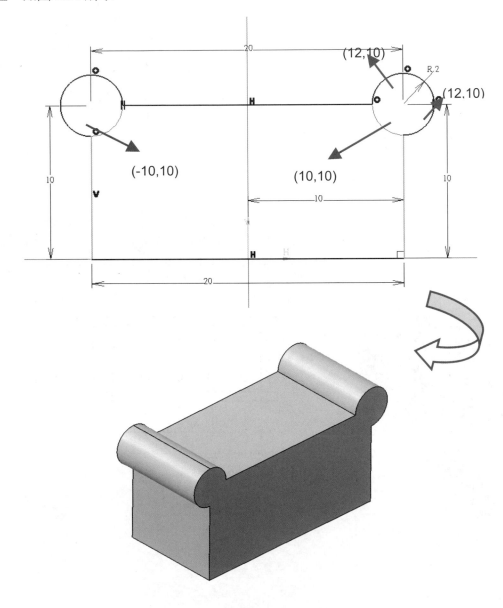

圖 5.34　繪圖模式繪幾何圖形

2. 點選三側與圓弧面，保留底面，進行挖薄殼，厚為 1mm，如圖 5.35 所示。

點選挖薄殼面

點選薄殼功能鍵，輸入厚度

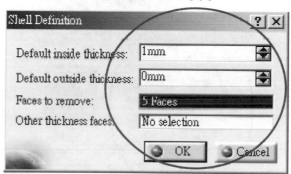

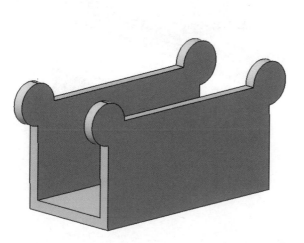

圖 5.35　薄殼實體建構

3. 先點挖洞面，再點取挖洞功能鍵，於參數表中點選貫穿圓洞的形式，輸入圓洞直徑 $\phi 1$，完成挖洞動作；然後對 Hole1 內 Sketch 連續點二點，即進入 2D 繪圖模式，再利用限制功能鍵(Positioning Sketch)設定圓洞之位置；回 3D 實體模式，即完成圓洞定位工作，如圖 5.36 所示。

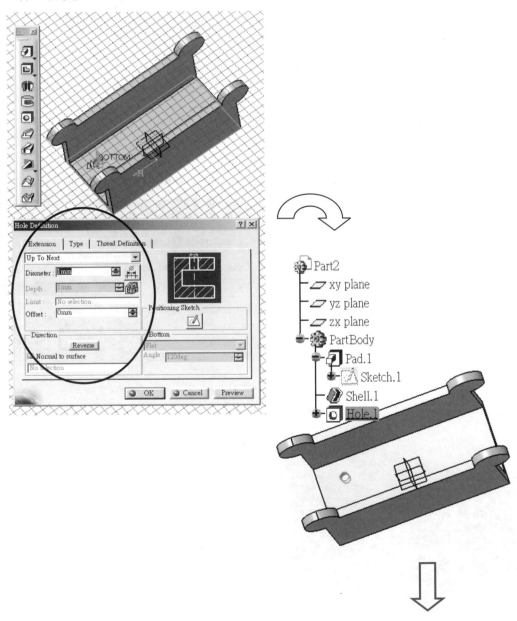

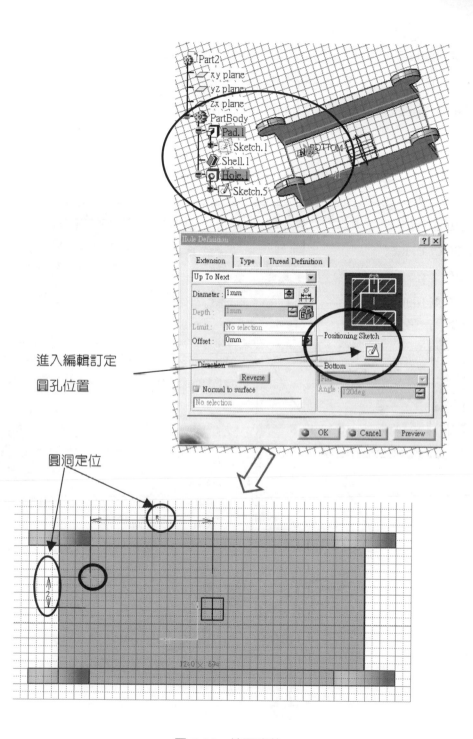

進入編輯訂定
圓孔位置

圓洞定位

圖 5.36 挖洞定位

4. 先於樹狀結構點 Hole1，再點取矩形模式(RectPattern.1)挖洞功能鍵，於參數表中先點第一個方向(First Direction)進行參數設定，分別設定等距(Instance & Spacing)模式、5個等間距(Instance)、間距量為 4mm 與點取鑽孔面等，然後按 Apply 顯示鍵即可完成。

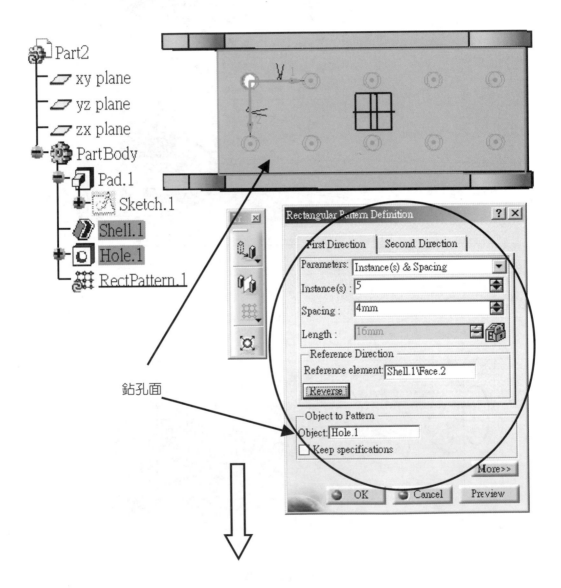

鑽孔面

若方向顛倒則按反向鍵 Reverse 或按圖面的箭頭即可；同理，設定垂直方向，即第二個方向(Second Direction)參數設定，如圖 5.37 所示。

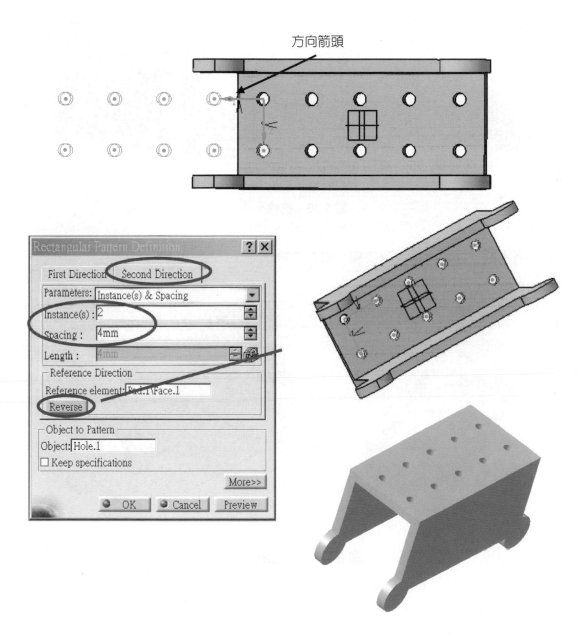

圖 5.37　矩形模式挖洞

5. 於 2D 繪圖模式，分別繪二 ϕ2 圓，位於(-10,10)與(10,10)；再回 3D 實體模式，利用挖槽(Pocket)進行鑽貫穿圓孔，如圖 5.38 所示。

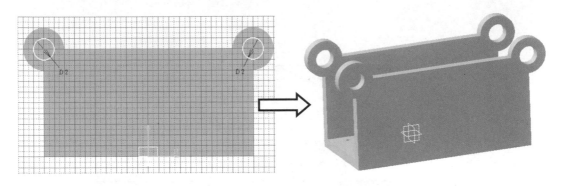

圖 5.38 挖圓孔

6. 倒角與倒圓角修飾，即完成實體，如圖 5.39 所示。

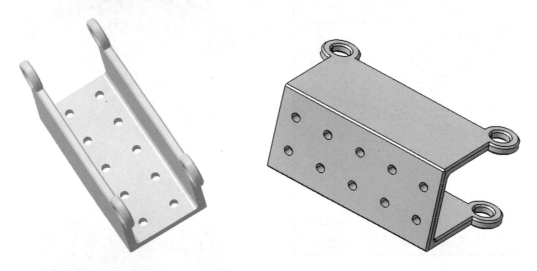

圖 5.39 完成實體圖

7. 若因設計需求而改變尺寸，如加大寬度 15mm，鑽三列的圓孔。其方法為先至結構樹狀(Tree Structure)找到原來舉製的參數表，只需加以調整其中的參數第一、二方向(First & Second Direction)，長度各為 7.5mm，如圖 5.40 所示即可。

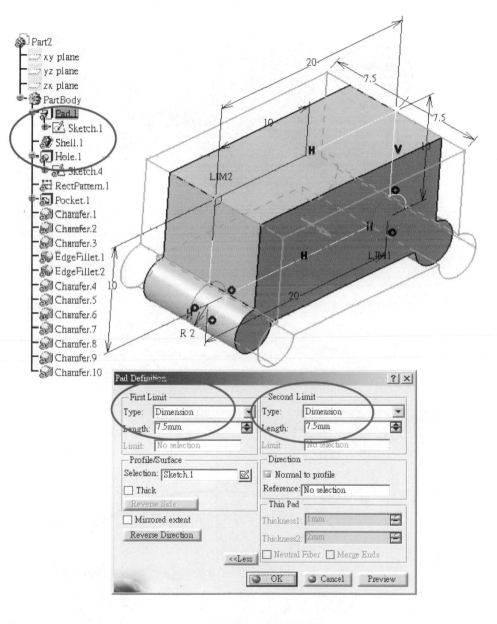

圖 5.40　尺寸修改圖

8. 接著更改結構樹狀(Tree Structure)中的 Hole1 尺寸，將原來縱向距離由 2mm 改為 4mm，再點取矩形模式(RectPattern.1)對稱性挖洞功能鍵，對第一方向與第二方向性的 參數進行修改如圖 5.41 示。

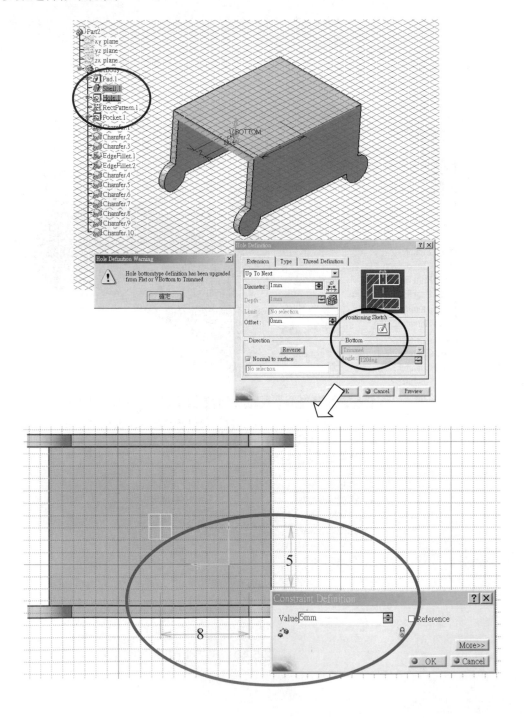

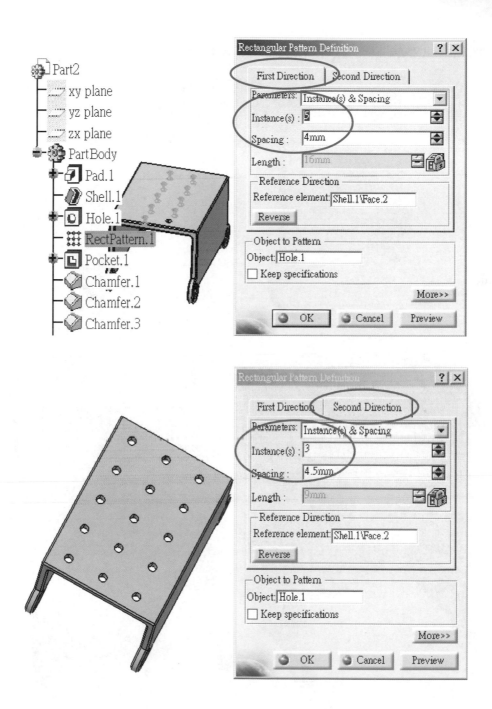

圖 5.41　對稱性矩形鑽孔參數表

9. 完成設計的改變如圖 5.42，如教學光碟中 Bathtub2.CATPart。

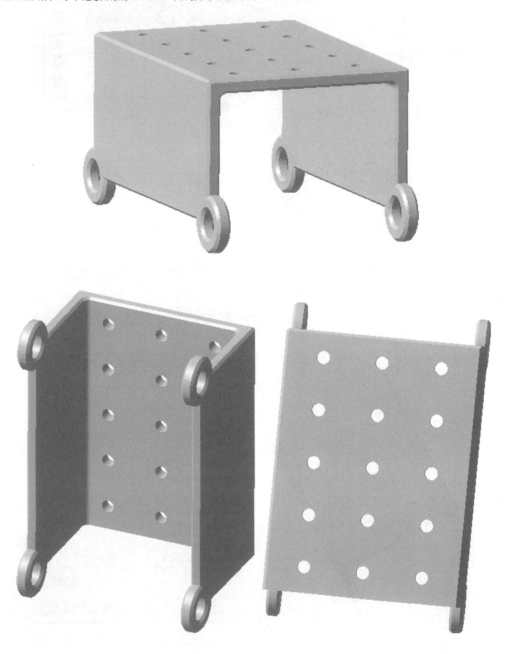

圖 5.42 完成更改尺寸設計時體圖

5-5 活塞(PISTON－Piston.CATPart& Piston0.CATPart)

　　活塞之詳細尺寸與實體如圖 5.43 所示。活塞頂厚為 5mm，邊壁厚為 2mm。本範例主要學習二方向挖槽或布林運算差集建構圓柱軸平面、繪製具同心與平行之等間距外廓、鑽貫穿孔等功能之應用。操作步驟依序介紹。

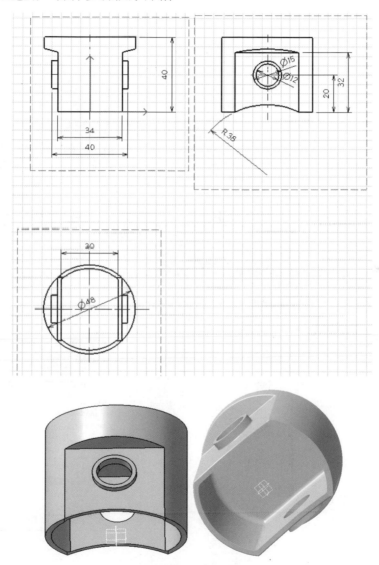

圖 5.43 活塞詳細圖

步驟一

1. 建構一圓柱體 $\phi48 \times 40$[1]

   於 xy 平面，利用 2D 繪圖模式繪製一 $\phi48$ 圓，回到 3D 實體模式，利用擠製功能鍵，高度 48mm，建構一圓柱體，如圖 5.44 所示。

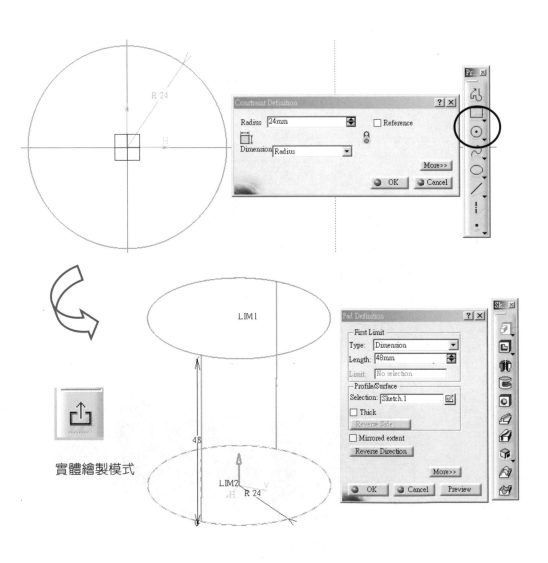

實體繪製模式

圖 5.44　圓柱體建構

2.　建構活塞二邊側平面

於 yz 平面繪二多邊形，並加限制條件，含位置、大小、角度

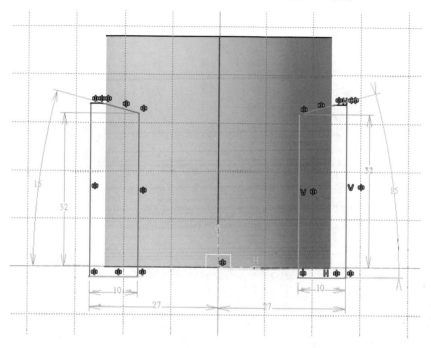

回到 3D 實體模式進行二方向挖凹槽，去除二邊成平面，如圖 5.45。

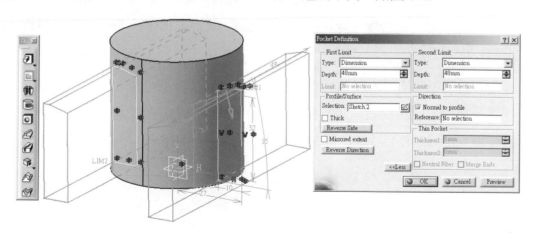

最後完成活塞建構，當然建構的方法有很多種，可依使用者設計的觀點，及熟練度，分別利用不同的工具列，均可達到同樣的作用。

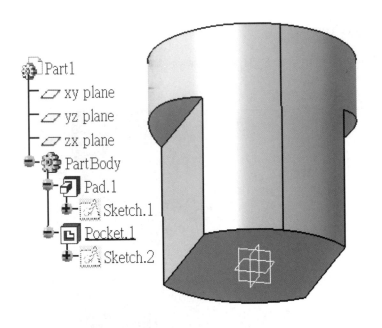

Part1
xy plane
yz plane
zx plane
PartBody
Pad.1
Sketch.1
Pocket.1
Sketch.2

圖 5.45　活塞邊平面件構圖

3.　建構活塞內孔

於實體底面繪一多邊形，並加平行與同心的幾何形狀限制條件，且限制此多邊形與活塞外廓距 2mm，使內壁厚保持 2mm；再回到實體模式，進行挖槽，槽深 35mm，如圖 5.46 所示。此步驟不能利用薄殼功能鍵，因活塞頂厚為 5mm，邊壁厚為 2mm，非等厚度之實體。

注意多邊形繪製時，利用直線與圓弧之功能，繪製一與外壁相近封閉多邊形；再利用平行與同心之形狀限制功能鍵，加以設定其外型；然後，利用尺寸限制功能鍵，設定壁厚。其順序為先形狀限制，後尺寸限制，方能建構一等壁厚之外形。

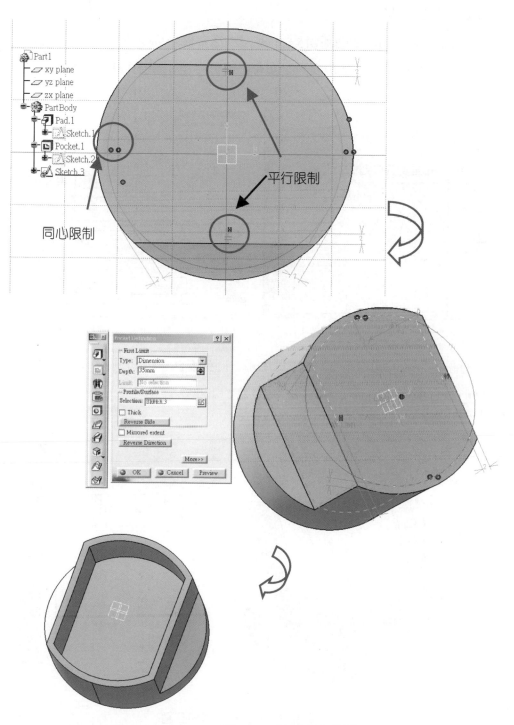

圖 5.46　挖活塞內孔圖

4. 活塞二側邊加凸圓

距活塞底面 20mm 加凸圓 $\phi15 \times 3mm$。點活塞側平面，進入 2D 繪圖模式，於(0,20)處繪製一 $\phi15$ 圓(利用參數表設定圓心座標與半徑)，再回 3D 實體模式。

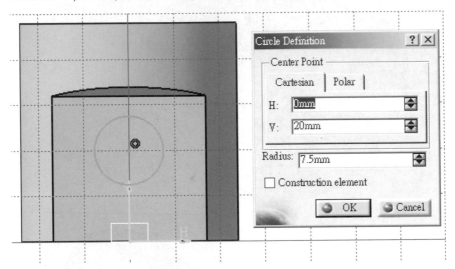

進行擠製 3mm 厚之圓柱，如下圖所示。同樣方法，亦可建構另一側之凸圓。此凸圓目的在於增強其活塞軸銷處之承壓應力，如圖 5.47 所示。

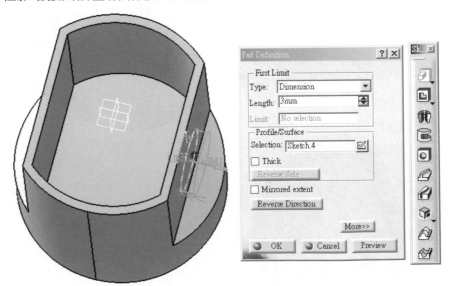

圖 5.47 活塞二側加凸圓

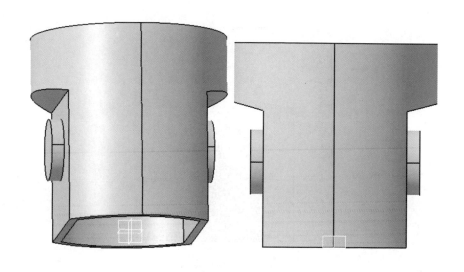

圖 5.47　活塞二側加凸圓(續)

5. 凸圓處挖軸孔

　　點凸圓面，再點取挖孔功能鍵，即呈現挖孔參數表；設定貫穿模式與輸入孔徑 $\phi12$，如圖 5.48 所示。

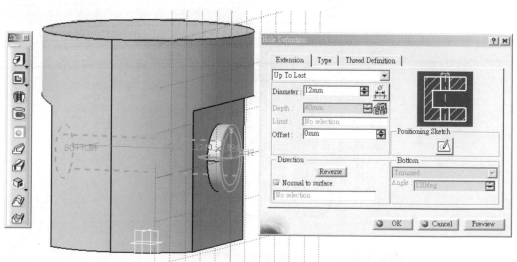

圖 5.48　凸圓挖軸孔

6.　建構活塞底部圓弧

　　點側邊面，進入 2D 繪圖模式，繪通過三點之圓；再連續點圓二次，即呈現參數表，設定圓半徑 38mm 與圓心位置 h=0mm；按確定後，再放開格

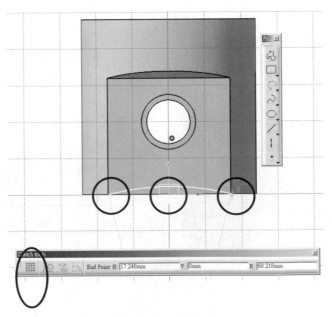

格點擷取功能鍵

點擷取(Snap)功能鍵,微調圓位置,至適當位置;回 3D 實體模式挖槽,如圖 5.49 所示。

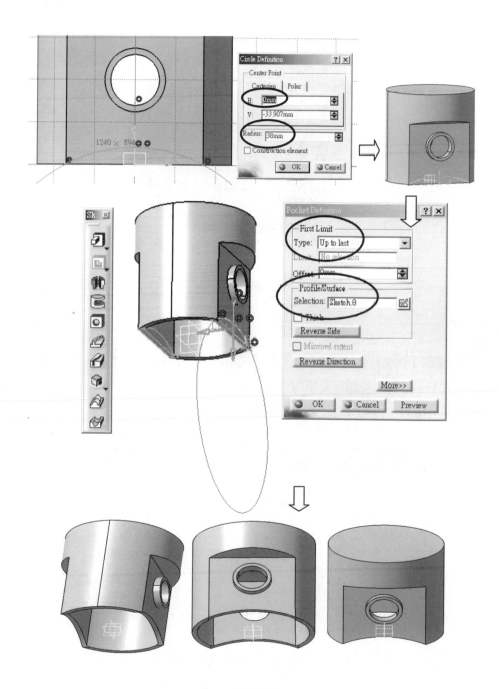

圖 5.49 建構活塞底部圓弧

7. 倒角與倒圓角修整

針對尖角與內緣處進行修飾，即進行倒角與倒內圓角，得如圖 5.50 所示。

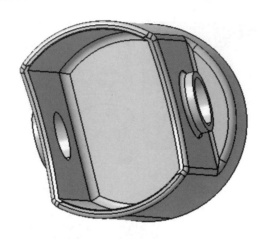

圖 5.50 倒角與倒圓角修整

步驟二

建構活塞側平面的另一方法，可利用布林運算之差集進行。注意，布林運算係針對不同元件(Part)進行聯集、差集、交集等，故首先須建構另一元件，即先點 Part1 ，下拉 Insert 功能鍵，點取 Body，即於 Part1 元件下插入一新元件，

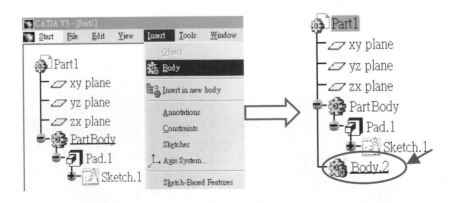

圖 5.51 插入新元件

如圖 5.51 所示。於樹狀結構中，點新元件，再點 yz 基面進入 2D 繪圖模式繪製二多邊形，並加限制條件，含位置、大小、角度，同圖 3 的 2D 繪圖步驟，再回到

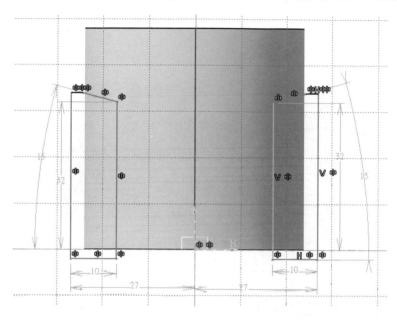

3D 實體模式進行擠製，建構活塞側邊二實體，如圖 5.52 所示。

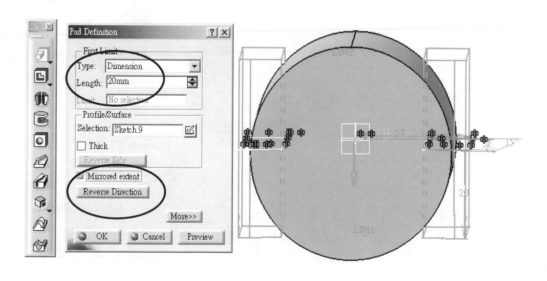

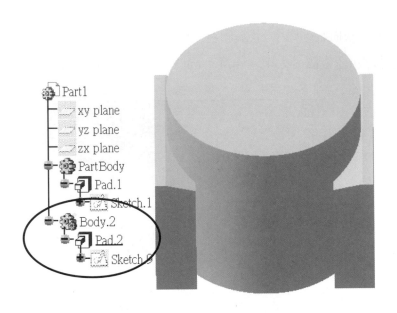

圖 5.52　建構二側邊實體

　　然後，點樹狀結構之側邊實體 Body1，再點布林運算之差集，即將圓柱與側邊實體交集部分去除，如圖 5.53 所示，完成活塞側邊削成平面。

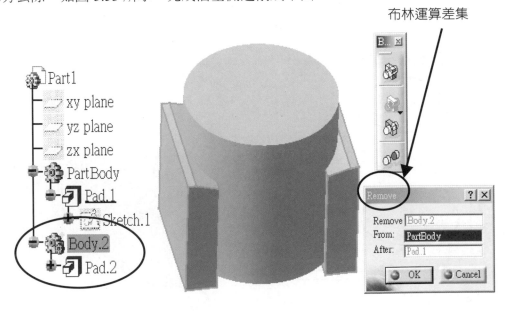

布林運算差集

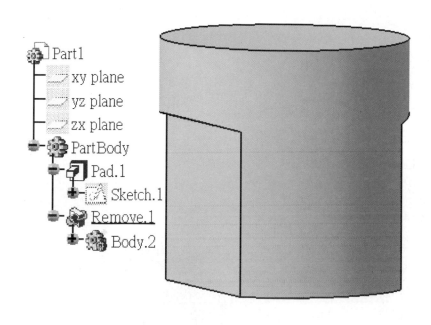

圖 5.53　差集布林運算

　　同時，每一步驟均在樹狀結構上依序排列，因此，可從樹狀結構了解建構步驟與方法，如圖 5.54 所示，進一步進行修改時，亦可由此來選取所需之元件。這是 CATIA 人機介面的優點。

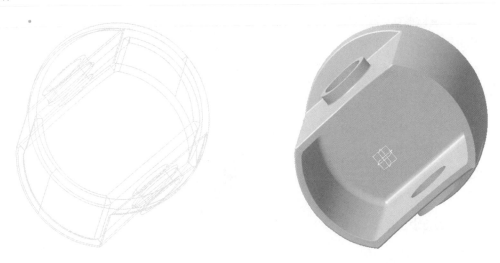

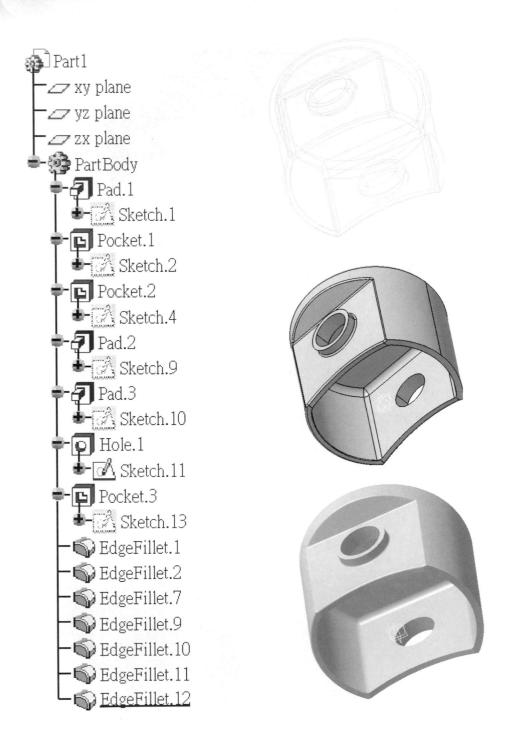

圖 5.54　活塞建構樹狀結構

5-6 軸承座(Supset.CATPart)

步　驟	操　作	功　能
1.	製作 $\phi 200 \times 10^l$ 與 $\phi 135 \times 45^l$ 實體	抽製(Pad)
2.	挖軸承外孔與倒內圓角 1r	挖孔(Hole)、倒圓角
3.	利用極座標與圓形模式，挖端蓋螺栓孔	挖槽、圓形挖孔
4.	挖圓弧長短孔	圓弧長短孔、圓形挖孔
5.	外凸與內凹處進行倒角與倒圓角	倒角與倒圓角

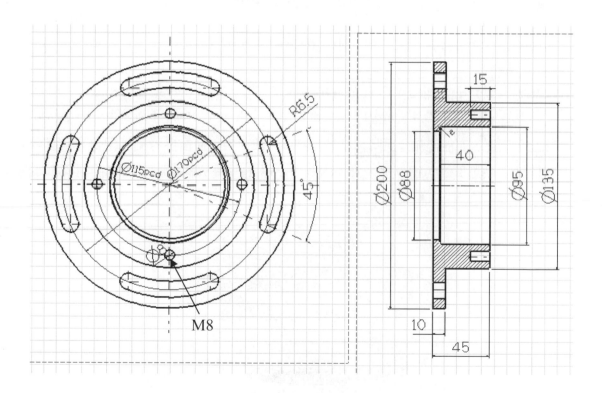

圖 5.55　軸承座尺寸圖

詳細步驟如下說明：

1. 建構圓柱輪轂與圓盤承板實體：分別於 2D 繪圖模式(Sketch)繪製 ϕ200 與 ϕ135，再回元件設計模組進行抽製 10mm 與 35mm 等高度，如圖 5.56。

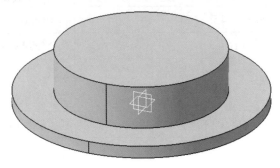

圖 5.56　輪轂與承板建構

2. 挖軸承孔與肩部：利用挖孔(Hole)功能鍵，選取魚眼孔(Counter Bored)形式，分別設定外孔徑 ϕ95 與深度 40mm，內孔徑 ϕ88 與深度 45mm。其肩部圓角半徑需小於軸承外圓角半徑，方能使軸承面緊密貼於肩部面，故此半徑值需參考軸承型錄。點選圓角功能件與點選倒圓角邊界線，輸入內圓角半徑 r1，完成輪轂軸承面實體建構，如圖 5.57。

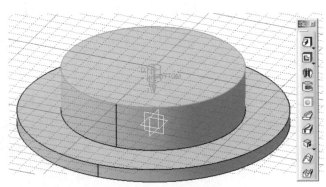

魚眼孔形式

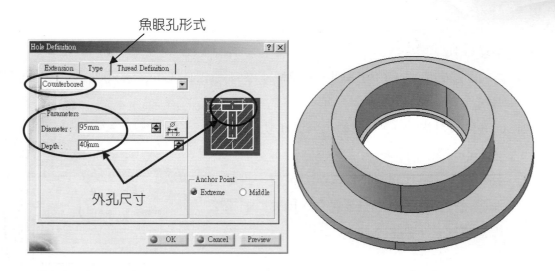

鑽孔形式與尺寸設定

內孔形式及孔徑

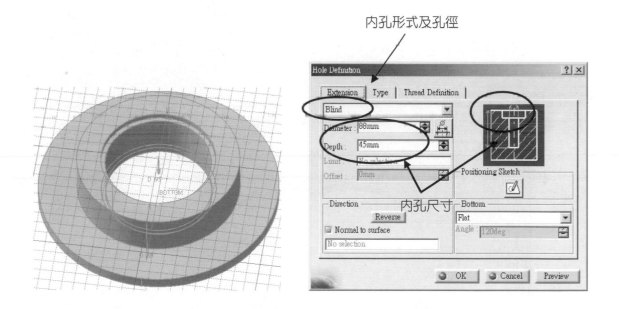

圖 5.57 輪轂軸承面實體建構

3. 鑽端蓋螺栓孔

(1) 於 2D 繪圖模式，繪製一圓，並以極座標方式(Polar Coordinate)標定位置半徑與角度，和圓半徑。

(2) 回元件設計模組，利用挖洞(Procket)功能鍵，挖 15mm 深。

(3) 利用圓形模式(Circular Pattern)功能鍵，設定挖洞數目、角間距與點選參考面，即完成輪轂挖端蓋螺栓孔，如圖 5.58。

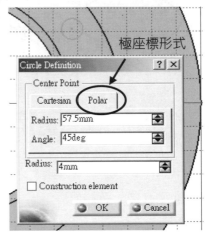

圓孔設定

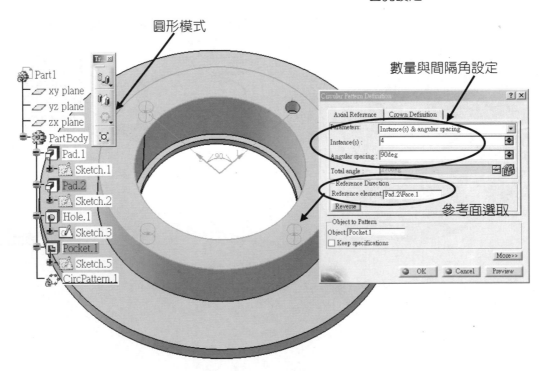

等間距挖洞設定

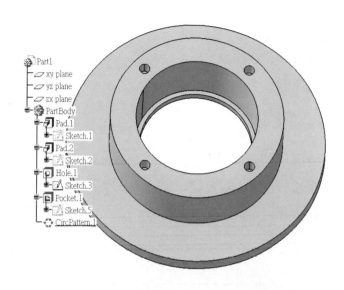

圖 5.58　輪轂挖端蓋螺栓孔建構

4.　挖圓弧長短孔

(1)　進入 2D 繪圖模式，選取圓弧形長短孔功能鍵如圖 5.59。

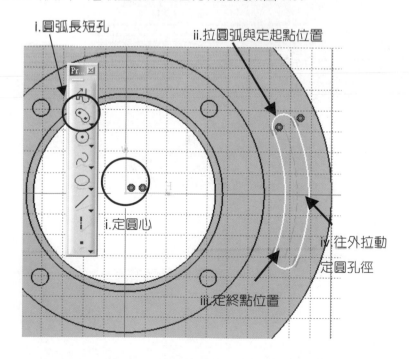

圖 5.59　圓弧形長短孔繪製

(2) 標定圓弧形長短孔尺寸。

分別標定－圓弧形孔之位置半徑值 r85

－圓弧形大小 45°

利用繪製二條通過原點與圓弧二端點之輔助線，進行角度設定。注意，此二條輔助線必須通過原點與二端點，方能拉動圓弧至設定位置與尺寸。

－圓弧形位置，端點距水平軸 22.5°

－長短孔半徑 r6.5

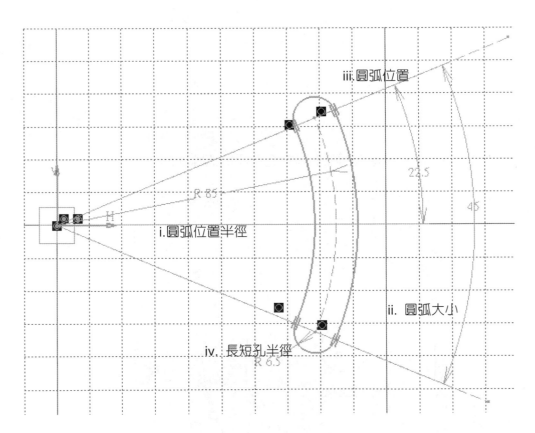

圓弧形長短孔尺寸標定

(3) 回元件設計模組，利用挖洞(Pocket)功能鍵挖長短孔，如圖 5.60

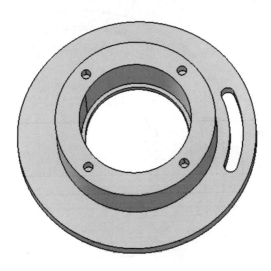

圖 5.60　挖圓弧形長短孔

(4) 利用圓形模式(Circular Pattern)功能鍵，設定挖洞數目 4 個、角間距90°與點選承板面之參考面如圖 5.61，即完成調整螺栓圓弧長短孔，如圖 5.62。

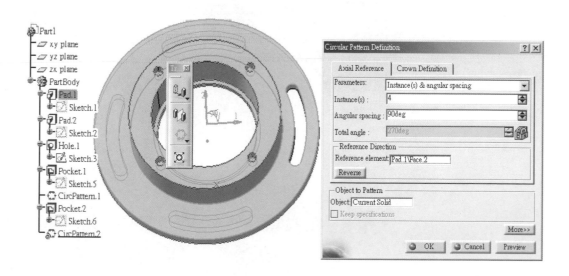

圖 5.61　調整螺栓圓弧長短孔之挖孔設定

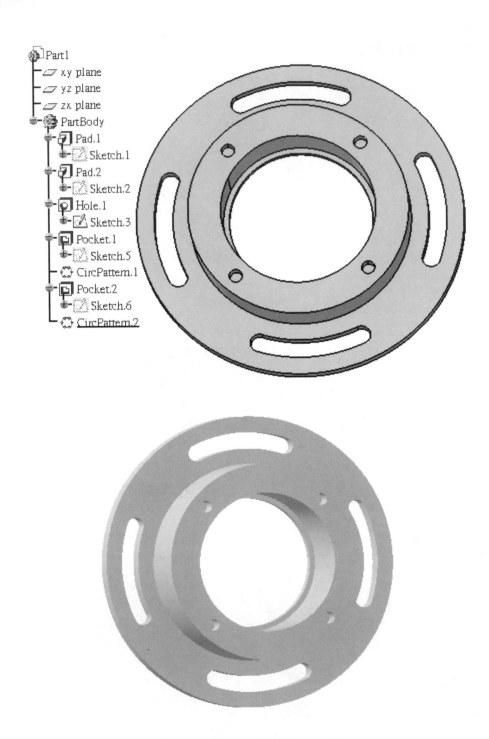

圖 5.62　軸承座實體建構完成圖

5-7 阻尼板(Damping Plate.CATPart)

步　驟	操　作
1.	作二圓 $\phi 60$，夾角 60°；另作一 $\phi 100$ 圓，分別與二圓相切；繪直線通過原點與圓心，並與圓相交。
2.	利用修整(Trim)功能鍵，將多餘部分去除
3.	抽製 20mm 厚
4.	建構六片多邊形實體

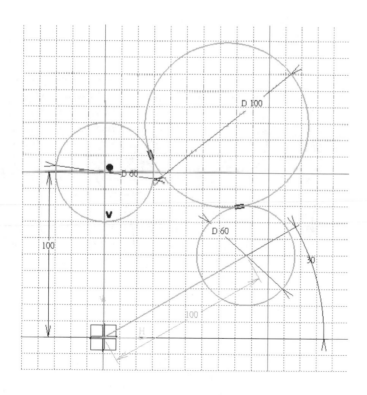

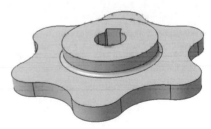

詳細步驟如下說明：

1. 建構三個相切圓

   建構相切圓需注意先行定義每一圓之大小與位置，否則前圓會被後圓所牽引，而造成位置與大小變動，且調整不易。

   (1) 於 xy 基面，進入 2D 繪圖模式，繪製二個 ϕ60 的圓，且分別位於(0,100)與 (r, θ)=$(100, 30°)$，並設限其位置與大小尺寸。此時設定尺寸時，可利用輔助線，但輔助線二端必須點在原點與圓心上(由同心圓之輔助圖示來判定是否點到該二點)，如圖 5.63。

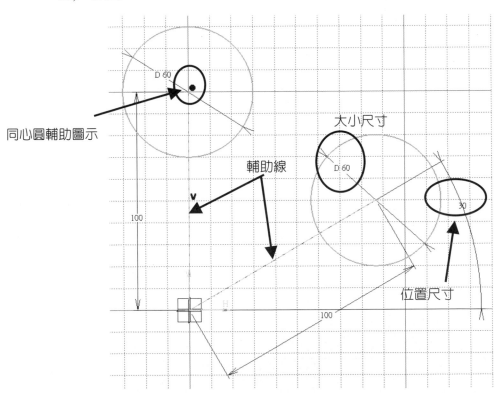

圖 5.63 位置圓建構

(2) 繪製一 $\phi100$ 的圓於任一位置，再利用幾何相關限制鍵，分別限制此圓與二 $\phi60$ 的圓相切。經上一步驟，將二 $\phi60$ 的圓位置與大小限制後，作此相切限制時，才不致於三圓位置發生錯位，如圖 5.64。

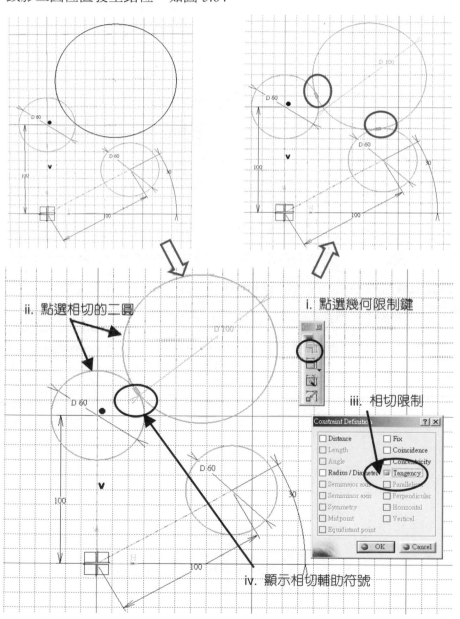

圖 5.64　三圓相切建構

2. 修整去除多餘部分

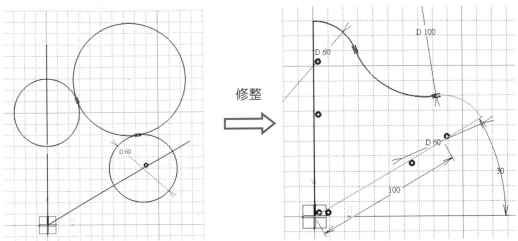

此步驟主要將左上圖經修整後得右上圖,由於直接利用多邊形(Profile)功能鍵繪製較為不易與不確定性,採用修整(Trim)功能鍵將多餘線條進行去除較為簡易。

(1) 繪製二條直線通過原點與圓心,並穿過二圓。繪製時需注意輔助符號,以確保線條特性為設計需求。

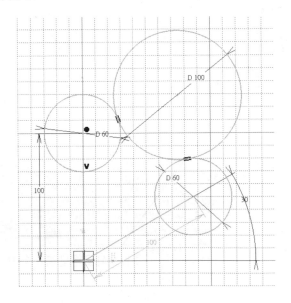

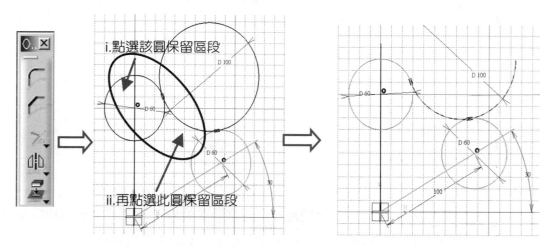

(2) 點選修整(Trim)功能鍵，再點取小圓保留區段線條與大圓相鄰保留區段線條，即可刪除多餘區間，如圖 5.65。

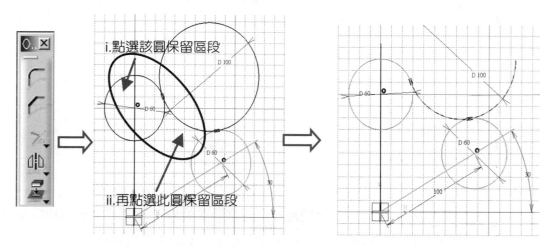

圖 5.65　點選保留區段

(3) 依序點選相鄰保留區段線條

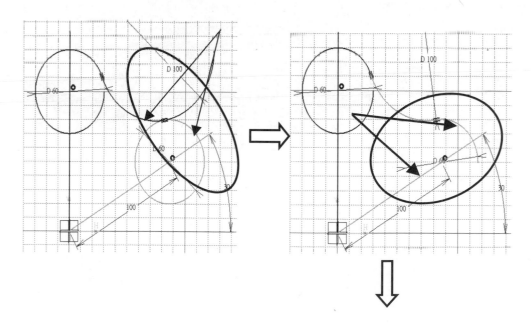

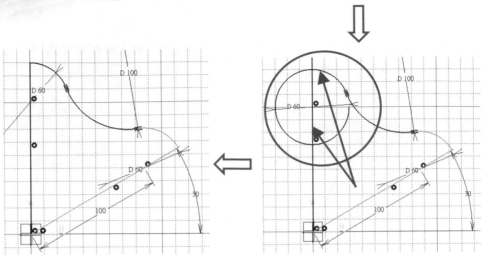

經多次連續使用修整鍵時，無須每次點取修整功能鍵，只要連續對該功能鍵圖
示點二點，即可連續使用。只需按該功能鍵圖示，即可結束功能。

3. 建構該多邊形實體

回元件設計模組，進行實體抽製 20mm 厚，如圖 5.66。

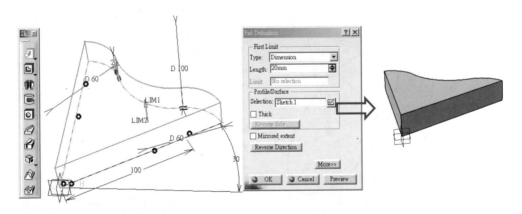

圖 5.66　實體抽製

4.　建構六片多邊形實體

利用圓形模組功能鍵，複製六片多邊形實體。其數量為 6 片，間隔角為60°，參考面為多邊形實體之頂面，如圖 5.67。另加輪轂與鍵槽，即完成阻尼板繪製，如圖 5.68所示。

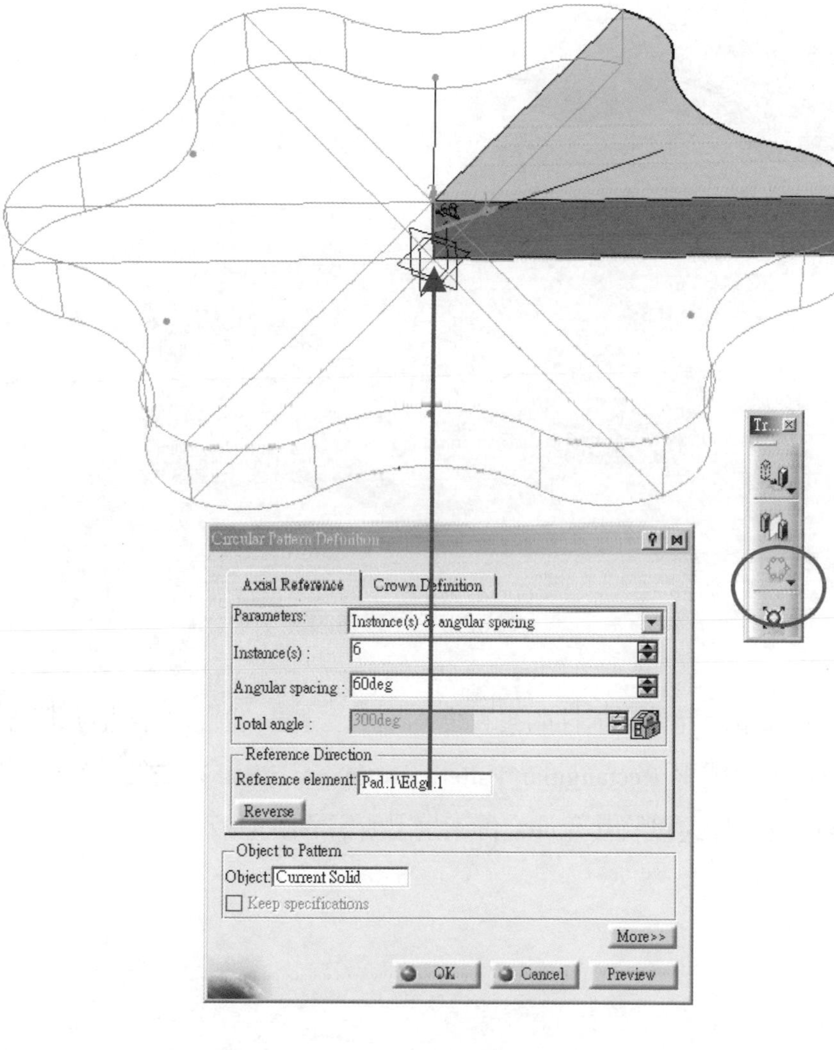

圖 5.67　阻尼板

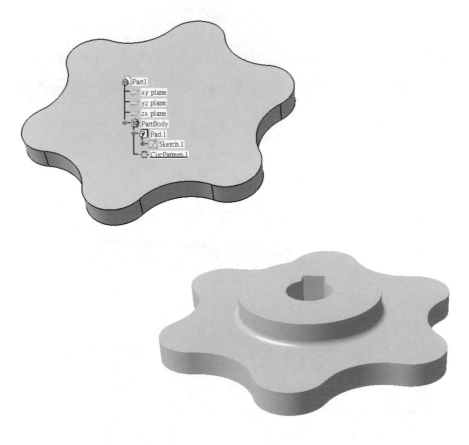

圖 5.68　完成圖

　　本範例在完成單片元件對稱性的複製後，再自行建置一圓及一鍵槽，即完成此元件－阻尼板。其中除了上述用 Rectangular Pattern Defin cm ition 方法外，也可利用元件複製 (Copy)方法後再用布林運算將其元件合併產生出所需的阻尼板。

5-8 連桿(Linkage2.CatPart)

連桿範例主要學習鑽鍵槽、鑽螺栓孔、不同厚度擠製、相切限制、移動座標系、挖距邊等距之外廓、肋凹槽與極座標挖孔等功能鍵練習。

連桿主要分成輸入軸轂、輸出軸轂與連桿肋等三部分，而三部分具不同厚度，分別為 20mm、15mm 與 12mm。中心距為 60mm，具平圓鍵鍵槽之輸入軸轂尺寸為 $\phi50 \times \phi20 \times 20mm$，輸出軸轂尺寸為 $\phi20 \times \phi10 \times \phi9 \times 15mm$，有 15pcd 之 4 只螺紋孔。且連桿肋為減輕重量，進行挖距邊等距 5mm 之深 3mm 凹槽，中間厚為 6mm，詳細如圖 5.69 所示。

本範例主要建構步驟與學習項目：

步　驟	設計名稱	學習項目
1	輪轂建構	不同厚度擠製(Pad)
2	連桿肋建構	圓與線相切之限制條件建立(Constraint)
3	肋凹槽建構	同心與平行之幾何形狀與距離限制建立；挖槽(Pocket)
4	另側肋槽建構	複製部件
5	軸心與鍵槽建構	圓形、矩形鑽孔；鑽魚眼孔
6	螺栓孔建構	移動物件；座標系移動；極座標設定；圓型模式鑽孔
7	倒角與倒圓角修整	倒角；倒圓角
8	設計變更	樹狀結構應用

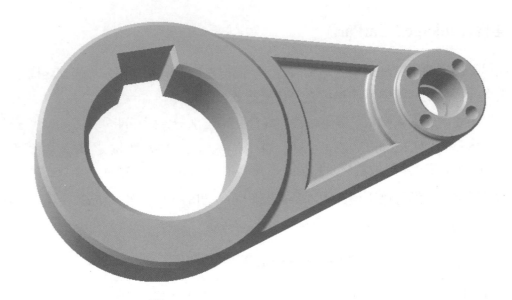

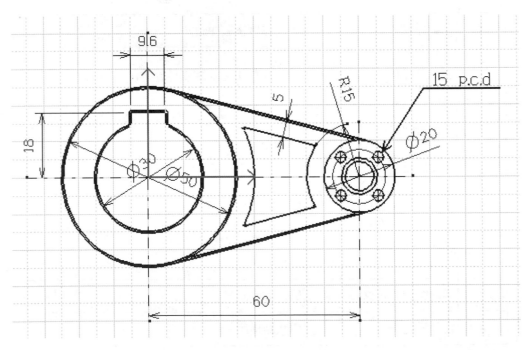

圖 5.69 連桿詳細圖

步驟一　輪轂建構

擠製(Pad)功能鍵用於不同厚度之應用，有三種方法依實際需要採用：

方法一：以 xy 面為擠製基面，二輪轂分別向上擠製。

方法二：以連桿中心面為擠製基面，二輪轂分別向上、下擠製。

方法三：利用座標系移動，向上擠製個別厚度。

現依序分述方法如下

方法一　利用同一基面，以不等量二方向擠製不同厚度實體

1. 點取 xy 面為 2D 基面，進入 2D 模式，繪製以(0,0)為圓心之一 ϕ50 圓，如圖 5.70 所示。
(於 2D 模式，點選繪圓功能鍵，先點圓心位置，再往外拉出一圓；再對圓連續點二點，顯示出圓之參數表；或對圓心連續點二點，顯示出圓心位置之參數表；再對參數表內輸入圓心位置及半徑值。當繪製小尺寸時，直接於格線上繪製，無須進入參數表。)

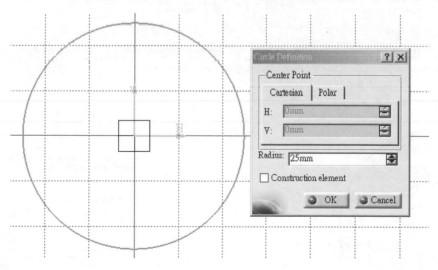

圖 5.70　2D 繪圓

2.　回到 3D 實體模式，向上抽擠 20mm，擠製輸入軸轂，如圖 5.71 所示。

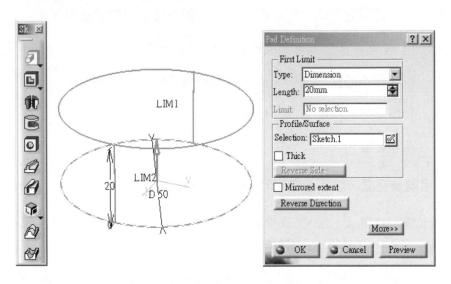

圖 5.71　擠製輸入輪

3.　點取 xy 面為 2D 基面，進入 2D 模式，繪製以(60,0)為圓心之一 ϕ20 圓，如圖 5.72 所示。

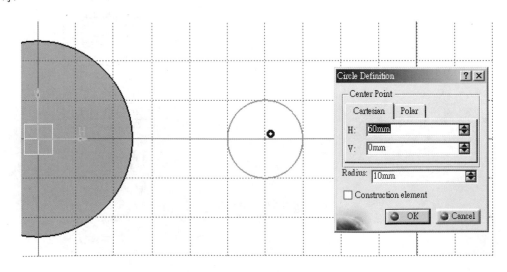

圖 5.72　2D 繪圓

4. 回 3D 實體模式，向上抽 17.5mm，反向抽擠–2.5mm，擠製 15mm 厚之輸出軸轂，如圖 5.73 所示，完成不同厚度之二圓柱。

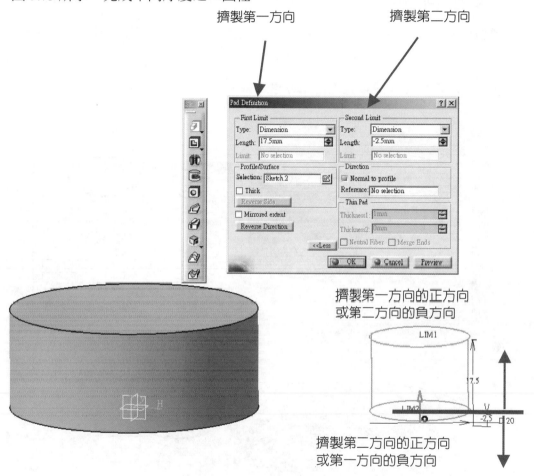

圖 5.73　擠製輸出軸轂

方法二　以元件中心面為基面，等量二方向擠製不同厚度實體

1. 點取 xy 面為 2D 基面，進入 2D 模式，繪製以(0,0)為圓心之一 ϕ50 圓，同圖 5.70 所示。

2. 回到 3D 實體模式，向上抽擠 10mm，向下抽擠 10mm，擠製出 20mm 厚之輸入軸轂。擠製朝第一與第二擠製方向之正方向等量擠製，擠製量為厚度一半。或是直接以第一方向 10mm 擠製，再選取鏡射方式亦可達到上下擠製目的，如 5.74 所示。

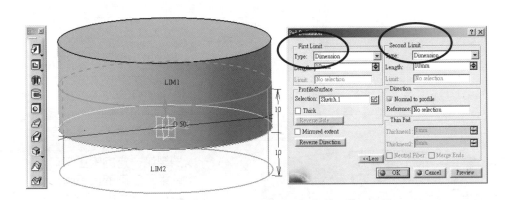

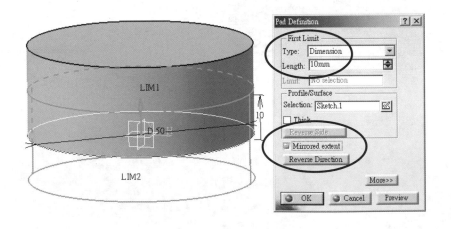

圖 5.74　二正方向擠製輸入輪轂

3. 點取 xy 面為 2D 基面，進入 2D 模式，繪製以(60,0)為圓心之一 ϕ20 圓，同圖 5.72 所示。

回到元件設計模式，亦以正方向等量擠製，朝第一擠製正方向抽擠 7.5mm(=15mm/2)，朝第二擠製正方向抽擠 7.5mm(=15mm/2)，擠製出 15mm 厚之輸出軸轂，或是以鏡射擠製，如圖 5.75 所示。

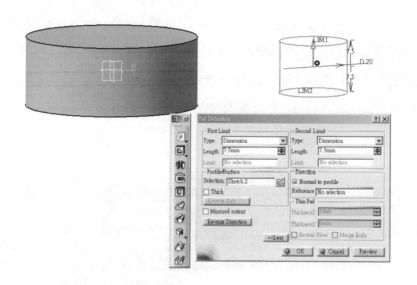

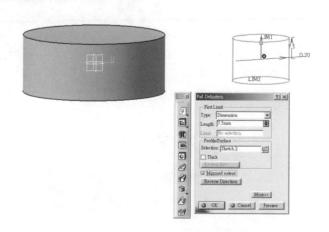

圖 5.75　二正方向擠製輸入輪轂

方法三　利用座標系移動，進行不同厚度擠製

1.　點取 xy 面為 2D 基面，進入 2D 模式，繪製以(0,0,)為圓心之一 ϕ50 圓，同圖 5.70 所示。

2.　回到 3D 實體模式，向上抽擠 20mm，擠製輸入軸轂，同圖 5.71 所示。

3.　將輸入輪轂沿 y 軸反方向，移動 60mm，使輸入輪轂與座標系原點相距 60mm。換言之，將座標系沿 y 軸移動 60mm，建構之輸出輪轂，就能使二輪轂中心距相距 60mm。所以，座標系移動也就是將物體反方向移動。而物體移動如圖 5.76 所示，點取輸入輪轂，再選取移動功能鍵，顯示移動參數表。分別設定沿 y 軸移動，就是點 zx 平面(平面方向就是平面之法向量)，與移動量-60mm。

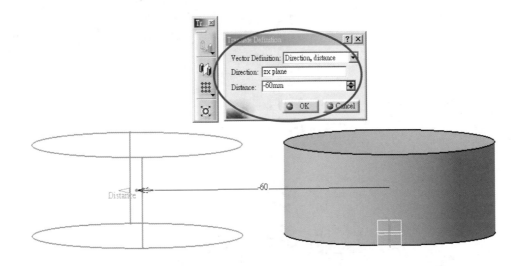

圖 5.76　沿 y 軸移動

同理，再將座標系往 z 軸上移 1.25mm，即物體往 z 軸下移 1.25mm，即可將座標系移動到
輸出輪轂軸心下緣，如圖 5.77 所示。

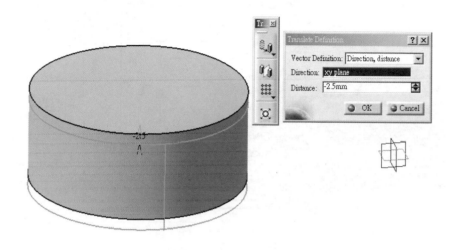

圖 5.77　沿 z 軸移動

4.　點取 xy 面為 2D 基面，進入 2D 模式，繪製以(0,0)為圓心之一 φ20 圓，如圖 5.78 所示。

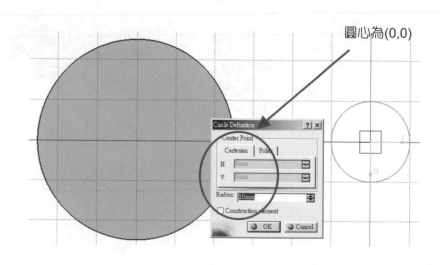

圖 5.78　2D 繪圓

5. 回到 3D 實體模式，向上抽擠 15mm，擠製輸出軸轂，同圖 5.79 所示。

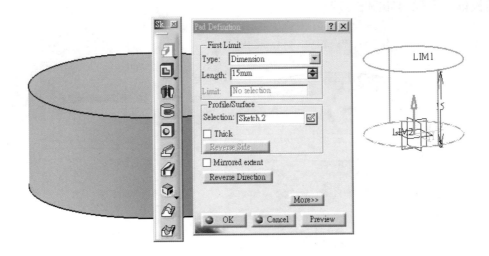

圖 5.79 單向擠製

這三種方法均可建構如圖 5.80 之不同厚度之實體。

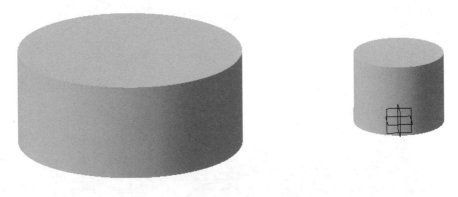

圖 5.80 不同厚度實體

步驟二　連桿肋建構

相切限制功能鍵於此範例使用，說明如下：

1. 點取 2D 基面進入 2D 模式，利用多邊形之功能鍵，繪製一平行梯形，如圖 5.81 所示。請注意繪製多邊形時，淺藍色輔助虛點線會顯示於圖中，協助判別繪製平行、垂直等功能。

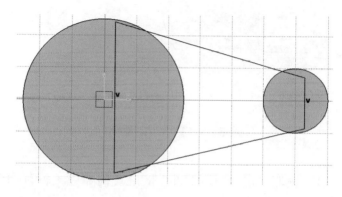

圖 5.81　繪製平行梯

2. 利用鍵盤左下角之 Ctrl 鍵，連續點取二相切之部件－圓與斜線，如圖 5.82 所示。

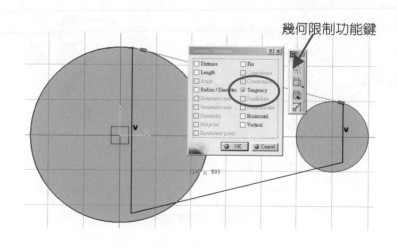

圖 5.82　點取設定限制部件

再點取限制功能鍵，呈現限制設定表，如圖 5.83 所示。

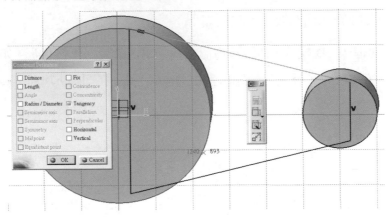

圖 5.83　點取限制關係

表單內雖有 17 項供選取設定，但選取部件間之幾何關係，會有顯性與隱性顯示，只能設定顯性顯示之幾何關係。此例分別設定四處相切關係，如圖 5.84 所示。

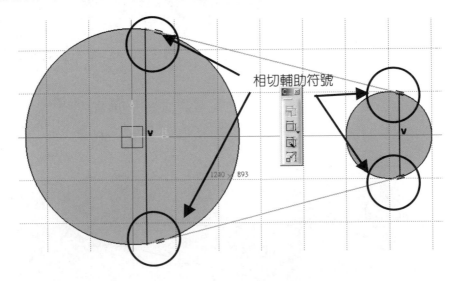

圖 5.84　相切輔助符號

3.　直線與圓弧相切設定：先點取線端點，選取尺寸設定(Constrain)，再點取圓弧線，按
　　滑鼠右鍵選取兩者一制功能(Coincidence)，即可看到相切符號。同樣方法依序設定其
　　他相切點，如下圖 5.85 所示。

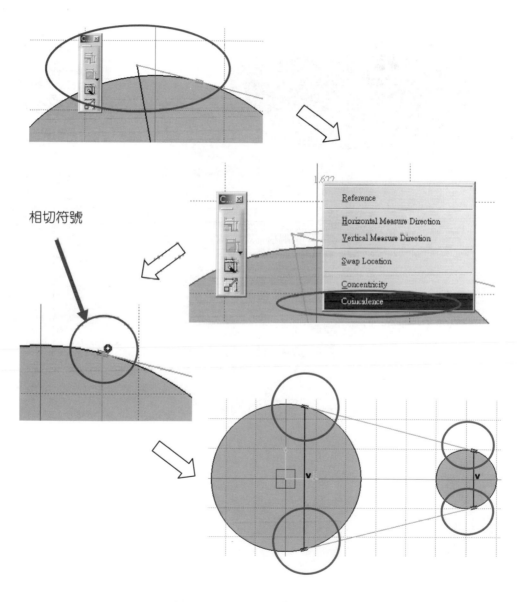

圖 5.85　二切線建構

4.　3D 實體模式，擠製 12mm 之連桿肋，如圖 5.86 所示，擠製參數表，

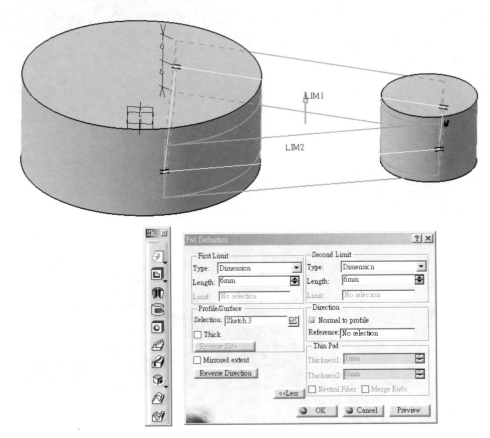

圖 5.86　擠製連桿肋

即可獲得二圓柱間之相切體，如圖 5.87 所示。

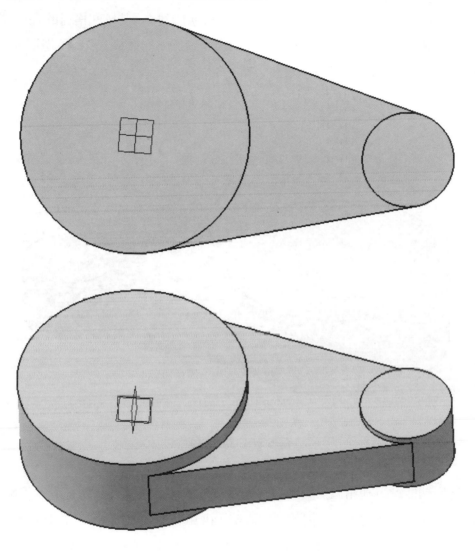

圖 5.87　二圓柱相切體

步驟三 挖肋凹槽

本例另一重要功能操作為挖距邊等距之凹槽外廓的建立，其挖凹槽目的在於減輕連桿重量。此利用挖槽(Pocket)功能鍵進行挖槽，但重點在於如何建構其 2D 多邊形，使其與斜邊、輪轂圓等邊距離 5mm。其步驟及說明如下：

1. 點連桿肋面作為 2D 基面，如圖 5.88 所示，進入 2D 模式。

點此面為 2D 基面

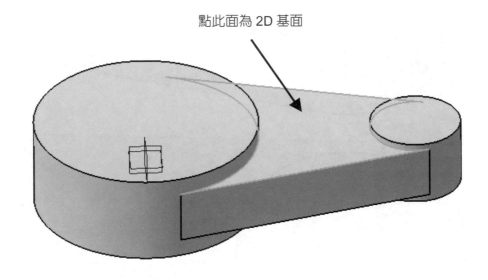

圖 5.88 點取基面

2. 以多邊形功能鍵，利用直線與圓弧之幾何外型工具建構一多邊形，如圖 5.89 所示。即點取多邊形功能鍵，沿斜邊繪製一直線，再點取工具列之圓弧，沿輪轂點二點，繪製一圓弧，如圖 5.89 中之 1、2 點。再沿另一斜邊繪一直線，與沿另一輪轂點二點，繪製一圓弧，而完成一封閉多邊形。

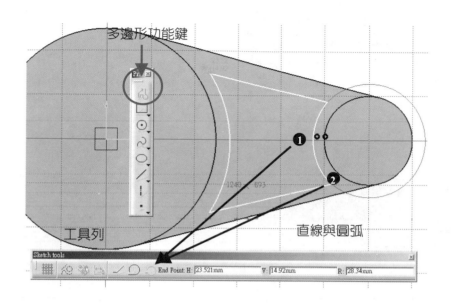

圖 5.89　繪製多邊形

3. 利用限制功能鍵設定多邊型與肋之斜線平行，即先按鍵盤之 Ctrl 鍵，點選二邊，如圖 5.90 所示。再選取限制功能鍵，設定平行之限制，如圖 5.91 所示。即呈現平行之輔助符號，如圖 5.92 所示。

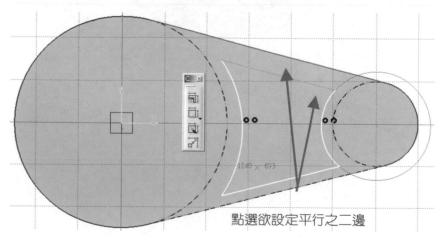

點選欲設定平行之二邊

圖 5.90 點選二邊

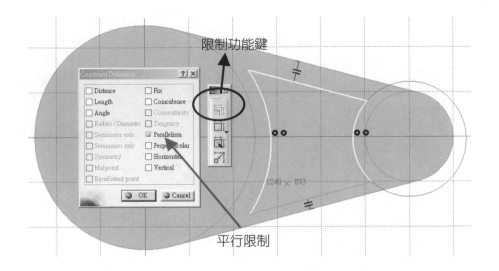

圖 5.91 點選二邊

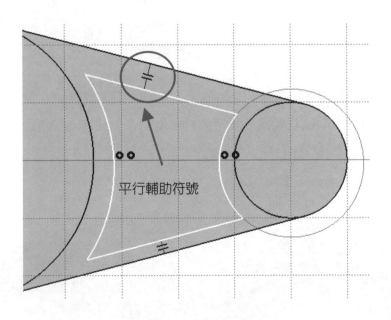

圖 5.92 平行輔助符號

4. 限制另一斜邊，同 3.。

5. 利用限制功能鍵設定多邊型圓弧與輪轂圓同心，即先利用鍵盤之 Ctrl 鍵，點選圓弧與輸出輪轂圓，如 5.93 所示。再選取限制功能鍵，設定同心之限制，如圖 5.94 所示。即呈現同心之輔助符號。

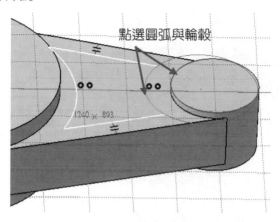

圖 5.93　點選二圓

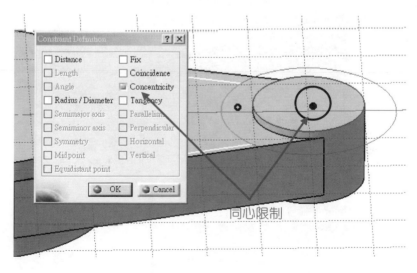

圖 5.94　同心限制設定

6. 設定另一圓弧與輸入輪轂圓同心，同 5.。

7. 若設定限制條件後，多邊形發生變形，如圖 5.95 所示。可點取多邊形之邊或圓弧，但滑鼠左鍵按住不放，進行拖曳，至外型與限制之幾何相近，如圖 5.96 所示。

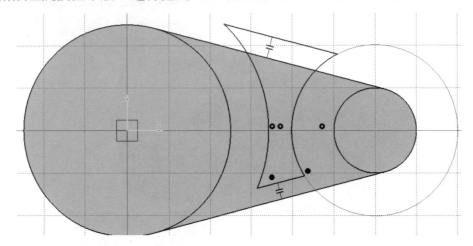

圖 5.95　多邊形變形

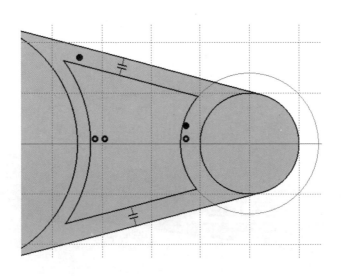

圖 5.96　幾何相近多邊形

8.　利用尺寸限制功能鍵，進行間隔量設定。利用鍵盤之 Ctrl 鍵，點取二平行斜邊，再點
　　取尺寸限制功能鍵，於參數表內輸入間隔量 5mm，如圖 5.97 所示。

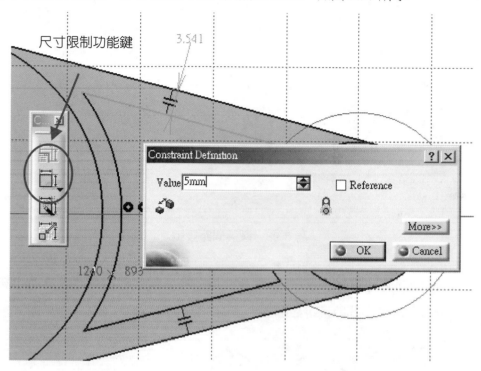

圖 5.97　間隔量尺寸限制設定

9.　設定另二平行斜邊之間隔量，同 8.。

10. 點取多邊形之圓弧與輪轂，再點取尺寸限制功能鍵，於參數表內輸入間隔量　5mm，
　　如圖 5.98 所示。

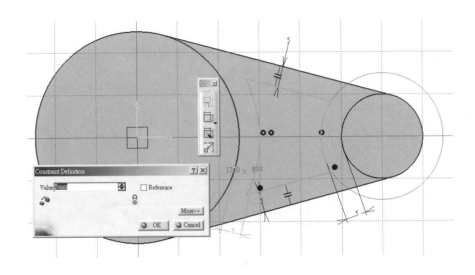

圖 5.98　圓弧間距設定

11. 設定另二圓弧間距之間隔量，同 10.。即完成利用幾何外型與尺寸限制功能鍵，設定凹槽多邊形與邊界之間隔量，如圖 5.99 所示。

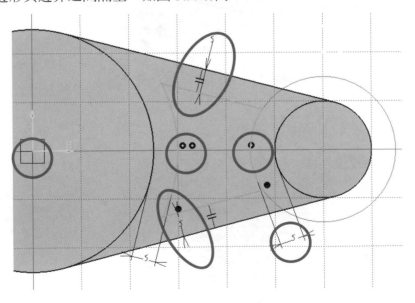

圖 5.99　邊界間隔量設定

12. 3D 實體模式，利用挖槽功能鍵，將連桿肋之多餘材料予與去除，如圖 5.100 所示。

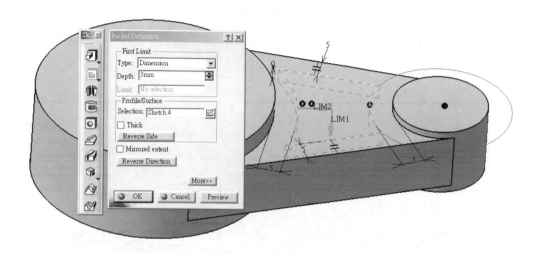

圖 5.100　連桿肋挖槽

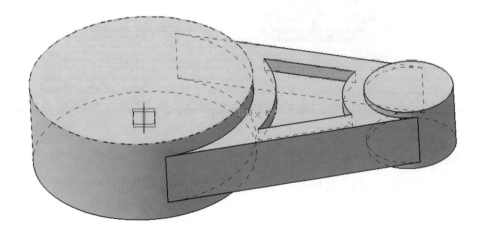

步驟四　連桿另一側挖肋凹槽

1. 利用複製之功能鍵，建構另一多邊形。即於樹狀結構(Tree)處點取該多邊形之 Sketch4 ，再按滑鼠右鍵，會顯示出一功能表，再點取複製 Copy 之功能鍵，複製該多邊形，如圖 5.101 所示。再貼於該元件 Part Body 上，如圖 5.102 所示。

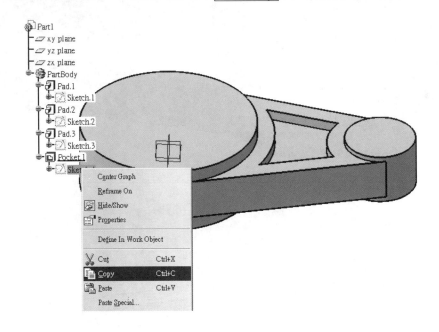

圖 1.5.101　複製多邊形

2. 於結構狀點取 Sketch5 ，再點挖槽之功能鍵，出現參數表，如圖 5.103 所示。挖槽第一方向輸入 12mm，第二方向輸入-9mm，就可挖另一側凹槽深 3mm。利用網線實體表示，來顯示二側已完成挖槽，如圖 5.104 所示。若點挖槽之參數表，如圖 5.105 所示，第一方向與欲挖槽方向相反時，點箭頭方向或點參數表內之 Reverse Direction ，就可使挖槽方向顛倒，與挖槽方向一致。

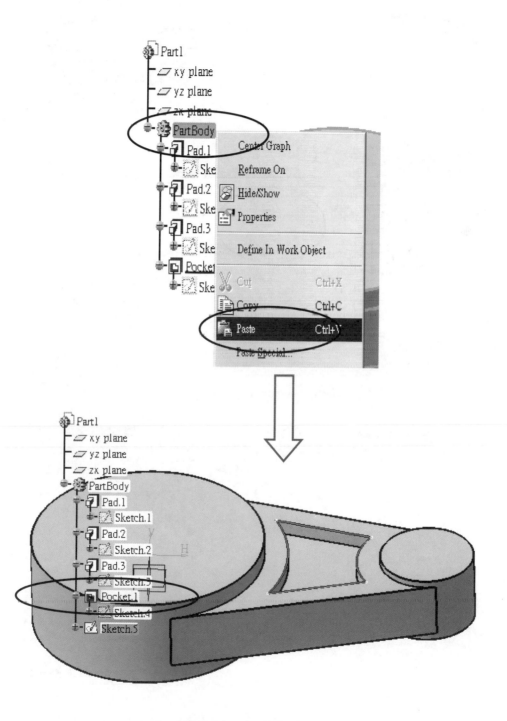

圖 5.102　貼上多邊形

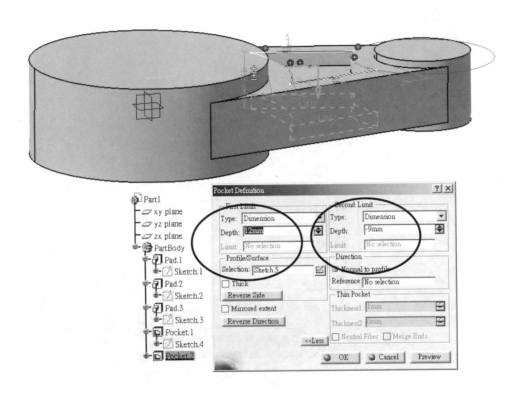

圖 5.103 連桿另一側挖槽

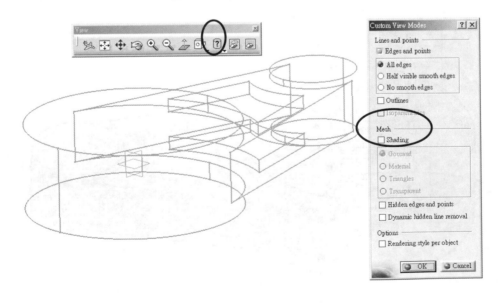

圖 5.104 網線實體顯示二側挖槽

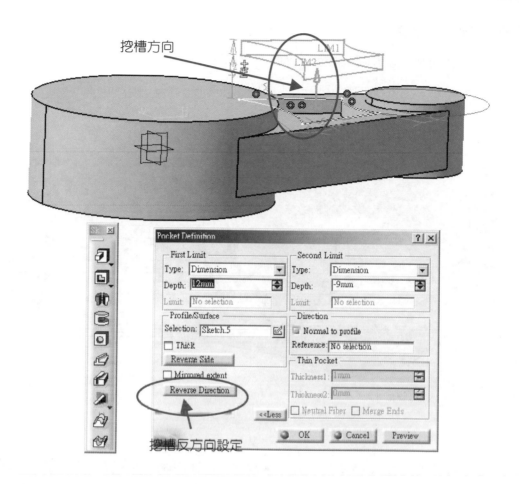

圖 5.105 挖槽方向變更

步驟五　軸心與鍵槽建構

1.　於 2D 模式繪製一 ϕ30 圓，再回到實體模式，利用挖槽(Pocket)功能鍵，鑽一軸孔，如圖 5.106 所示。若其方向相反時，只要點箭頭或 Reverse Direction 點即可。

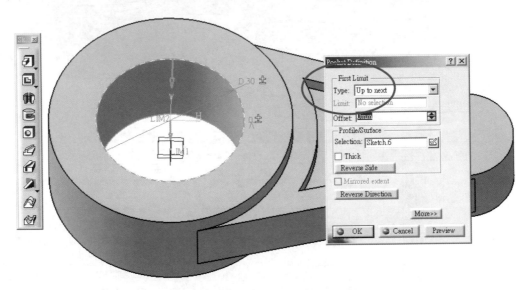

圖 5.106　鑽軸孔

2.　於 2D 模式繪製一□9.6×5 矩形，並加入尺寸與位置限制，如圖 5.107 所示。再回到實體模式，利用挖槽功能鍵，鑽一鍵槽，如圖 5.108 所示。

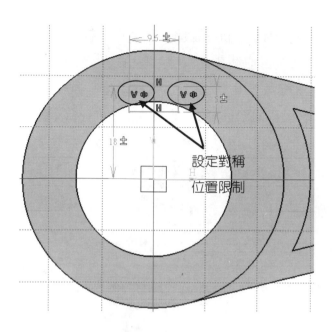

圖 5.107　繪製矩形

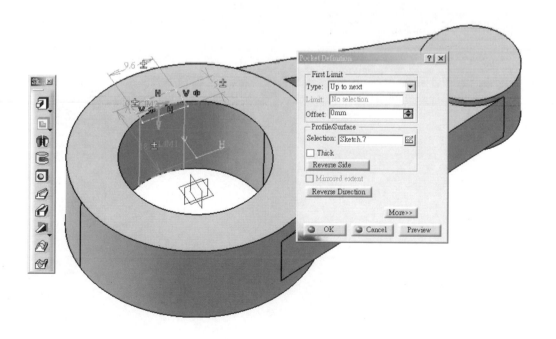

圖 5.108　挖鍵槽

3.　挖輸出輪轂軸心之軸承孔。由於輪轂軸承孔需有一較小內緣，來定位軸承外環，其外型與魚眼孔相似。故先點取鑽孔面，再點選鑽孔功能鍵，呈現鑽孔參數表，如圖 5.109 所示；於 Extension 參數表中，先設定其為貫穿孔，再輸入根部孔徑(此孔徑大小，請依據軸承規格，查軸承型錄)；然後點選鑽孔形式(Type)，呈現鑽孔形式參數表；點選鑽魚眼孔(Counter bored)，再輸入頂部孔徑與深度，且選定設定值之基準點(Anchor Point)位置，再按確定(OK)後，就完成軸承輪轂之軸心圓孔。

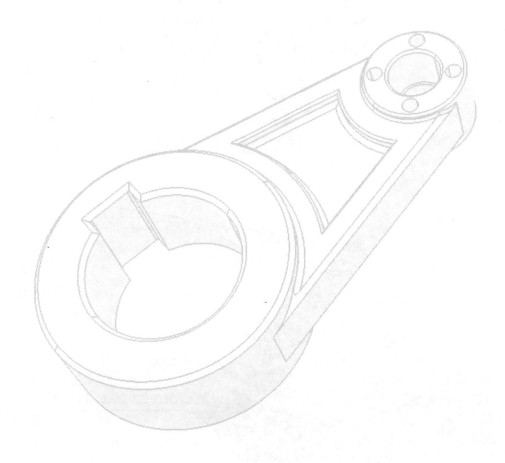

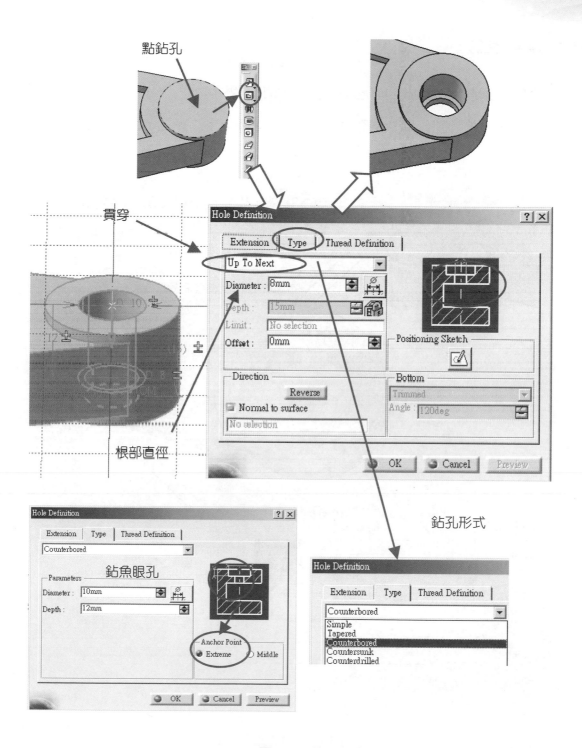

圖 5.109 鈷魚眼孔

步驟六　螺栓孔建構

本步驟最主要是利用 Hole 工具挖螺栓孔。方法如下說明：

1. 首先，為配合加工模擬，選取鑽孔 Hole 指令，再點選鑽孔之軸孔，如圖 5.110 所示。

Hole 一般以軸中心為挖孔基準，由於中心軸已鑽空，故會出現訊息提示，必須修改位置。

進入 2D 模式下進行所鑽孔座標位置設定。

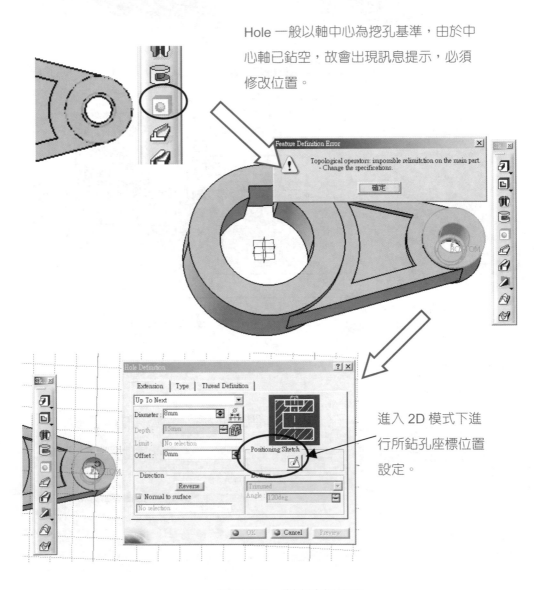

圖 5.110　製定座標位置

2. 點選 Position Sketch 進入 2D 繪圖模式，移動點至接近位置，連續點兩下，顯示之參數表修座標位置，點取極座標系 Polar 鍵，呈現極座標系參數表，再分別輸入螺栓孔位置之節圓半徑 7.5mm 與位置角 45°，及螺栓孔半徑 1.5mm，鑽孔形式為 Simple，孔深度為盲孔，如圖 5.111 所示。

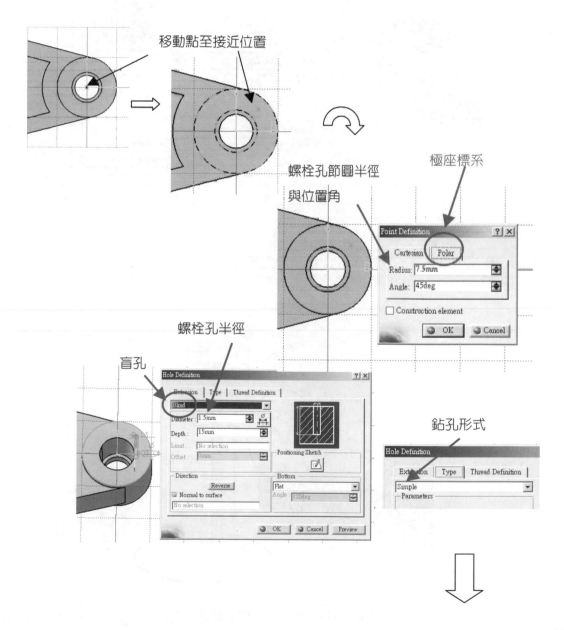

3. 接著點 Thread Definition 設定螺紋種類，以粗牙公制 M4，及設定攻牙深度為 5mm，基孔深度 7mm。(有關基孔直徑及深度請參閱機械便覽)。

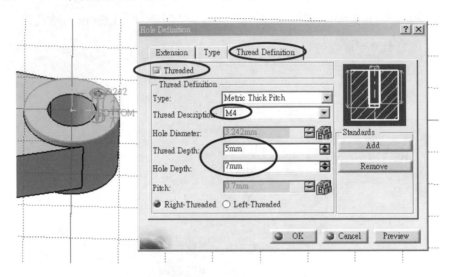

回至 3D 模式下，從樹狀結構可以看出鑽孔圖示，以目前版本實體圖仍無法顯示其螺紋。

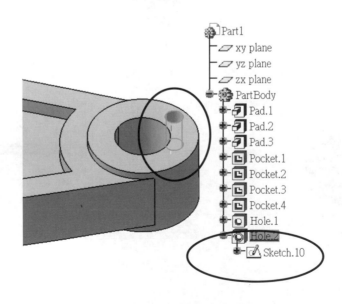

圖 5.111　極座標系標訂螺栓

4. 點該螺栓孔，再選取圓環模式(Circular Pattern)，顯示參數表，如圖 5.112 所示。方式一、選取等角度(Angular spacing & total angle)之參數形式，再分別輸入間距角度、總角度與點取螺栓孔位置參考基面。一般製圖表示法為 $@90° \times 4 = 360°$，即間距角度 $90°$，鑽四個孔，共 $360°$。方式二、選取數量和間距角度(Instance(s) & angular spacing)之參數形式來鑽孔。

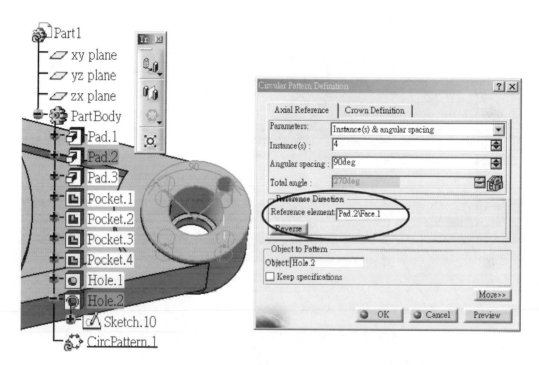

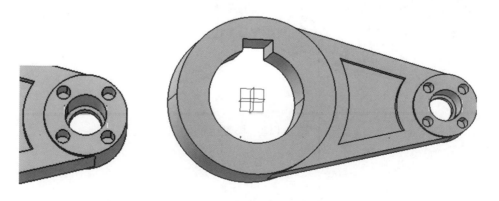

圖 5.112　等角度圓環模式鑽螺栓孔

本例也提供另一種座標平移方式來建置螺栓孔，亦可達到鑽孔目的，本步驟最主要功能運用在於利用極座標系挖螺栓孔，詳細建構如下說明：

1. 首先，先將座標系移至輸出軸轂軸心上。即先點取物件 PartBody，再點取平移功能鍵，將物體沿 x 軸方向，即 yz 基面方向，移-60mm，如圖 5.113 所示。

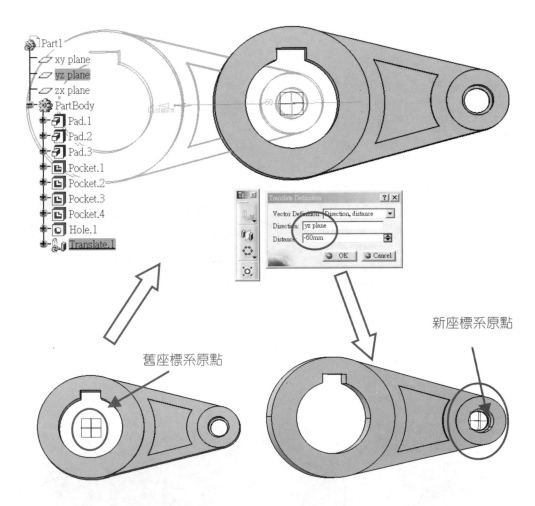

圖 5.113 移動座標系

2. 進入 2D 繪圖模式繪一圓，再對該圓連續點二點，顯示圓之參數表。點取極座標系 Polar 鍵，呈現極座標系參數表，再分別輸入螺栓孔位置之節圓半徑 7.5mm 與位置角 45°，及螺栓孔半徑 1.5mm，如圖 5.114 所示。

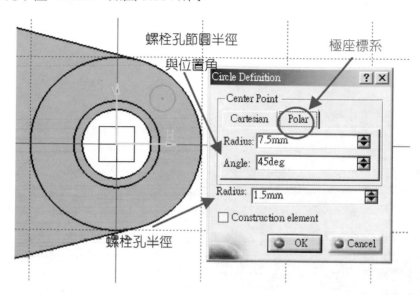

圖 5.114 極座標系標訂螺栓孔

3. 回 3D 實體模式，利用挖槽功能鍵，鑽 10mm 深之孔。

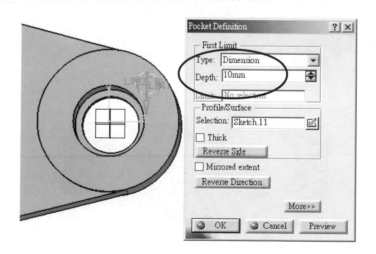

4. 點該螺栓孔，再選取圓環模式(Circular Pattern)，顯示參數表，如圖 5.115 所示。
可用前面提過方式 Angular spacing & total angle 或 Instance(s)& angular spacing
之參數形式均可，亦可選用 Instance(s)& total angle 參數形式分別輸入數量、總
角度與參考軸線來鑽孔。此法與前面所述相同。

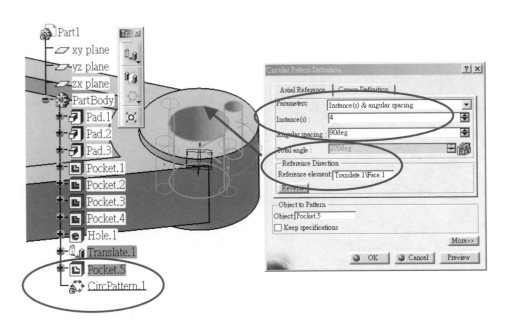

圖 5.115　等角度圓環模式鑽螺栓孔參數設定

5. 完成連桿元件，如圖 5.116 所示。

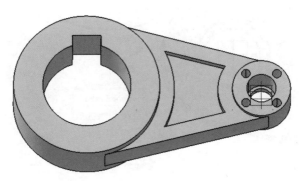

圖 5.116　等角度圓環模式鑽螺栓孔

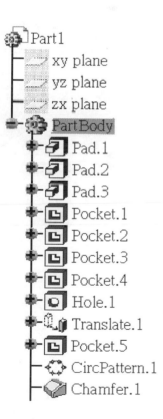

步驟七　倒角與倒圓角修整

　　針對尖角與內緣處分別進行倒角與倒內圓角等修飾，得如圖 5.117 所示。

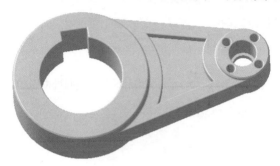

圖 5.117　修飾後連桿元件

步驟八　設計變更

1. 當設計變更時，需進行修改，以變更輪轂大小與肋單邊傾斜為例，以步驟四完成的實體為例，進行說明。其樹狀結構如圖 5.118 所示，分別就下列二設計變更，進行設計修改。(Linkage0.CatPart)

　　設計變更一、將輸入輪轂外徑由 $\phi50$ 加大至 $\phi100$，中心距由 60mm 加長至 100mm。

　　設計變更二、將原肋二邊為斜面，改為一邊為斜面。

Part1
　xy plane
　yz plane
　zx plane
　PartBody
　　Pad.1
　　Pad.2
　　Pad.3
　　Pocket.1
　　Pocket.2
　　Pocket.3
　　Pocket.4
　　Hole.1
　　Translate.1
　　Pocket.5
　　CircPattern.1
　　Chamfer.1

圖 5.118　樹狀結構

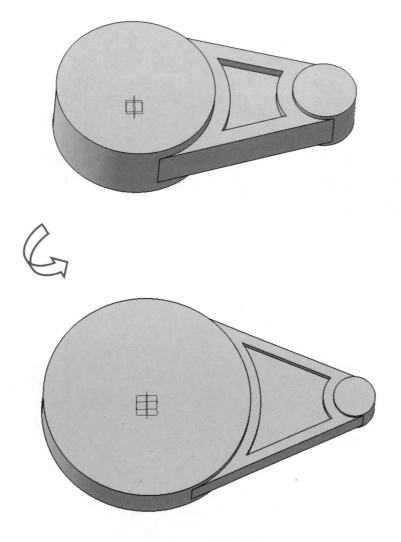

其變更方法，先於實體點取變更設計之部件，再到樹狀結構，對變色部件之 Sketch 或步驟功能，連續點二次，進入 2D 或該功能參數表，進行修改。設計變更執行時，3D 實體會呈現紅色 (該顏色可改變)，表示軟體正在進行變更計算中，完成後，實體顏色就會恢復正常。

2. 變更輸入輪轂大小，由 φ50 加大至 φ100，中心距由 60mm 加長至 100mm，如圖 5.119 所示。

圖 5.119　設計變更一

(1) 變更輸入輪轂大小：先點取輸入輪轂，再到樹狀結構；因要變更圓大小，故要開啟擠製功能之下一層(即點取 Pad.1 前之⊕，呈現出 Sketch.1)；對 Sketch.1 連續點二次，進入 2D 模式；再對圓連續點二次，呈現圓尺寸參數表；於半徑值變更為 50mm，再回到 3D 實體模式，程序步驟如圖 5.120 所示。

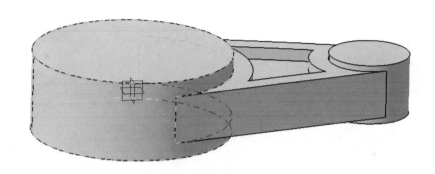

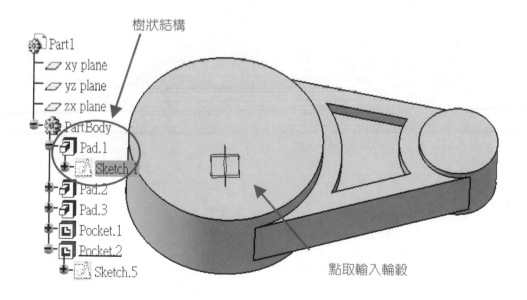

樹狀結構

點取輸入輪轂

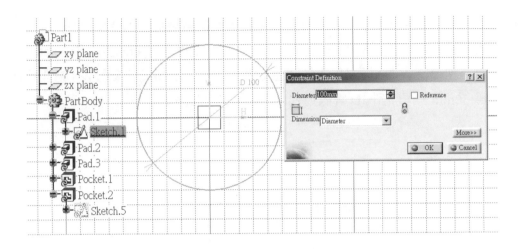

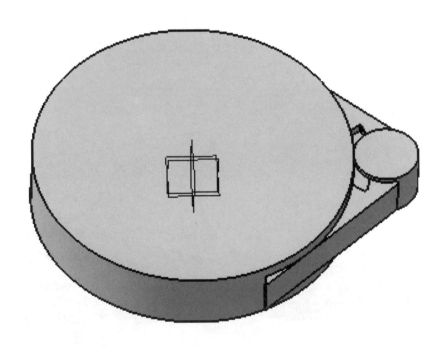

圖 5.120 變更輸入輪轂大小

(2) 變更中心距：點取 $\boxed{\text{Translate.1}}$(於樹狀結構，移動滑鼠，於 3D 實體會變色，即可選取所需修改之要項)，連續點二點，出現移動參數表；輸入-100mm，再回到 3D 實體模式，程序步驟如圖 5.121 所示。

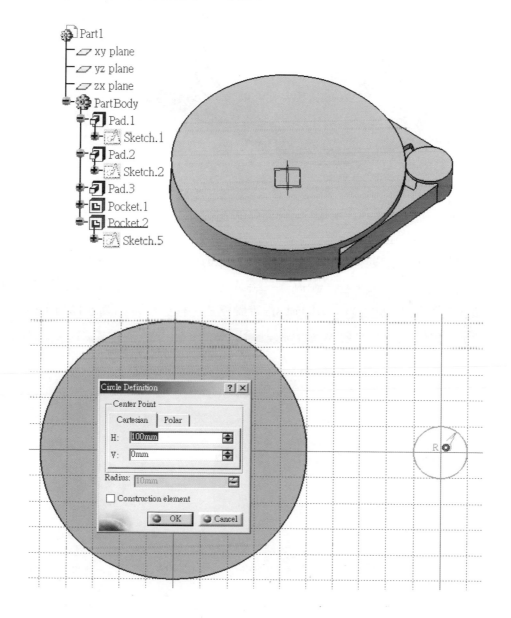

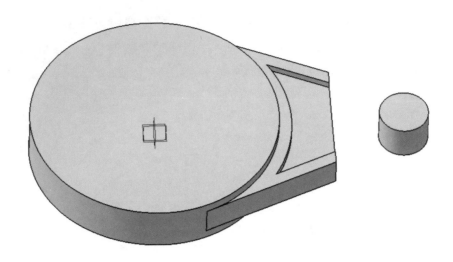

圖 5.121 變更中心距

(3) 變更相切肋：對連桿肋 Pad.3 之 Sketch.3 連續點二次，進入肋的 2D 模式；分別拉動平行梯形之二直線，至直線二端點位於切點上(注意需放開擷取格點之功能鍵，方能微調其位置)；再回到 3D 實體模式，程序步驟如圖 5.122 所示(於下一頁)。如此，即可完成尺寸大小設計變更。

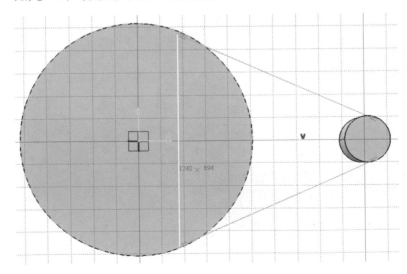

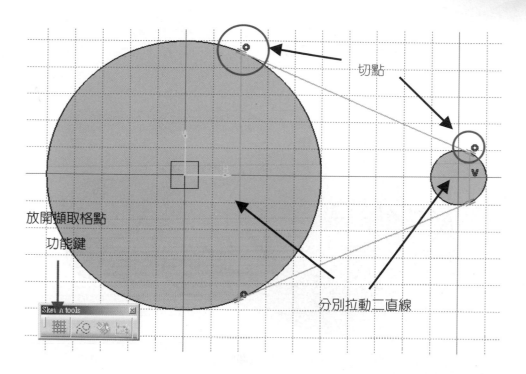

切點

放開擷取格點

功能鍵

分別拉動二直線

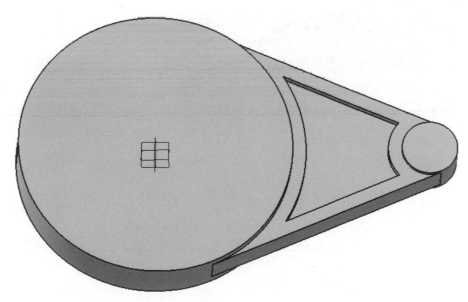

圖 5.122 變更相切肋

3.　將連桿肋原二邊為斜面，改為一邊為斜面，如圖 5.123 所示。

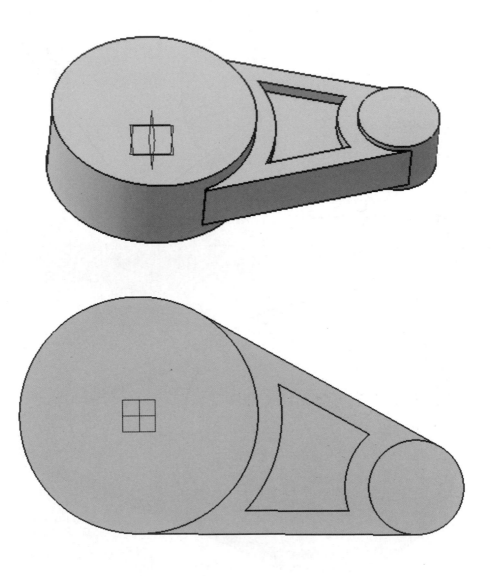

圖 5.123　設計變更二

(1) 變更輸出輪轂位置：先點取實體輸出輪轂，再到樹狀結構；因要變更圓位置，故要開啟擠製功能之下一層(點取 Pad.2 前之⊕，呈現出 Sketch.2)；對 Sketch.2 連續點二次，即進入 2D 模式；再對圓連續點二次，呈現圓尺寸參數表；於位置值變更為(60,-15)，再回到 3D 實體模式，程序步驟如圖 5.124 所示。

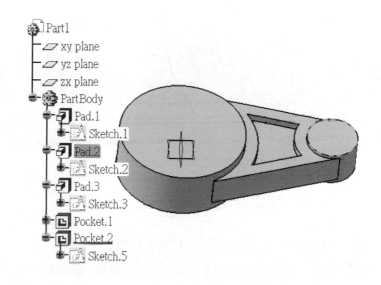

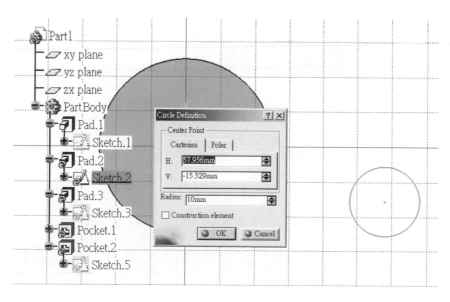

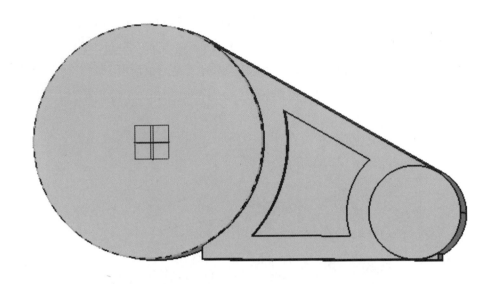

圖 5.124　變更輸出輪轂位置

(2)　變更相切肋：對連桿肋 Pad.3 之 Sketch.3 連續點二次，進入 2D 模式；先將垂直
　　 輔助限制解除，使平行梯形開放成一般梯形，即點取鉛直輔助符號，

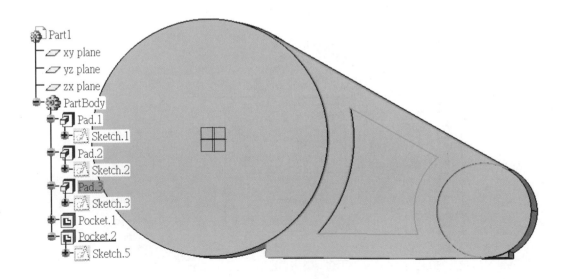

予與刪除；然後，分別點取直線之端點，拉動端點至切點上(注意需放開擷取格點之功能鍵，方能微調其位置)；再回到 3D 實體模式，程序步驟如圖 5.125 所示。

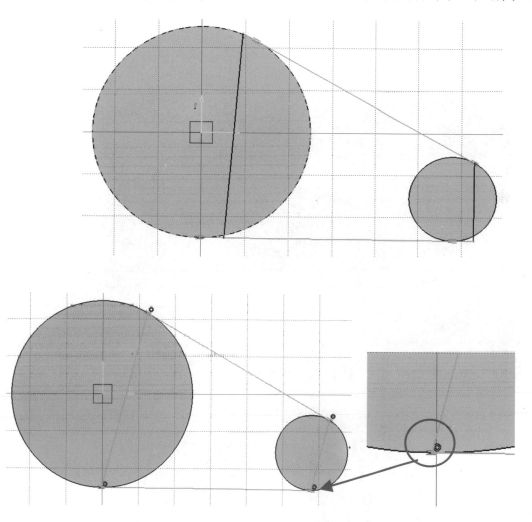

(3) 由於肋凹槽有作幾何與尺寸之限制,故當設計變更後,其會自動變更,無須再調整。如此,只需經過(1)、(2)二步驟,即可完成外形設計變更,由圖 5.125 可以明顯看出底部相切雨水平面平行。

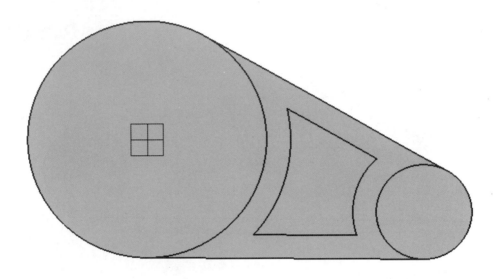

圖 5.125　變更相切肋

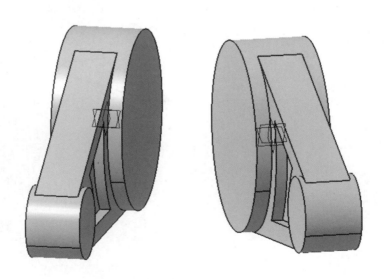

5-9 三角皮帶輪(Pulley.CATPart)

　　本範例針對皮帶減速機構之三角皮帶輪元件設計，其規格為二條 A 型三角皮帶，皮帶輪外徑為 100mm，軸徑為 20mm，其三角皮帶槽部及鍵槽之形狀與尺寸，請參閱附件一與二。本範例主要利用繪製補助線、尺寸限制與布林運算等功能鍵，來建構三角皮帶輪。其主要建構程序為：

1. 建構具鍵槽之圓柱胚料

2. 利用輔助線與限制功能鍵，來建構三角皮帶溝槽，並利用布林運算之差集或鏡射等挖 V 形皮帶槽

3. 挖皮帶輪兩側之凹槽，以對稱、鏡射方式或布林運算進行挖除

4. 倒角與圓角等整修皮帶輪

　　主要學習項目有利用輔助線與尺寸位置限制，建構特定幾何外形，及利用布林運算、鏡射等挖槽。

　　通常，繪製此 V 型槽，先依皮帶輪槽尺寸表進行尺寸核算，再行繪製，但本例則利用輔助線來繪製所須外形，而無須核算尺寸，再沿輔助線繪製 2D 的 V 型槽後，將輔助線與限制予與刪除，可提高繪圖精度外，可節省尺寸核算時間。

　　本範例之三角皮帶輪採用二條 A 型三角皮帶，二 V 型槽間距為 e=15mm，槽距邊緣距離為 f=10mm，故皮帶輪厚為 35mm。軸徑為 $\phi20$，依據附件二、鍵槽之形狀與尺寸知，鍵採用 6×8 大小。鍵槽寬為 6 ± 0.015，槽深為 $12.8^{+0.1}_{-0}$。其詳細步驟如下說明。

　　本範例建構方法有二：

方法一、基準面置於繪製元件的中心，以挖槽工具(Groove)挖 V 型槽及皮帶輪兩側凹槽幾何外廓，再以 xy 基面為基準鏡射出第二條 V 型槽及兩側凹槽，再進行倒圓角與倒角修整。

方法二、建構圓柱胚料，利用布林(Boolen)運算之差集挖 V 形皮帶槽與兩側凹槽，最後倒角與圓角等整修皮帶輪，本方法採用布林運算方式進行元件設計，提供作法供參考。

本例製作主要是以達到教育為目的，所以會提供布林運算、挖槽步驟、鏡射理念等不同方法的操作，以供學員能多方了解。由於人有個別差異，所有的設計會因想法不同、順序不同，做法亦會有出入，若設計最終的結果相同，就可被接受。

當然延伸應用於工程實務的繪製，所有工程設計均有不同的想法及操作，原則上配合實務加工及實體特性進行設計繪圖，以最少最精簡步驟完成為最適切。

方法一　以鏡射方式製作

1.　建構具鍵槽之圓柱胚料

（1）　以擠製(Pad)功能鍵，點選 xy 基準面，建構一圓柱 $\phi100 \times 35l$，利用 Mirrored extent 參數，高度 17.5mm，讓基準面置於元件中間，如圖 5.126 所示。

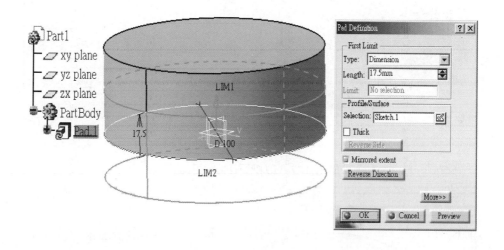

圖 5.126　圓柱體

（2）　可利用挖洞(Hole)或挖槽(Pcoket)來鑽 $\phi20$ 孔，如圖 5.127、5.128 所示。
　　　由於挖洞面在圓柱上，故其圓心位置在圓柱中心上（參閱功能鍵說明），若非在中心時，須進入 Sketch2 內，針對圓心位置進行修改。

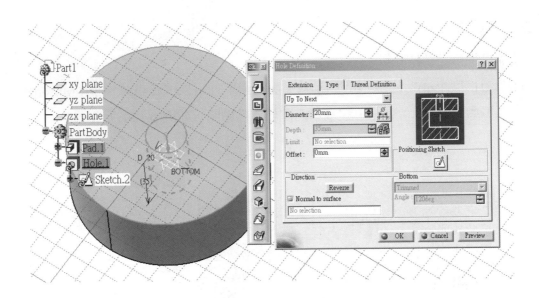

圖 5.127 以挖洞(Hole)來鑽孔

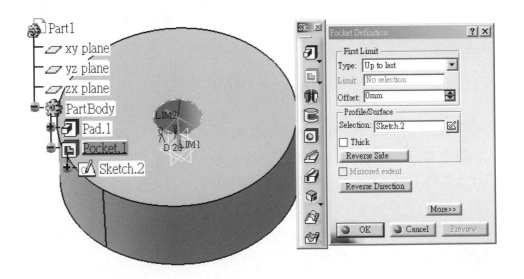

圖 5.128 以挖槽(Pocket)來鑽孔

(3) 利用矩形與限制條件，於 2D 模式來建構輪轂鍵槽尺寸，再回到 3D 模式利用挖槽之功能鍵，來鑽輪轂鍵槽，如圖 5.129、5.130 所示。即可得鑽鍵槽之圓柱胚料，如圖 5.131 所示。

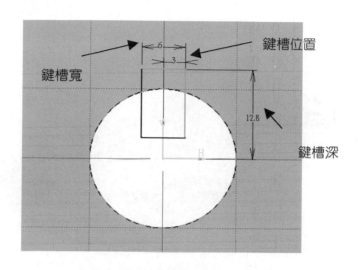

圖 5.129 輪轂鍵槽尺寸

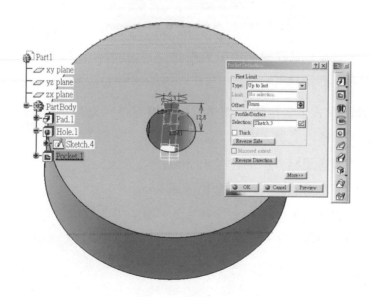

圖 5.130 挖輪轂鍵槽

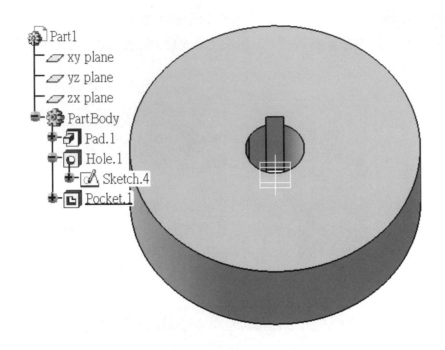

圖 5.131　鑽鍵槽之圓柱胚料

2. 挖 V 型槽

本例是利用輔助線方式建構而無須事先計算其幾何尺寸與位置，來進行特定外形之繪製。詳細步驟如下：

(1) 於 2D 繪圖模式，先繪製 V 型槽之輔助線如圖 5.132 所示：

    (a) 繪 V 型槽中心線，距邊 10mm

    (b) 繪 V 型槽節線，距中心線 45.5mm

    (c) 繪 V 型槽槽底線，距 V 型槽節線 8mm

    (d) 繪 V 型槽之 V 型角度線，夾34°，與槽中心線均分

    (e) V 型槽於節線處，槽寬為 9.2mm

分別利用尺寸限制之功能鍵標訂相關尺寸與位置，如圖 5.132 所示。

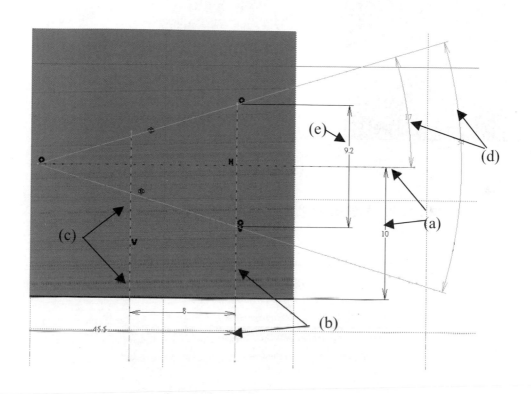

圖 5.132　繪製輔助線

(2)　利用多邊型功能鍵，沿 V 型槽之輔助線繪製封閉之梯形，如圖 5.133 所示。

(3)　將(1)繪製之輔助線與尺寸限制標訂等刪除，如圖 5.134 所示。

(4) 繪製迴轉軸，如圖 5.135 所示。

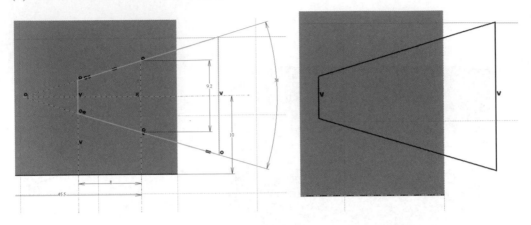

圖 5.133 繪製梯形封閉線　　　圖 5.134 梯形封閉線

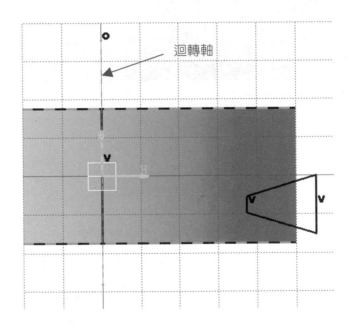

迴轉軸

圖 5.135 繪製迴轉軸

(5)　回到實體模式，利用 Groove 迴轉軸挖槽之功能鍵，如圖 5.136 所示，建構出第
　　　一條 V 形皮帶輪，如圖 5.137 所示。

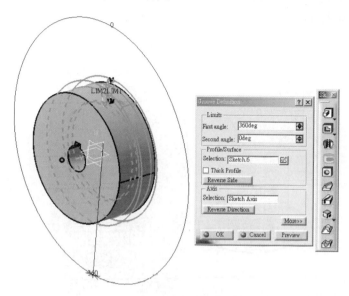

圖 5.136　繪製梯形迴轉體

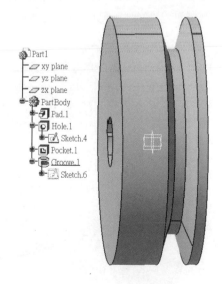

圖 5.137　建構梯形迴轉體

(6) 接著建構第二條 V 形皮帶輪，從樹狀結構直接點選 Groove.1 如圖 5.138 所示，再利用鏡射(Mirror)功能，以 xy 基準面為對稱面，進行第二條 V 型皮帶輪複製，如圖 5.139 所示。

圖 5.138　選取第一條 V 型皮帶輪

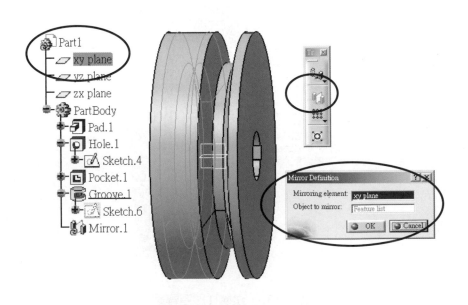

圖 5.139　建構梯形迴轉體

(7)　完成 2 條 V 型皮帶輪建構，如圖 5.140 所示。其中建構皮帶輪特別要注意是當
　　　Pad 在長圓柱時，以 xy 基面上下兩面長厚度方式，也就是將基準面置於元件的
　　　中心，便於提供元件細部的設計，可藉由鏡射(Mirror)、對稱(Symmetry)、旋轉
　　　(Rotation)、平移(Translation)等等工具輔助設計。

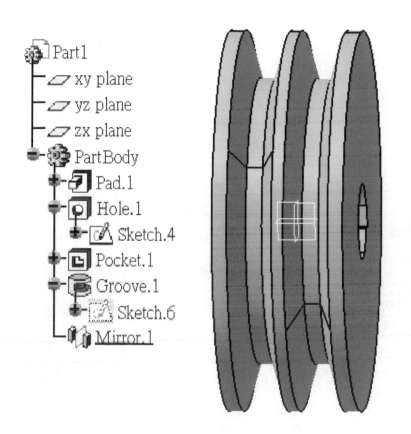

圖 5.140　建構 2 條 V 型皮帶輪

3. 皮帶輪兩側挖凹槽

分別於皮帶輪兩側挖凹槽，以減輕重量。以鏡射進行挖槽，步驟如下：

(1) 選取 yz 基面進入 2D 繪圖模式，繪製梯形與迴轉對稱軸，如圖 5.141 所示。先限制角度，再設定深度與凹槽外側直線之座標，如此就能建構出正確外形。

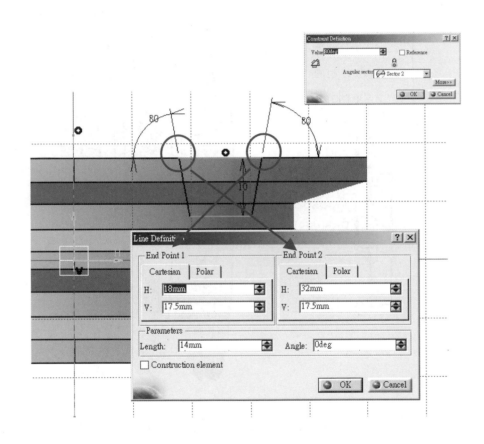

圖 5.141　梯形尺寸

(2) 接著按滑鼠左鍵圈選已建構梯形外廓，再點選鏡射(Mirror)以 xy 為基準面為鏡射面，即可完成另一側梯形外廓之建置，如圖 5.142 所示。

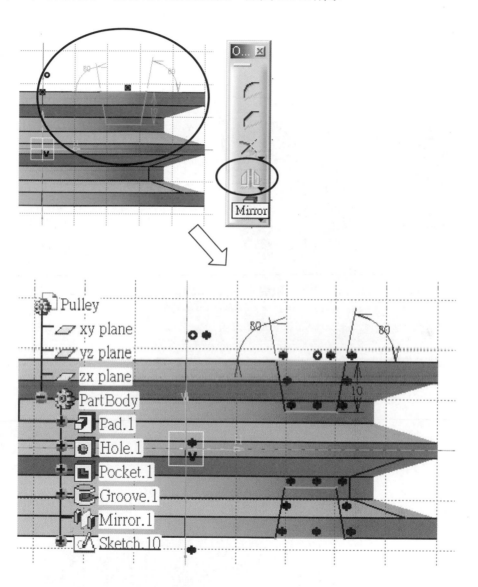

圖 5.142　兩側凹槽梯形建置

(3) 回到 3D 模式，利用挖槽(Groove)之功能鍵，即可建構出兩側凹槽，如圖 5.143 與圖 5.144 所示。

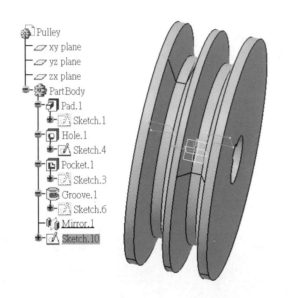

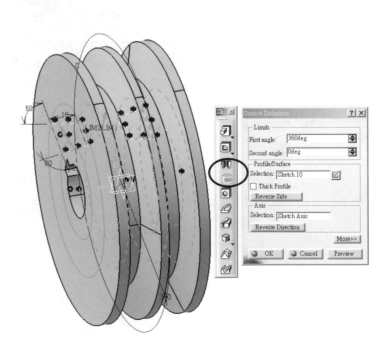

圖 5.143　建構二側梯形迴轉體

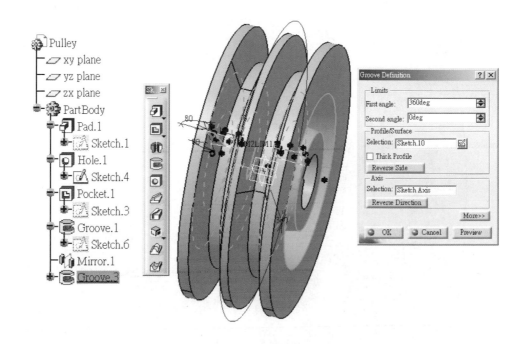

圖 5.144　兩側挖凹槽皮帶輪

4.　修整皮帶輪

由於附表一所示尺寸係針對鑄造，故外圍為倒圓角　r3。而軸孔為機械加工，故為倒角 c1=1mm。通常，外凸尖角處均為倒角，內凹凹角處為倒圓角。而鑄造時，係須製作模具，故產品之外凸尖角處，對模具為內凹倒圓角；產品之內凹凹角處，對模具為外凸倒角。又倒角或倒圓角，可利用按住鍵盤 [Ctrl] 鍵，一次點取數個邊線，如圖 5.145 所示。倒角或倒圓角操作時須特別注意，此功能係針對二面之交線，故點取時，須點到交線，非二面或面。此可由點取時，顏色來判定是否點取正確。

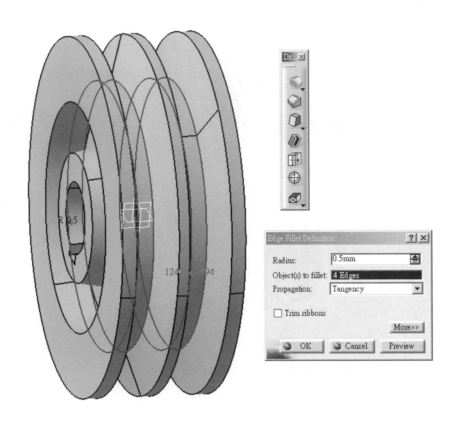

圖 5.145　倒圓角

經過步驟一至步驟四，即可完成一完整之 V 形皮帶輪，如圖 5.146 所示。由支狀結構知，如圖 5.147 所示，該元件建構之步驟順序；另一重要目的在做修正時，可由支狀結構直接點取該操作功能鍵進行修改。

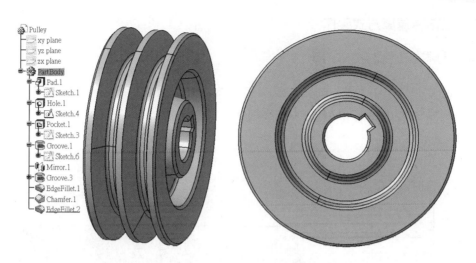

圖 5.146　Ｖ形皮帶輪

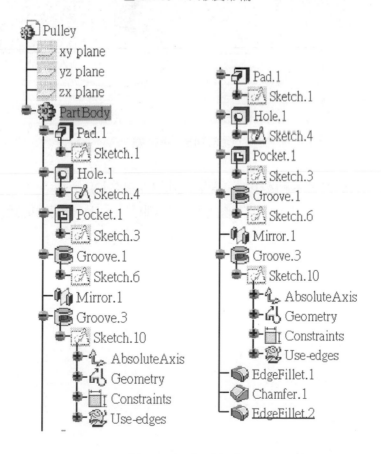

圖 5.147　樹狀結構

方法二　以布林運算方式製作

1. 建構具鍵槽之圓柱胚料

(1) 以 xy 基準面建構一圓柱 $\phi100\times35$[1]，利用擠製(Pad)功能鍵，如圖 5.148 所示。由圖面可看出擠製是由 xy 基面向上擠製。

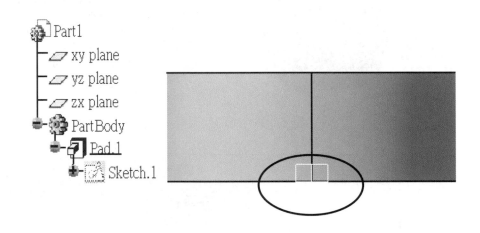

圖 5.148　圓柱體

(2) 利用挖洞或挖槽來鑽 $\phi20$ 孔，如圖 5.149、圖 5.150 所示。

由於挖洞面在圓柱上，故其圓心位置在圓柱中心上(參閱功能鍵說明)，若非在中心時，須進入 Sketch2 內，針對圓心位置進行修改。

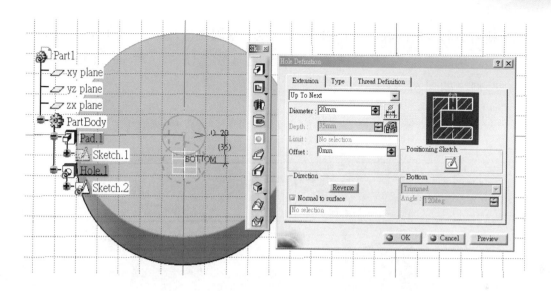

圖 5.149 以挖洞來鑽孔

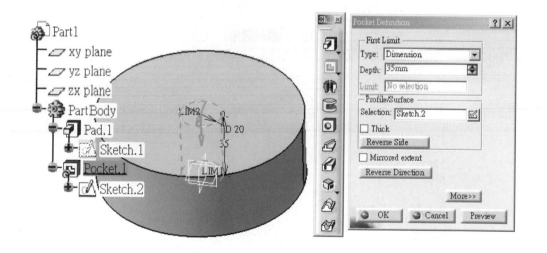

圖 5.150 以挖槽來鑽孔

(3) 利用矩形與限制條件，於 2D 模式來建構輪轂鍵槽尺寸，再回到 3D 模式利用挖槽之功能鍵，來鑽輪轂鍵槽，如圖 5.151、圖 5.152 所示。即可得鑽鍵槽之圓柱胚料，如圖 5.153。

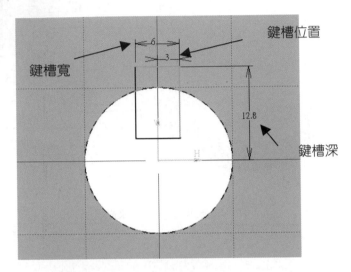

圖 5.151　輪轂鍵槽尺寸

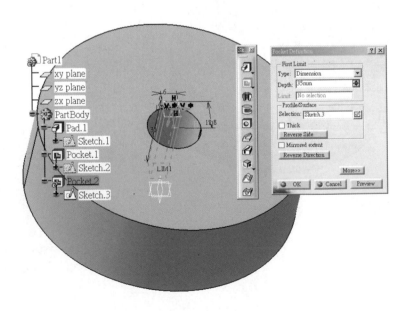

圖 5.152　挖輪轂鍵槽

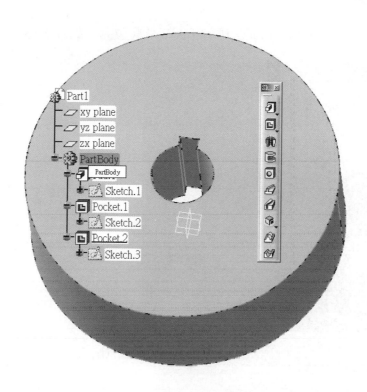

圖 5.153　鑽鍵槽之圓柱胚料

2.　挖 V 型槽

　本例是利用輔助線方式建構而無須事先計算其幾何尺寸與位置，來進行特定外形之繪製。詳細步驟如下：

(1)　於 2D 繪圖模式，先繪製 V 型槽之輔助線如圖 5.154 所示：

　　(a)　繪 V 型槽中心線，距邊 10mm

　　(b)　繪 V 型槽節線，距中心線 45.5mm

　　(c)　繪 V 型槽槽底線，距 V 型槽節線 8mm

　　(d)　繪 V 型槽之 V 型角度線，夾 34°，與槽中心線均分

　　(e)　V 型槽於節線處，槽寬為 9.2mm

分別利用尺寸限制之功能鍵標訂相關尺寸與位置，如圖 5.154 所示。

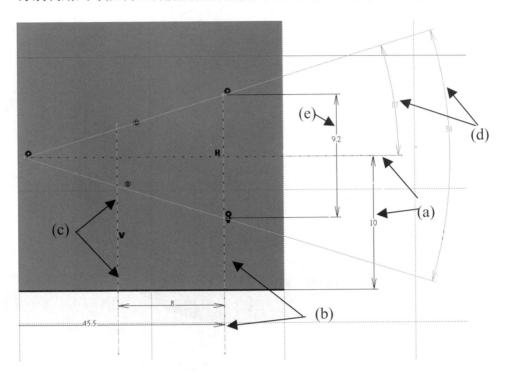

圖 5.154　繪製輔助線

(2)　利用多邊型功能鍵，沿 V 型槽之輔助線繪製封閉之梯形，如圖 5.155 所示。

(3)　將(1)繪製之輔助線與尺寸限制標訂等刪除，如圖 5.156 所示。

(4)　繪製迴轉軸，如圖 5.157 所示。

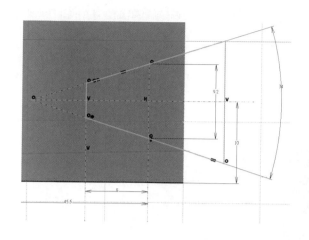

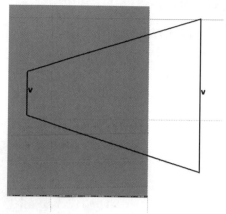

圖 5.155　繪製梯形封閉線　　　　圖 5.156　梯形封閉線

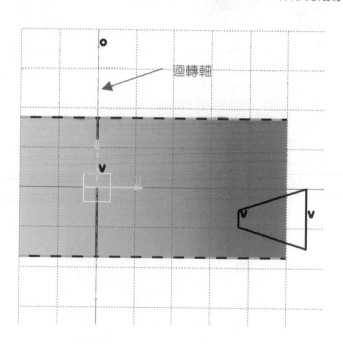

圖 5.157　繪製迴轉軸

(5) 回到實體模式,利用迴轉軸之功能鍵,如圖 5.158 所示,建構一梯形迴轉體,如圖 5.159 所示。

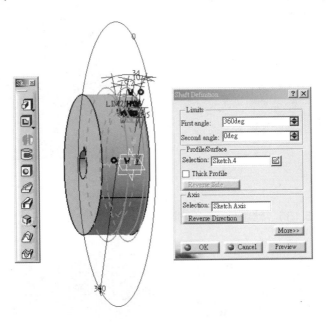

圖 5.158　繪製梯形迴轉體

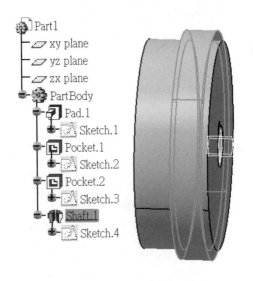

圖 5.159　建構梯形迴轉體

(6) 挖 V 型槽，係利用圓柱與梯形迴轉體之布林運算差集，將圓柱去除與梯形迴轉
體相交集部分。而布林運算須對二不同元件進行運算，亦即梯形迴轉體須與圓柱
在不同元件上，故在繪製梯形迴轉體之前須插入一新元件，再繪製(1)~(5)，建構
一個不同於圓柱元件之梯形迴轉體。若預先未插入新元件就已建構梯形迴轉體
時，則先點取結構狀之 Part，再利用 Inert 下拉點取 Body，如圖 5.160 插入新元
件，再複製原梯形迴轉體 Shaft3，貼入新元件 Body2，然後將原梯形迴轉體刪除，
如圖 5.161 所示。

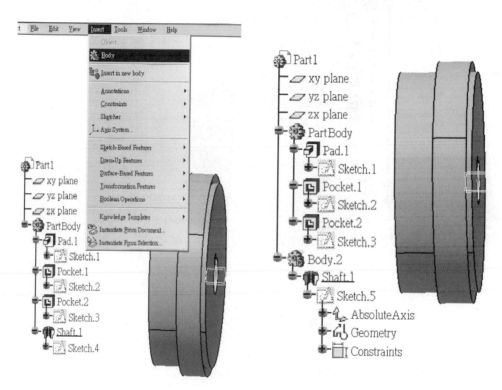

圖 5.160　插入新元件　　　　　圖 5.161　建構新元件

(7)　第二條 V 型皮帶之 V 型槽製作，係先插入另一新元件 Body3，再複製 Body2 內
　　 之梯形迴轉體 Shaft3，貼入新元件 Body3 內，如圖 5.162 所示。

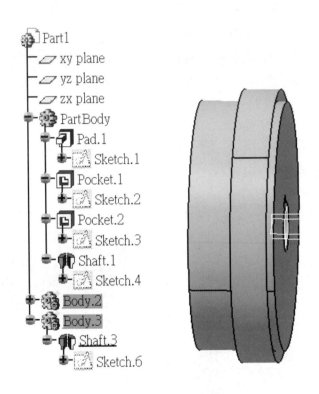

圖 5.162　建構另一新元件

再利用平移功能鍵，將 Shaft4 沿圓柱(Part Body)軸向平移一個 V 型槽之節距，如圖
5.163 所示。即得二分開之梯形迴轉體。

注意，軸向即為圓柱之端面，即圓之法向量。

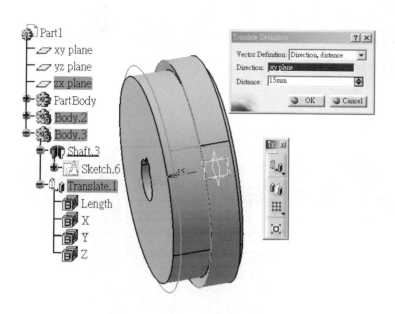

圖 5.163 平移元件

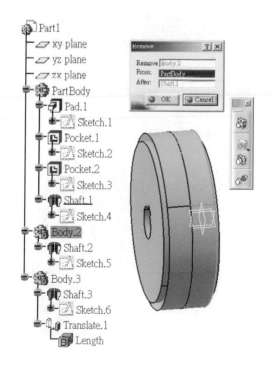

圖 5.164 差集布林運算

(8) 點取 Body2，再選取布林運算之差集功能鍵， 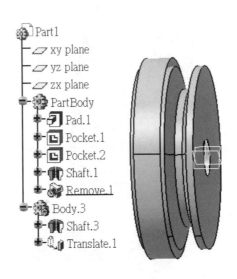 如圖 5.164 所示，將二元件交集部分進行移除，即得一 V 型槽，如圖 5.165 所示。

圖 5.165 建構第一個 V 型槽

(9) 同(8)步驟，移除 Body3 之交集部分，即得另一 V 型槽，如圖 5.166 所示。

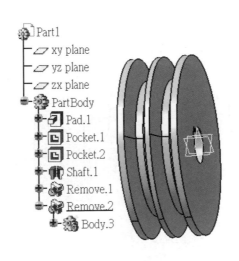

圖 5.166 建構第二個 V 型槽

3. 皮帶輪兩側挖凹槽

　　分別於皮帶輪兩側挖凹槽，以減輕重量。本例利用迴轉體與布林運算進行挖槽，步驟如下：

(1) 先於樹狀結構上點元件 Pulley，再到上排之 Insert 功能鍵下拉，點取 Body，插入一新元件，如圖 5.167 所示。

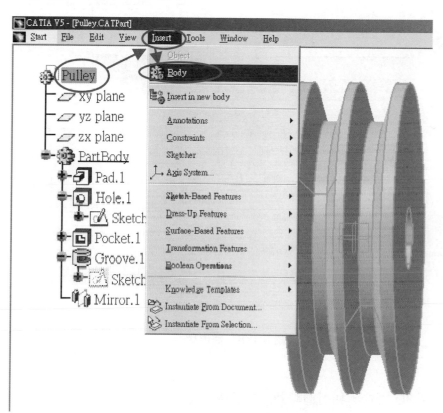

圖 5.167　插入新元件

(2) 選取 yz 基面進入 2D 繪圖模式，繪製梯形與迴轉軸，如圖 5.168 所示。先限制角度，再設定深度與凹槽外側直線之座標，如此就能建構出正確外形。

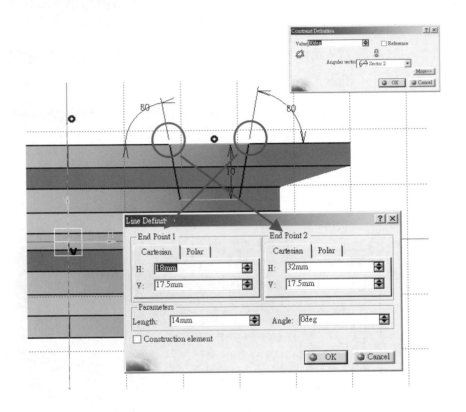

圖 5.168　梯形尺寸

(3) 回到 3D 模式，利用迴轉體之功能鍵，建構一梯形迴轉體，如圖 5.169 所示。

(4) 同(1)至(3)，建構另一側之梯形迴轉體，如圖 5.169 所示。

(5) 分別對二側梯形迴轉體作差集之布林運算，如圖 5.170 所示，進行挖槽，

得一二側挖凹槽之皮帶輪，如圖 5.171 所示。

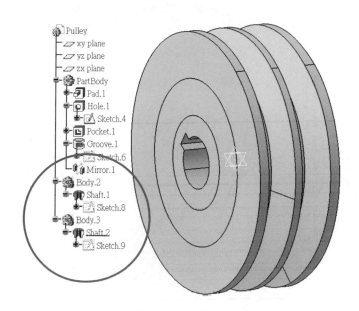

圖 5.169　建構二側梯形迴轉體

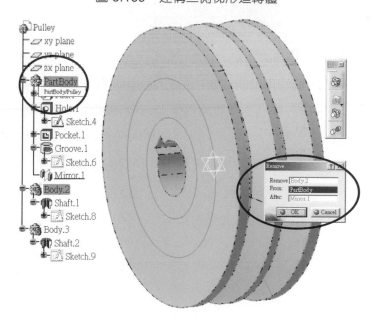

圖 5.170　差集布林運算進行挖槽

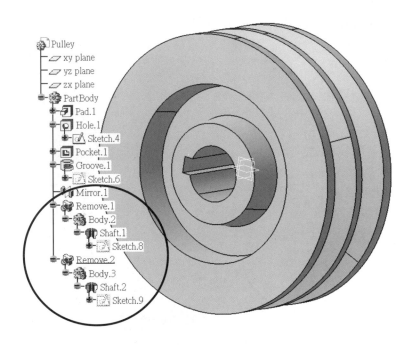

圖 5.171　二側挖凹槽皮帶輪

4. 修整皮帶輪

由於附表一所示尺寸係針對鑄造，故外圍為倒圓角 r3。而軸孔為機械加工，故為倒角 cl=1mm。通常，外凸尖角處均為倒角，內凹凹角處為倒圓角。而鑄造時，係須製作模具，故產品之外凸尖角處，對模具為內凹倒圓角；產品之內凹凹角處，對模具為外凸倒角。又倒角或倒圓角，可利用按住鍵盤 Ctrl 鍵，一次點取數個邊線，如圖 5.172 所示。倒角或倒圓角操作時須特別注意，此功能係針對二面之交線，故點取時，須點到交線，非二面或面。此可由點取時，顏色來判定是否點取正確。

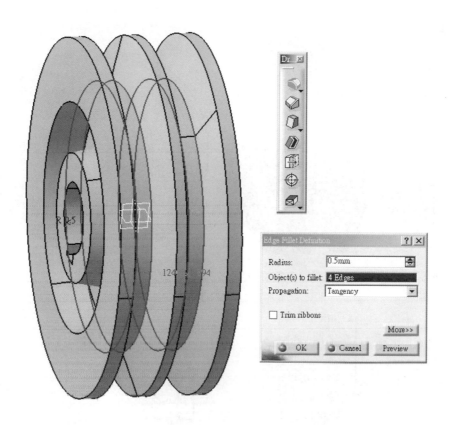

圖 5.172　倒圓角

經過步驟一至步驟四，即可完成一完整之 V 形皮帶輪，如圖 5.173 所示。由支狀結構
知，如圖 5.174 所示，該元件建構之步驟順序；另一重要目的在做修正時，可由支狀
結構直接點取該操作功能鍵進行修改。

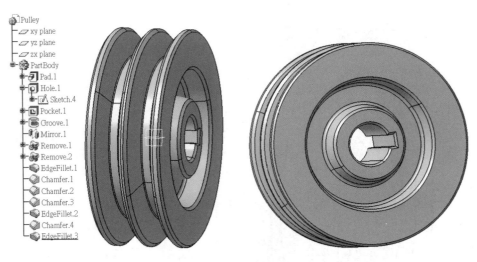

圖 5.173 Ｖ形皮帶輪

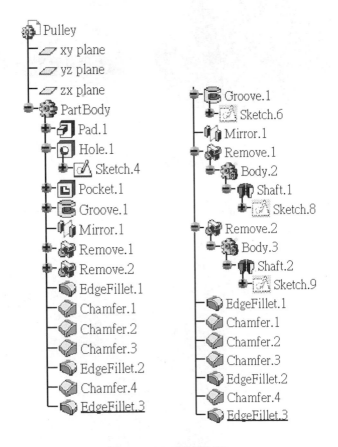

圖 5.174 支狀結構

附件一、三角皮帶槽部之形狀與尺寸表

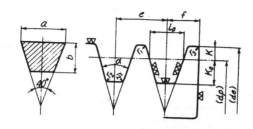

單位　mm

三角皮帶			三角皮帶輪槽部								
形　別	a	b	$\alpha(°)$	l_0	k	k_0	e	f	r_1	r_2	r_3
M	10.0	5.5	34 36 38	8.0	2.7	6.3	—[1]	9.5	0.2～0.5	0.5～1.0	1～2
A	12.5	9.0	34 36 38	9.2	4.5	8.0	15.0	10.0	0.2～0.5	0.5～1.0	1～2
B	16.5	11.0	34 36 38	12.5	5.5	9.5	19.0	12.5	0.2～0.5	0.5～1.0	1～2
C	22.0	14.0	34 36 38	16.9	7.0	12.0	25.5	17.0	0.2～0.5	1.0～1.6	2～3
D	31.5	19.0	36 38	24.6	9.5	15.5	37.0	24.0	0.2～0.5	1.6～2.0	3～4
E	38.0	25.5	36 38	28.7	12.7	19.3	44.5	29.0	0.2～0.5	1.6～2.0	4～5

註 [1]　M形在原則上所纏繞之皮帶為一條。

附件二、鍵槽之形狀與尺寸表

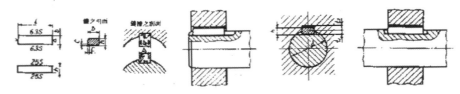

單位 mm

鍵之公稱尺寸 b×h	鍵之尺寸 b 基準尺寸	兩端拍差 (h9)	鍵之尺寸 h 基準尺寸	h 容許差	c	l	鍵槽 b×h 之基準尺寸	滑鍵 b之尺寸(P9)	普通鍵 b1(N9)	普通鍵 b2(Js9)	r	h1 之基準尺寸	h2 之基準尺寸	h1、h2 之容許差	所適應之軸徑 d
2×2	2	0 / -0.025	2	0 / -0.025	0.16~0.25	6~20	2	-0.006 / -0.031	-0.004 / -0.029	±0.0125	0.08~0.16	1.2	1.0	+0.1 / 0	6~8
3×3	3		3			6~36	3					1.8	1.4		8~10
4×4	4		4	h9		8~45	4					2.5	1.8		10~12
5×5	5	0 / -0.030	5	0 / -0.030		10~56	5	-0.012 / -0.042	0 / -0.030	±0.0150		3.0	2.3		12~17
6×7	6		6		0.25~0.40	14~70	6				0.16~0.25	3.5	2.8		17~22
(7×7)	7		7	0 / -0.036		16~80	7	-0.015 / -0.051	0 / -0.036	±0.0180		4.0	3.0		20~25
8×7	8	0 / -0.036	7			18~90	8					4.0	3.3		22~30
10×8	10		8			22~110	10					5.0	3.3		30~38
12×8	12		8	0 / -0.090		28~140	12	-0.018 / -0.061	0 / -0.043	±0.0215		5.0	3.3		38~44
14×9	14		9		0.40~0.60	35~160	14				0.25~0.40	5.5	3.8		44~50
(15×10)	15	0 / -0.043	10			40~180	15					5.0	5.0		50~55
16×10	16		10			45~180	16					6.0	4.3	+0.2 / 0	50~58
18×11	18		11			50~200	18					7.0	4.4		58~65
20×12	20		12			56~220	20					7.5	4.9		65~75
22×14	22		14			63~250	22	-0.022 / -0.074	0 / -0.052	±0.0260		9.0	5.4		75~85
(24×16)	24	0 / -0.0052	16	0 / -0.110	0.60~0.80	70~280	24				0.40~0.60	8.0	8.0		80~90
25×14	25		14			70~280	25					9.0	5.4		86~96
28×16	28		16			80~320	28					10.0	6.4		95~110
32×18	32		18	h12		90~360	32					11.0	7.4		110~130
(35×22)	35		22			100~400	35					11.0	11.0		125~140
36×20	36		20			—	36					12.0	8.4		130~150
(38×24)	38		24			—	38	-0.026 / -0.088	0 / -0.062	±0.0310		12.0	12.0		140~160
40×22	40	0 / -0.062	22	0 / -0.130	1.00~1.20	—	40				0.70~1.00	13.0	9.4		150~170
(42×26)	42		26			—	42					13.0	13.0		160~180
45×25	45		25			—	45					15.0	10.4		170~200
50×28	50		28			—	50					17.0	11.4	+0.3 / 0	200~230
56×32	56		32			—	54					20.0	12.4		230~260
63×32	63	0 / -0.074	32		1.60~2.00	—	63	-0.032 / -0.106	0 / -0.074	±0.0370	1.20~1.60	20.0	12.4		260~290
70×36	70		36	0 / -0.160		—	70					22.0	14.4		290~330
80×40	80		40			—	80					25.0	15.4		330~380
90×45	90	0 / -0.087	45		2.50~3.00	—	90	-0.037 / -0.124	0 / -0.087	±0.0435	2.00~2.50	28.0	17.4		380~440
100×50	100		50			—	100					31.0	19.5		440~500

備 考　公稱尺寸中帶括弧者，應儘可能免選擇。

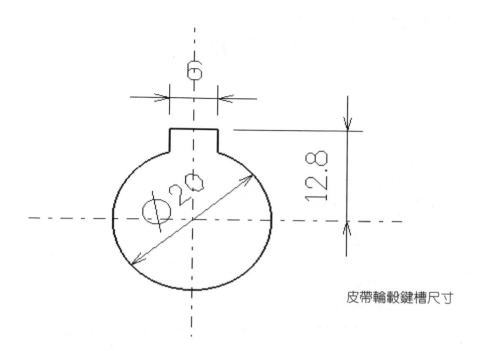

皮帶輪轂鍵槽尺寸

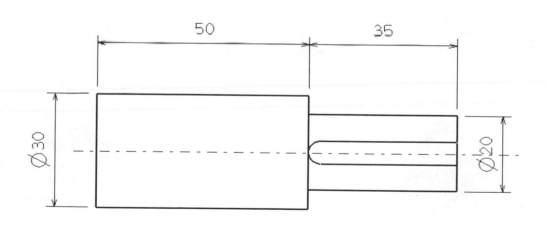

軸尺寸

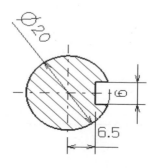

MEMO

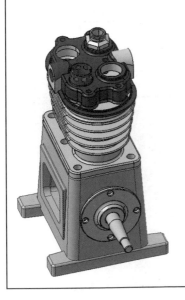

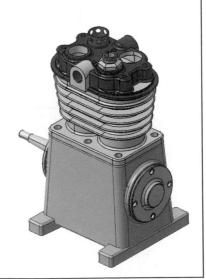

第 **6** 章

演　練

作業一：壓塊

作業二：夾板

作業三：調整板

作業四：夾板

作業五

作業六

作業七

作業八

作業九

作業十

作業一：壓塊

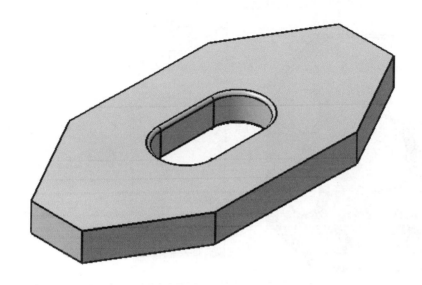

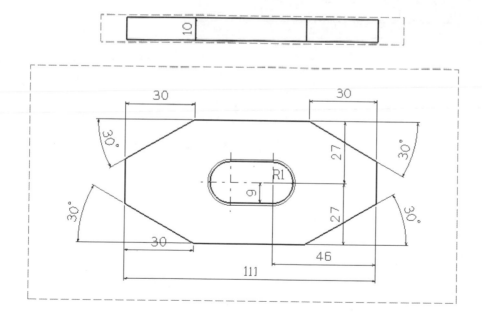

作業二：夾板

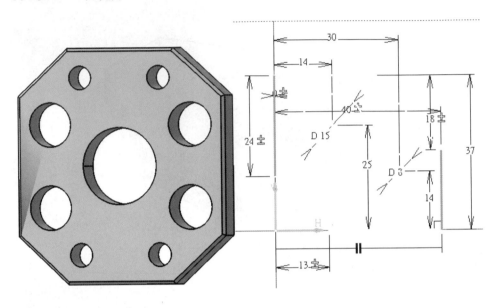

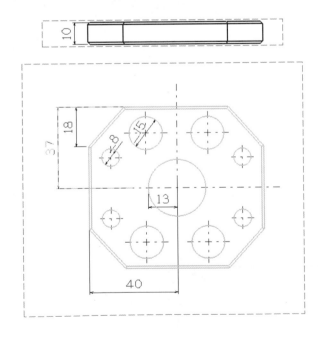

作業三：調整板

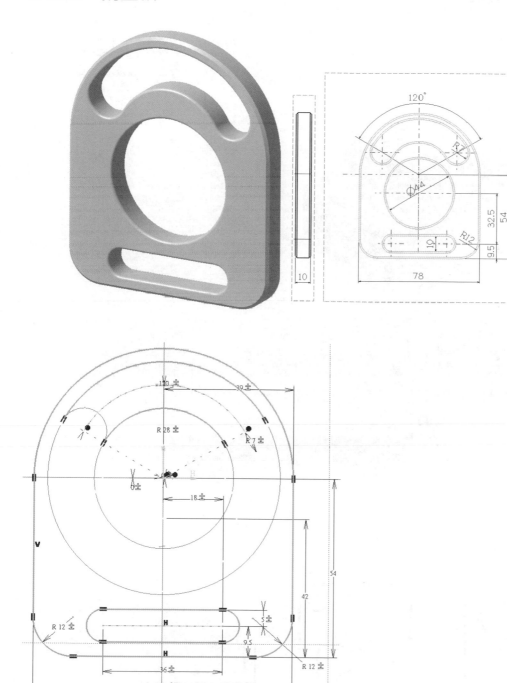

作業四：夾板

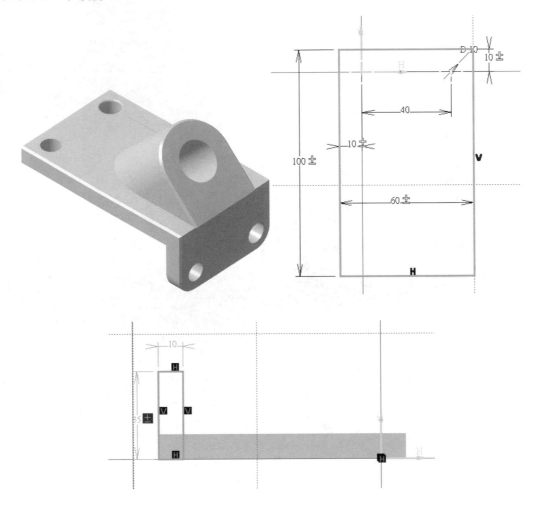

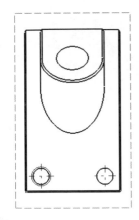

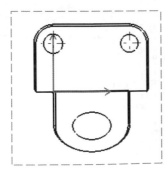

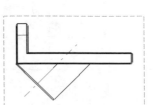

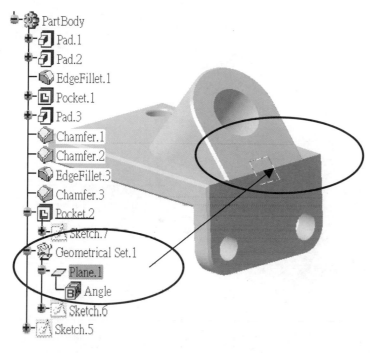

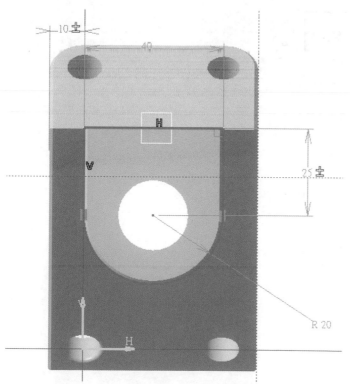

作業五

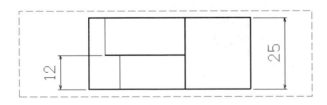

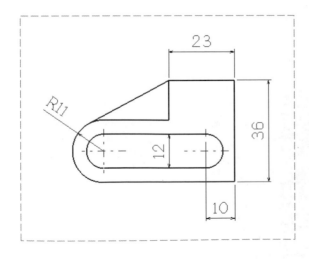

作業六

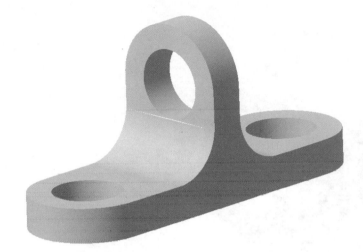

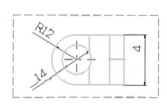

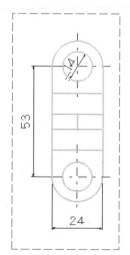

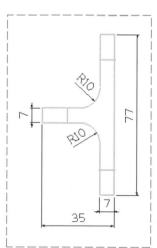

作業七

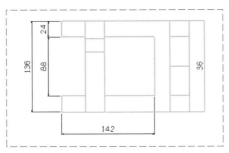

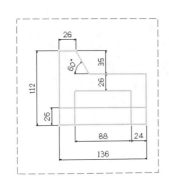

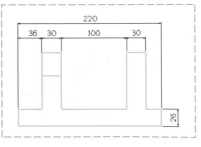

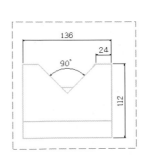

作業八

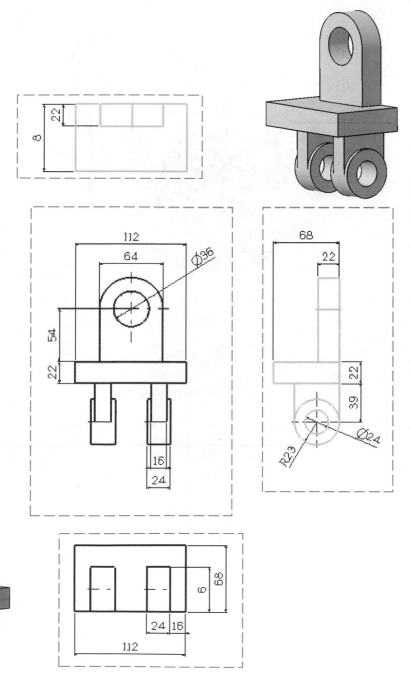

作業九

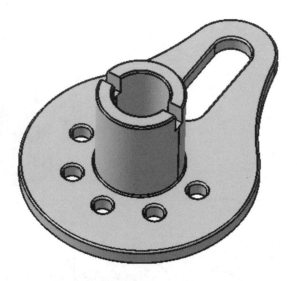

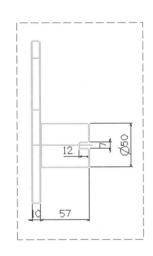

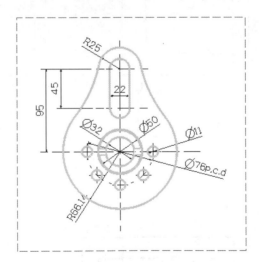

作業十

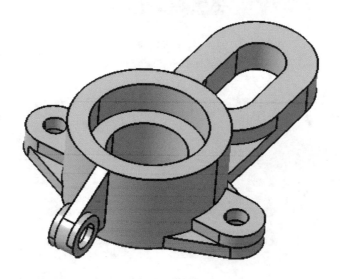

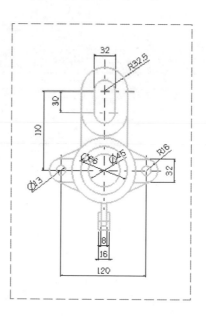

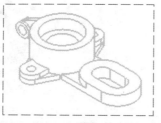

MEMO

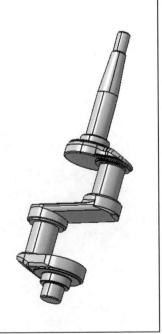

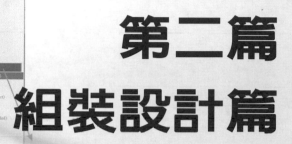

第二篇
組裝設計篇

第 1 章　開啓組裝設計模組

第 2 章　使用者環境參數設定

第 3 章　組裝設計模組

第 4 章　組裝工具列介紹

第 5 章　皮帶輪組裝範例

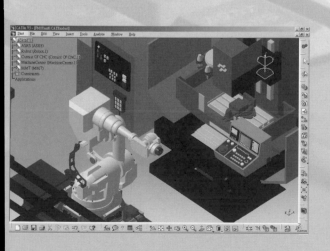

第 1 章

開啓組裝設計模組

開啓組裝設計模組方式有三：

1-1 工作模式(Workbench Icon)之圖式

開啓 CATIA 畫面，點工作模式鍵(Work bench)，即呈現圖示表單，再點取組裝設計
(Assembly Design)圖鍵，即進入組裝設計模組。

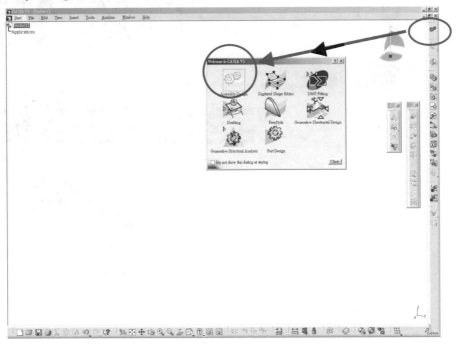

若開啓圖示表單，於表單內無組裝設計模組圖鍵時，則拉下 Tools 工具鍵，點選
Customize，即呈現一表單，點選表單的左表內的 Assembly Design，再按向右鍵號載
入圖鍵，關閉(Close)後再點工作模式鍵，於圖示表單即具有組裝圖鍵。

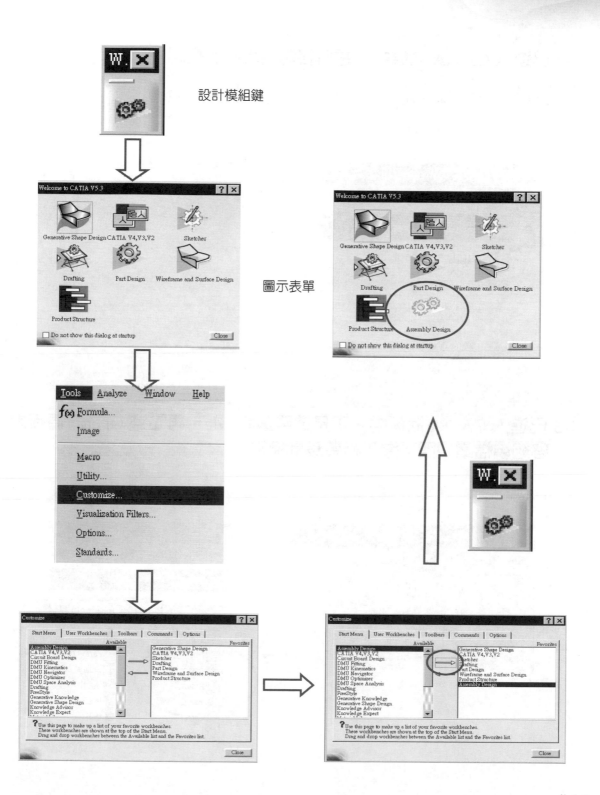

設計模組鍵

圖示表單

1-2 已進入 CATIA 狀態中，重新啓動組裝設計模組。

即下拉功能鍵 Start，點選組裝設計模組，即進入組裝設計模組。

Start→Assembly Design

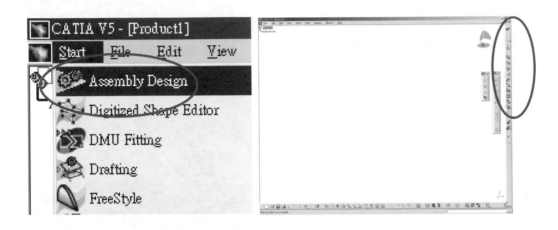

1-3 已進入 CATIA 狀態中，工具選單選取 File，再點選 Open，直接開啓組裝檔案，即可進入組裝設計模組。

File→Open

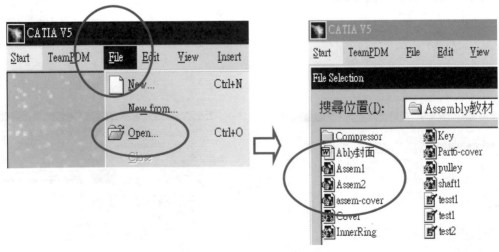

進入組裝設計模組後，須先將組裝各個元件依序載入，亦可一次將所有元件載入。載入後因元件會重疊顯示(若建構元件時，以(0,0)座標原點)，暫時將不用的元件先隱藏，用到時再分別顯示元件。而載入元件程序，先選結構樹狀之 Product1 (變橘紅色)，螢幕右方即呈現工具列。

New Component 載入新部件

New Product 載入新物件

New Part 載入新元件

Existing Component 插入部件

Replace Component 取代部件

Graphic Tree Recording 元件樹狀紀錄表

Generate Numbering 產生編號

ProductInit 重新設定組件狀態

Manage Representations 特性顯示

其中，元件(Part)為元件設計模組(Part Design)所建構完成的各種部件之組合或單一部件；組件(Assembly)為元件所組合而成，故在範例中的圖示，元件為單一齒輪，而組件為二齒輪組成。

MEMO

第 2 章

使用者環境參數設定

2-1 檢視工具列設定

本項工具表單有多項工具列已在元件設計單元介紹過，可參閱元件設計篇，本節將針對組裝單元使用到的工具列，進行說明。

一般而言，使用者在不同工作模式下(元件設計、繪圖或組裝)，往往會依操作者的習性而有所差異，是否一定要啟動那些工具列，並無一定的規則，視設計需求而開啟或關閉，以保持畫面清晰與大面積。

1. View→Toolbars

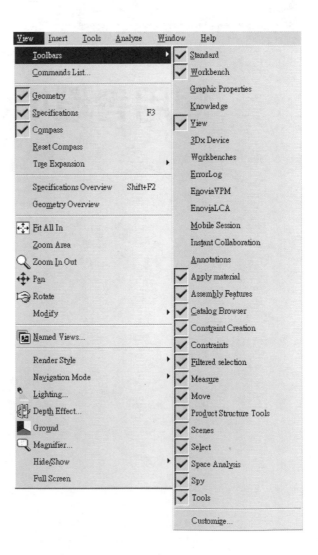

各工具列對應之圖示功能鍵如下：

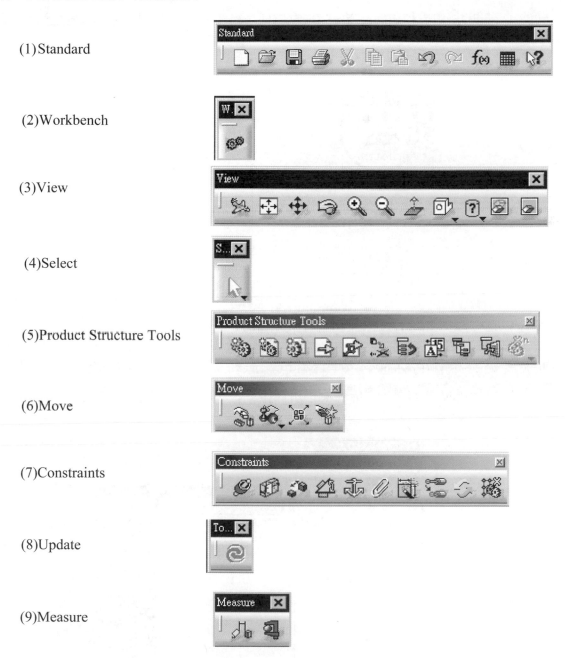

(1)Standard

(2)Workbench

(3)View

(4)Select

(5)Product Structure Tools

(6)Move

(7)Constraints

(8)Update

(9)Measure

　　其中，(5)~(7)為組裝設計模組下才有的功能鍵，其餘均與元件設計模組的功能鍵相同，請參閱元件設計篇。而(5)至(7)的功能亦可從 Insert 下拉點取。

2. View→Toolbars→Insert

　　狀態一：開啟一組裝模組的視窗，尚未點選任一組件，工具列呈灰色，並無法選用功能
　　　　　　　鍵。

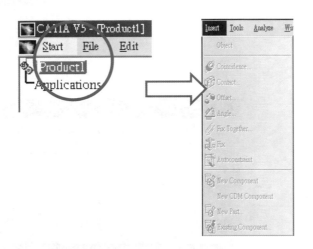

　　狀態二：選一物件(Product1)，變為橘紅色表示處於編輯狀態下，接著載入元件，上圖
　　　　　　的 View 工具列的功能便能選用操作，如下圖所示。

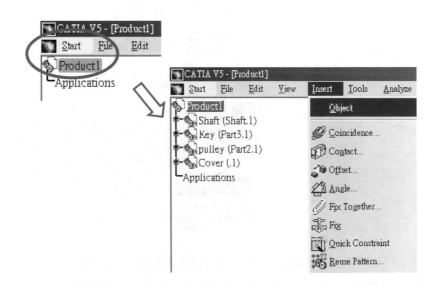

2-2 組裝設計模組之環境參數設定

1. 自動更新設定：針對目前編輯的組件或相關組件

    Tools→Option→Mechanical Design→Assembly Design→General

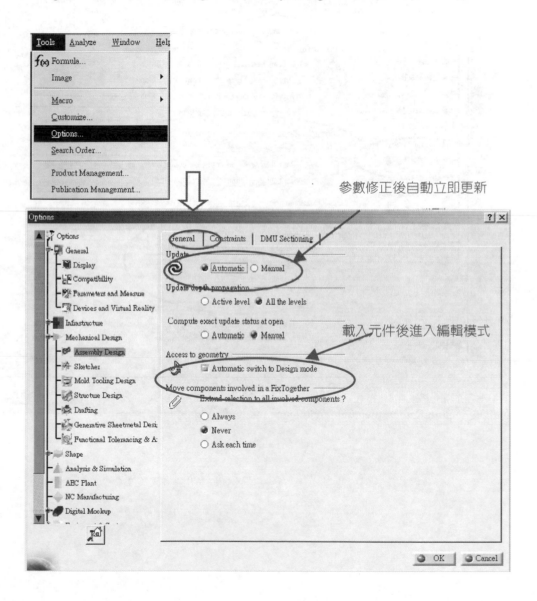

2. 組裝限制(Constraints)：執行組裝時設定相關限制的參數條件

　　Tools→Option→Mechanical Design→Assembly Design→Constraints

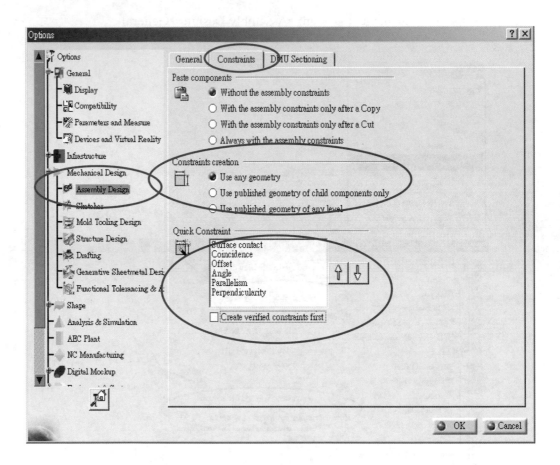

3. 搜尋順序設定(Conferencing)：也有提供透過網路進行 NetMeeting，當然系統已有事先設定完成，不然就有如下的錯誤訊息。

Tools→Conferencing→Host

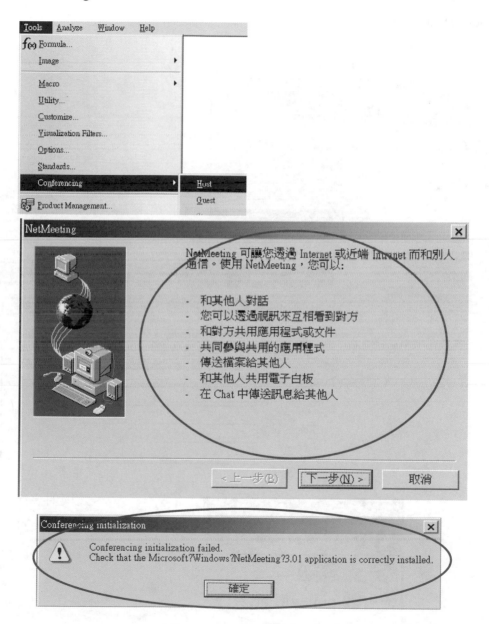

4. 組件或元件更名(Naming an assembly or a component)：選取組件、部件或元件的結構樹狀，可分別設定其名稱及顏色。有一點很重要是欲組裝的各個元件，需更改其元件名稱，否則無法順利載入元件，進行組裝。

Tools→Search Order

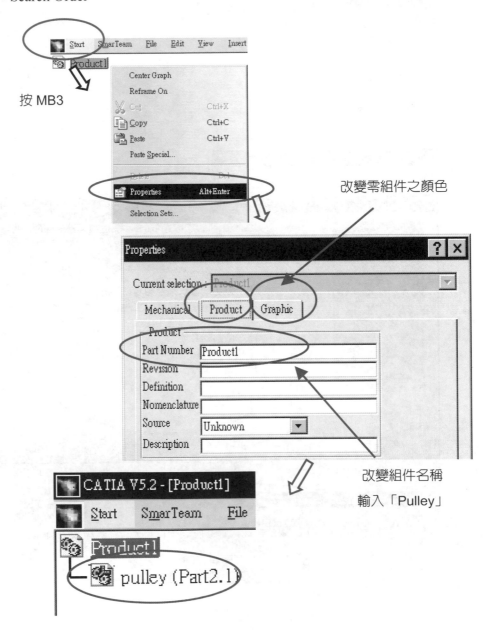

5. 隱藏零組件(Hide/Show)：一般建構元件大部份都以原點
   爲中心點，繪製元件。當進入組裝設計模組，將各個元件
   載入時，便產生元件交錯一起的現象，此時可將還用不到
   的元件暫時隱藏，待需使用時再顯示出來，這便是此功能
   的用途。在組裝設計模組下本項爲常用的功能鍵；從結構
   樹狀看出，該零組件符號爲暗灰色，就是屬於隱藏模式。

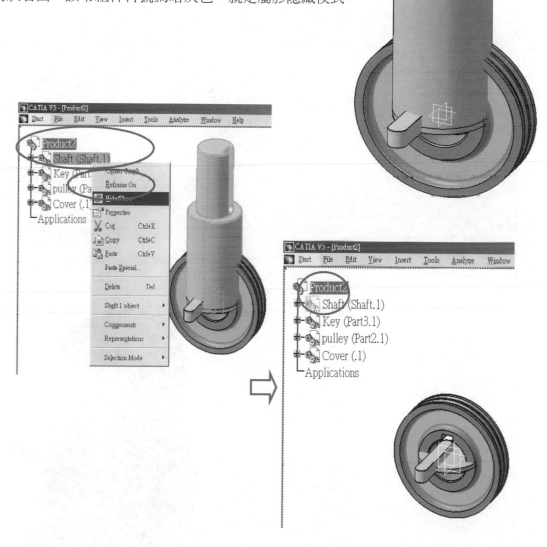

MEMO

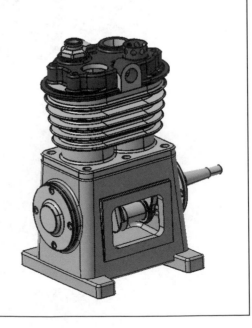

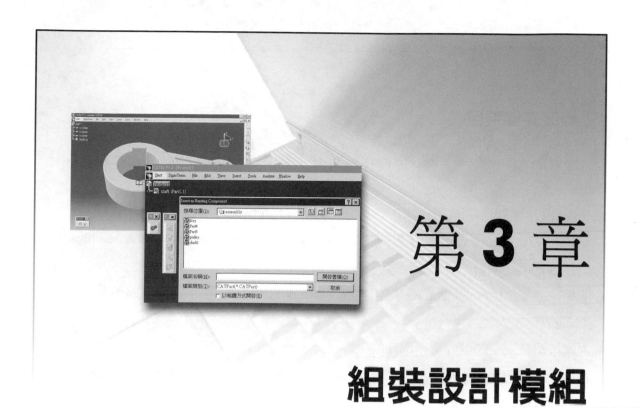

第3章

組裝設計模組

3-1 組裝條件項目

1. 一個組件(Assembly)或物件(Product)是由許多部件(Component)及限制(Constraints)條件組成。

2. 在組裝設計模組下所完成的是一個組件(Product)，其檔案形態為 CATProduct。

3. 一個部件(Component)可經由單一個元件(Part)建成，亦可能是一個組件(Assembly)或次組件(Subassembly)。

4. 所完成之部件(Components)或次組件(Subassemblies)可取用相同之元件(Part)或組件(Product)。

5. 連續按滑鼠兩下即進入編輯部件的工作模式，及元件設計模組。

6. 藉由一些幾何元素或不同尺度的依據，來標示相互間關係及設定，稱為限制(Constraint)。

3-2 載入元件的特性

若使用 V5R2 的版本，進入組裝設計模組均需在載入元件後，於結構樹狀上各元件橫桿與主幹交接處，若無加號⊕時，表示載入的元件未處於設計模組，即無法進行組裝，需載入各元件的特性，如圖所示。如何載入元件的特性？即利用鍵盤 Ctrl 鍵，點取元件，下拉編輯模式 Edit，點選 Design Mode，此時，組裝的結構樹狀(Assembly tree)便產生"⊕"，表示可分別對各個元件進行參數設定的限制(Constraints)，如旋轉、移動、對軸心、固定元件等。

自從進入 V5 R3 版本後，便自動載入編輯模式。當然若將該環境參數移除，就無法自動進入編輯模式，使用者須要知道自行去設定。

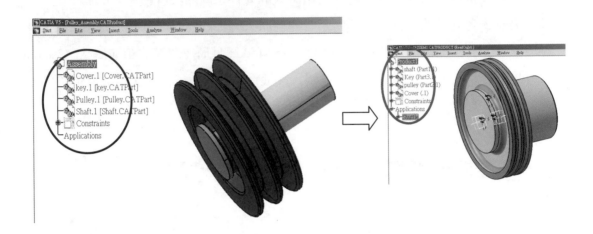

進入組裝設計模組，點 Product1，按住滑鼠右鍵出現點選 Exiting Component，便出現檔案視窗，再分別載入已存在之數個元件。

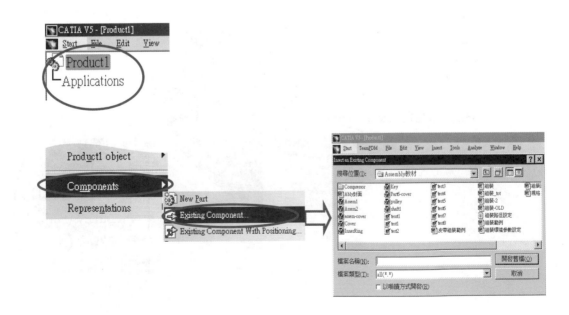

由於各個元件在建構時均在同一座標系(如圖)，故載入後會重疊在一起，需利用拖曳功能鍵將組件或元件分離，並再利用隱藏鍵將尚未進行組裝的元件先行隱藏，使組裝時畫面能清楚，以利組裝進行。

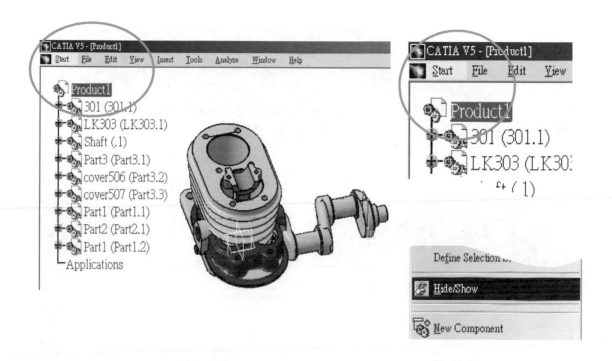

組裝流程如下頁圖所示，先於元件設計模組建構各元件，在開啓組裝設計模組，載入組裝元件或組件；利用位置移動功能鍵，調整各元件的位置，再利用組裝功能鍵，如對心、接觸、平移與固定等功能鍵進行組裝，並利用量測功能鍵進行尺寸與相對位置尺寸之讀取，促使組裝更爲精確。若需變更設計，則可在各元件進入元件設計模組進行修改後，點取更新(Update)功能鍵，則在元件與組裝設計模組下，均會自動進行變化更新。

調整物件位置

或修元件或修改組件修改限制條件

加入組件或元件

分析組件間相對位置

打開啟開新舊組件件或組件

組裝流程圖

3-3 元件組裝單元主要功能學習

- 組件或元件名稱設定(Naming an Assembly or a Part)
- 插入新部件或新元件(Inserting a New Component or Part)
- 插入已建構的部件或元件(Inserting Exiting Component or Part)
- 編輯修改設計模組(Edit Mode)
- 複製部件或元件(Copy and Paste a Component)
- 變更部件顏色(Change Component Color)
- 練習組裝設計－皮帶輪組裝(Practice Assembly Design)

MEMO

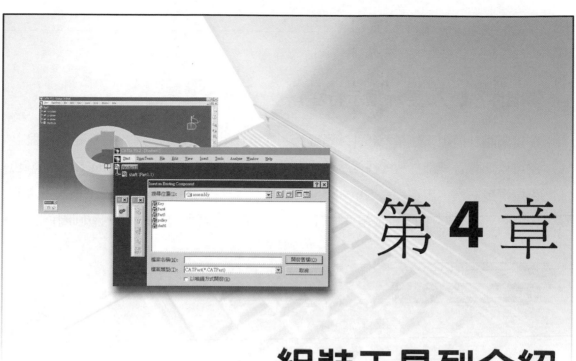

第4章

組裝工具列介紹

4-1 零組件－載入/更新/顯示特性

在組裝設計模組下建構新部件或新元件，亦可載入已建好的元件，且在組裝過程中還可以任意替換部件或元件等。首先進入組裝設計模組下，點選 Product1 (變橘紅色)再按滑鼠右鍵，出現操作選單如下圖。分別列出所需使用工具列的圖示，在不同工作模式 下所建立的元件或組件均有所不同，提醒注意所畫的提示符號(圓圈)。

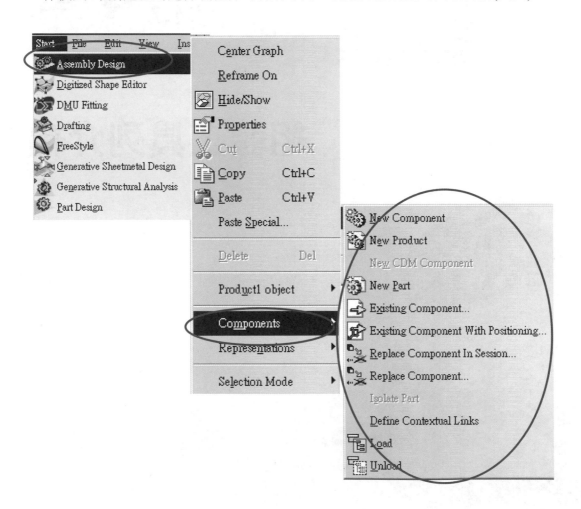

1. 載入部件(Component)

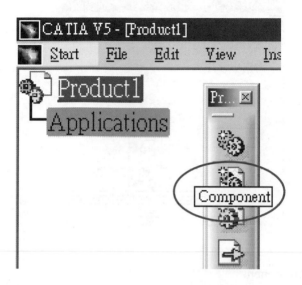

2. 載入組件(Product)

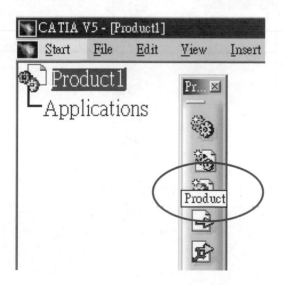

3. 載入已存在的組件包含其關聯位置(Existing Component with Positioning)

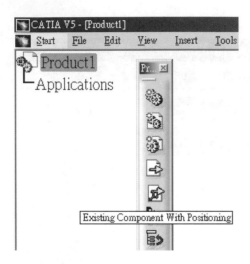

4. 元件取代(Replace Component)

5. 元件結構樹狀紀錄表(Graph tree recording)

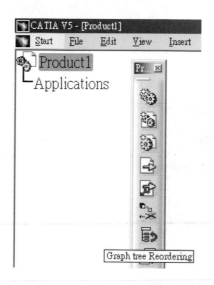

6. 特性顯示(Manager Representations)

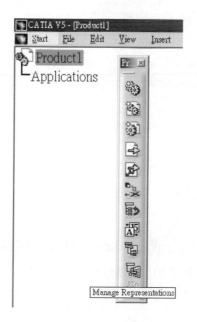

4-2 元件－編輯工具列

一般在組裝元件時，常會用到工具有平移物件、組件與組件間軸心對稱、元件角度旋轉等等，現依序將常用的功能鍵一一介紹。

－平移或旋轉部件(Manipulation Component)

－迅速移動部件(Snap Component)屬於較不精確的移動

－部件爆炸圖(Explode Component)

－停止移動部件(Stop Manipulation Component)

Manipulation Component

Snap Component t

Explode Component

Stop manipulation Component

爆炸圖係指將組裝後的元件向外移開，彼此間不重疊，可讓設計者清楚了解組裝元件，一般工程組裝爆炸圖係依組裝順序進行軸向拆裝，亦即依據爆炸圖順序即可知到組裝過程。

本項爆炸圖功能須再配合 DMU(Digital Mock-ups)數位模擬檢測模式，一起使用才有具體之作用，目前爆炸圖功能並非依組裝步驟給予分開，只是將各元件分散。

1. 部件移動

(1)　平移旋轉部件(Translating Component)，如下圖所示。

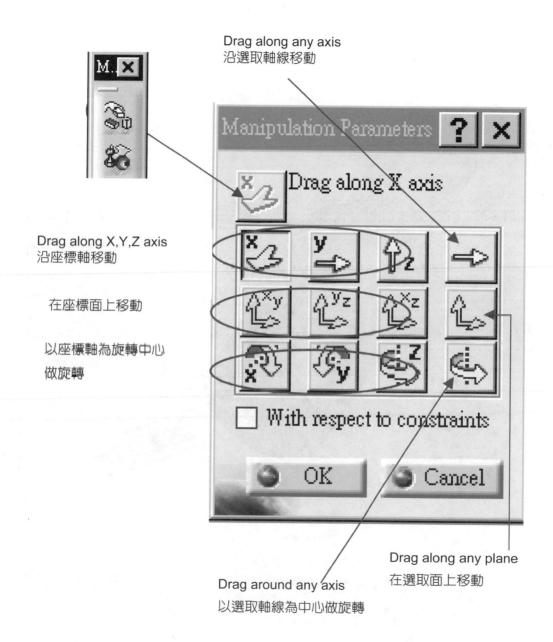

(2) 迅速移動元件或較不精確(imprecise)對軸心部件(Snap Component)。有時必需選取
兩元件欲接觸面做為接合的條件，但 snap 方式屬於較為不精準的接觸或接合。

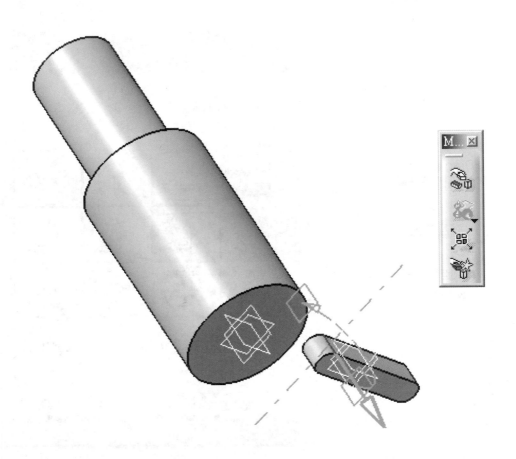

(3)　部件或組件的爆炸圖(Explode Component)，一般用於安裝元件組裝的順序。

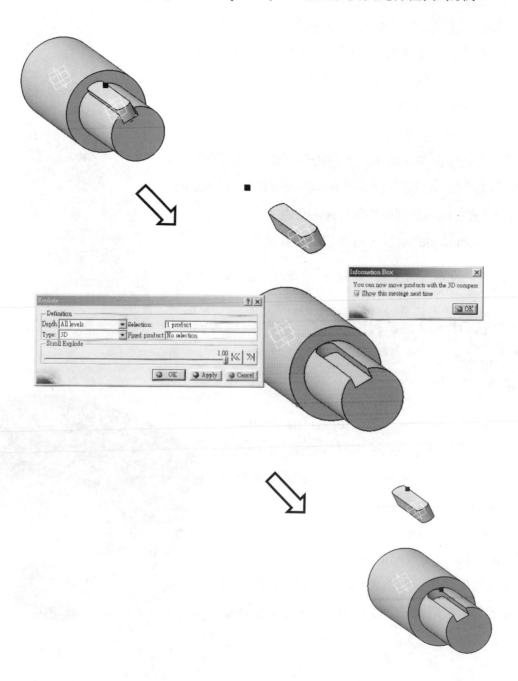

2. 組件組裝的條件或限制的設定

組裝設計主要是對二個元件間進行組裝定位，定位方式和順序與實際現場安裝相同。如範例皮帶輪與傳動軸的組裝：皮帶輪(Pulley)旋轉動力需藉由裝於軸(Shaft)與輪轂(Boss)的鍵槽(Keyway)內的鍵(Key)，進行傳遞；而鍵(Key)安裝於鍵槽(Keyway)內時，切線與徑向等二方向受鍵槽(Keyway)之側邊與底面或頂面限制而定位；而軸(Shaft)向需藉由端板(Cover)鎖固於軸(Shaft)上，將鍵(Key)限制於鍵槽(keyway)內。

皮帶輪(Pulley)的組裝，首先利用接觸面限制工具

 來設定三面接觸，將鍵(Key)安裝於鍵槽(Keyway)

內；接著以同心限制的工具 ，將皮帶輪的軸孔對

準軸心(Shaft Center)，再以旋轉工具 將皮

帶輪(Pulley)旋轉，使輪轂(Boss)上面的鍵槽(Keyway)對準鍵(key)，再把軸(Shaft)推入至皮帶輪(Pulley)的軸孔內，再用接觸面限制工具設定與軸(Shaft)肩部相接觸的限制條件，以利定位；最後，又以同心限制工具將圓形端板(Cover)與軸(Shaft)對心(Coincidences)，就是利用螺栓套入端板圓孔後，鎖入軸的內螺紋內，鎖緊定位，仍以接觸面限制工具再設定與軸端面接觸定位。

圖 4.1

因此，軸(Shaft)與鍵(Key)定位係利用三面接觸的定位；皮帶輪(Pulley)與軸(Shaft)的定位係是利用同心限制、旋轉與接觸面限制三項功能來定位；而端板只須利用同心限制與接觸面限制即可定位，而無須再用旋轉對位。但於連桿組裝時，需以角度 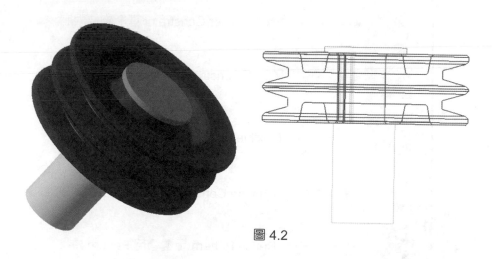 來定位；於預壓組裝時，則又需偏置移位 來定位；外殼組裝則為二螺栓孔位置對心與接觸面限制之接觸即可。

在不同元件組裝有不同定位方式，基本上組裝必須由三方向來定位，如元件座標系 (PCS：Piece Coordinate System)之 X、Y 與 Z 等三方向，或切線、徑向與軸向等三方向。但依實際情況，定位有時可少於三個自由度的限制，如端板與軸組裝，只需同心限制與接觸面限制即可定位。總之，組裝定位動作通常為量測元件間相對位置，平移 與旋轉 元件，和二元件同心限制 或接觸面限制 定位等，所以使用最頻繁的是元件本身與元件間之量測功能鍵、平移 與旋轉元件之移動功能鍵、同心限制與接觸面限制之定位組裝功能鍵等。

　現就定位組裝功能鍵作詳細說明如下：

圖 4.2

限制(Constraint)條件工具列

Coincidence Constraint 同心限制

Contact Constraint 接觸限制

Offset Constraint 偏置限制

Angle Constraint 角度限制

Fix Component 固定物件限制

Fix Together Constraint 連結物件限制

Quick Constraint 快速限制

Flexible /Rigid Sub-Assembly

Change Constraints 改變設限

Reuse Pattern 重覆適用 Pattern

1. 同心限制(Coincidence Constraint)

若有兩個幾何元件均以圓形為主體,便可以同心限制功能來加以設定,此限制只需設定一次即可完成。其技巧只是將所要設定軸心的兩元件,儘量將元件的視角調整45°,或者是選取到兩元件的內、外緣面均可,會比較容易找到到軸心,加以限制。

設定同心功能鍵

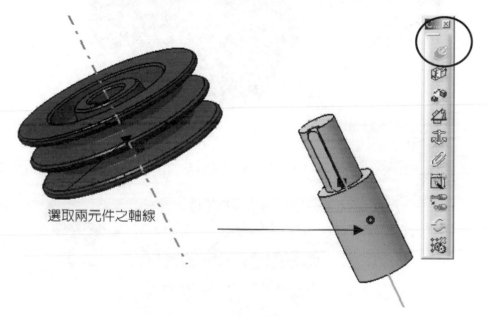

選取兩元件之軸線

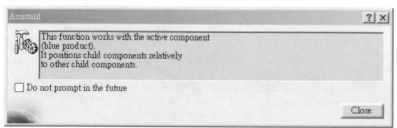

當兩同軸心設定後，兩元件便會自動轉向，並以軸心對齊，請看本例的結構樹狀圖

示及相關的參數表。

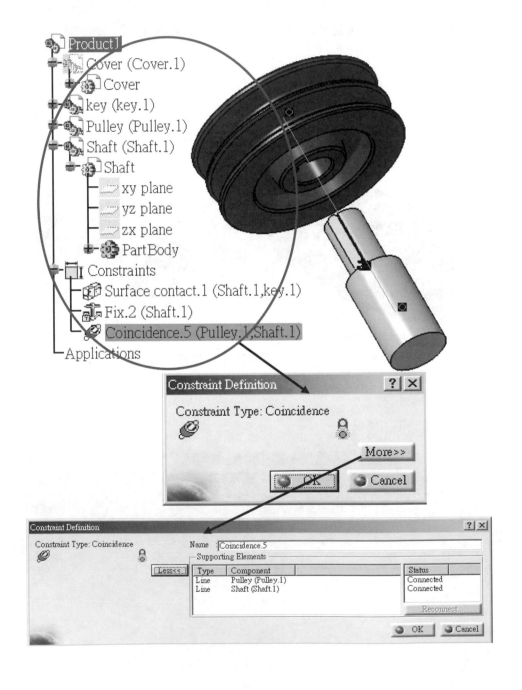

2. 接觸限制(Contact Constraint)

　　本項功能爲組裝設計模組的主要功能，若元件屬於多邊形的幾何外廓，大多以面來設定接觸限制，作爲定位依據，並按照設計者的需求來制訂組裝之順序。

　　一般而言，二個元件組裝通常是由三個面接觸來作定位設定，但由於元件外形並無一定，有的可以配合同軸心限制，只需二個外形限制的設定，即可完成定位，視其狀況而定。若選用設定接觸面限制後，便會有限制面及圖示顯示，如下圖所示。

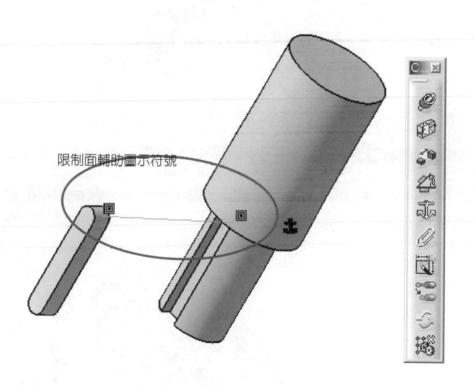

限制面輔助圖示符號

通常二個元件組裝時需由三方面來限制,即元件的前後、左右與上下接觸面等。如鍵(Key)要裝入軸(Shaft)上的鍵槽(Keyway)時需作限制,如下圖底面、側面與正面等三個面與軸的鍵槽三面接觸限制方能定位組裝。

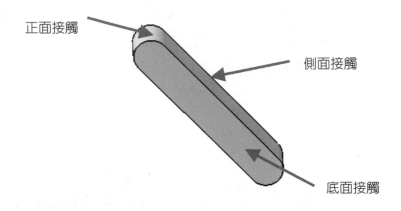

正面接觸

側面接觸

底面接觸

當然接觸面限制 的選定應視情況而定,有時只需二個限制條件就可完成定位,例如軸承(Bearing)與軸(Shaft)的組裝,只要軸線同心及軸承面與軸的肩部接觸限制,即可完成定位。但若有定位角度問題,則仍需設上第三個接觸面的限制,如圖例。

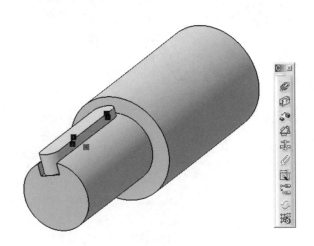

又皮帶輪(Pulley)與軸(Shaft)除了同心接觸(Coincidence Constraint) 外，仍須限制其

旋轉角度 ，需與鍵槽(Keyway)的對位，故仍須三個限制條件，方能達成定位。

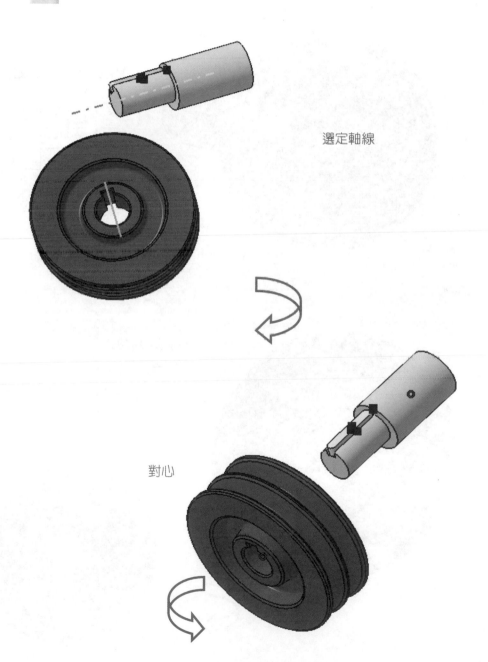

選定軸線

對心

利用部件移動的工具列 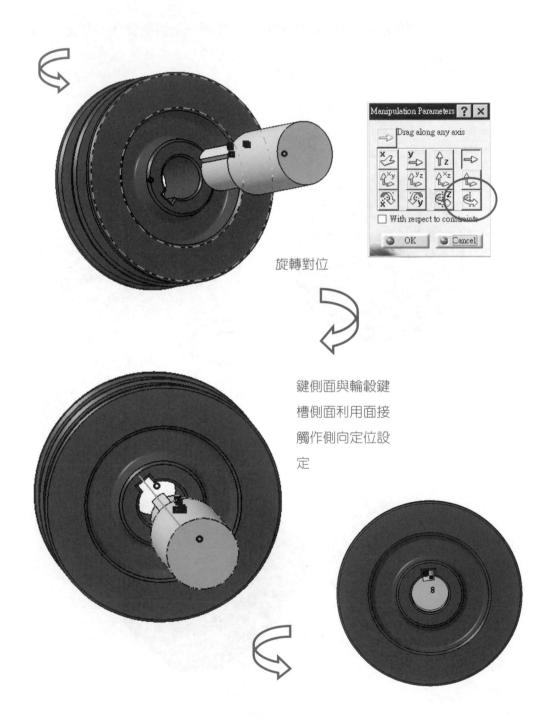 來進行旋轉或移位等，以做到對位的功能。

旋轉對位

鍵側面與輪轂鍵
槽側面利用面接
觸作側向定位設
定

接著再利用接觸面限制 來完成組裝的步驟。

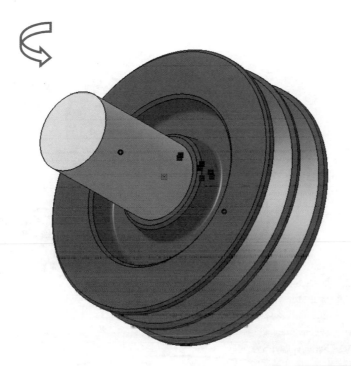

軸肩部面與輪轂面利用
面接觸作軸向定位

當兩個元件限制定位完成後，便出現以下圖示，將有設限的元件名稱及限制方式顯示，
並經由設計者確認。

3. 偏置限制(Offset Constraint)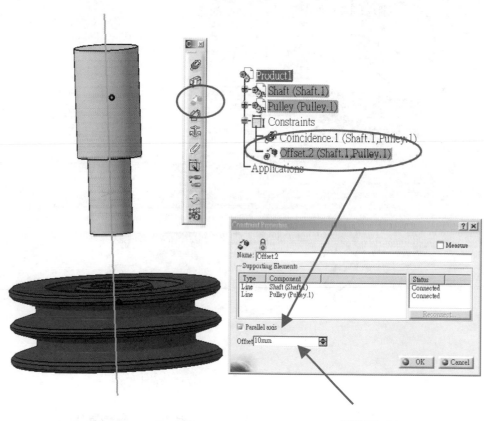

通常，對於無法以接觸面限制時，則可利用偏置限制來設定，對某一基準面作一些距離

的偏置來完成定位。選定兩個元件欲接觸的基準面，在工具列上選用偏置限制圖示

即可，可從結構樹狀看出此限制，亦可設定某一特定之角度。

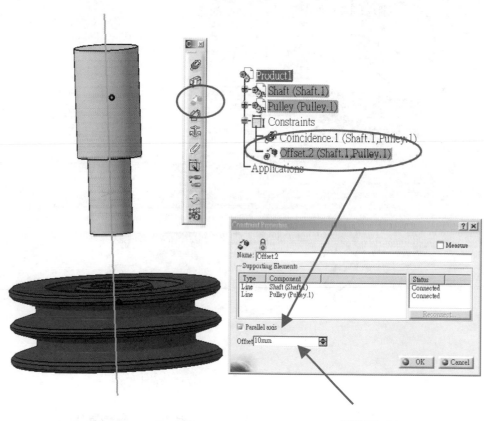

偏置量 10mm

4. 角度限制(Angle Constraint)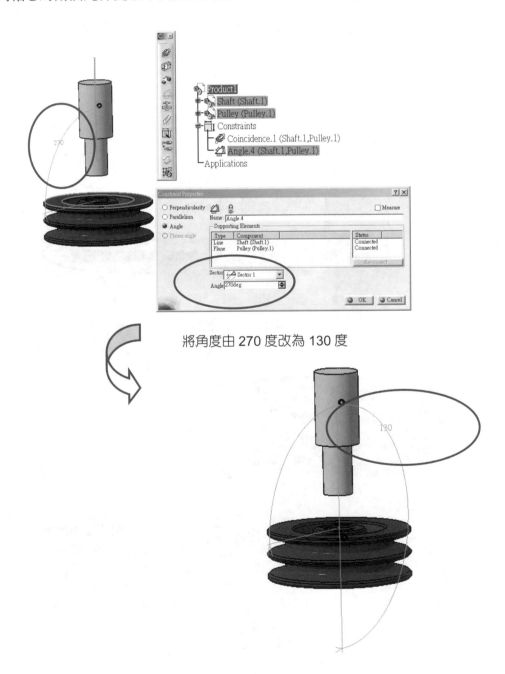

可將同軸心的兩個元件更改不同位置角度，一般常用於連桿軸與軸間角度的設定。

將角度由 270 度改為 130 度

5. 固定部件(Fixing Component)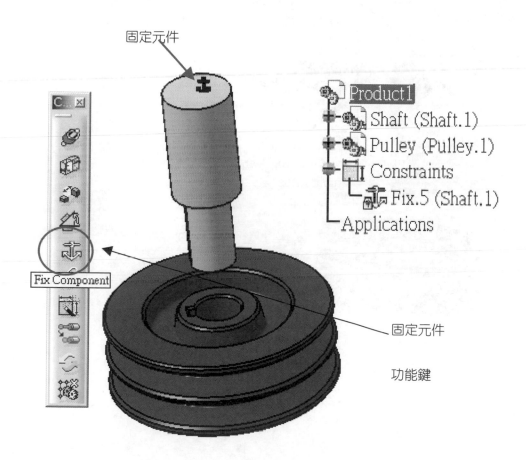

首先需選定一部件或元件為一個固定的元件，當二個元件進行接觸組裝定位時，均會向已固定元件移動接觸，以防止當有其他元件或組件平移或旋轉時，方向無法控制。若無設定固定元件，通常後點選之元件會向先點選元件移動。

固定元件

Fix Component

Product1
Shaft (Shaft.1)
Pulley (Pulley.1)
Constraints
Fix.5 (Shaft.1)
Applications

固定元件

功能鍵

6. 結合組件(Fixing Together)

將兩個元件已組裝完成後,加上結合的條件,即可將其視為同一物件,若有需要旋轉或
移動該元件時,便可一致行動。當設定完成後,亦可從結構樹狀中判斷出此項功能。

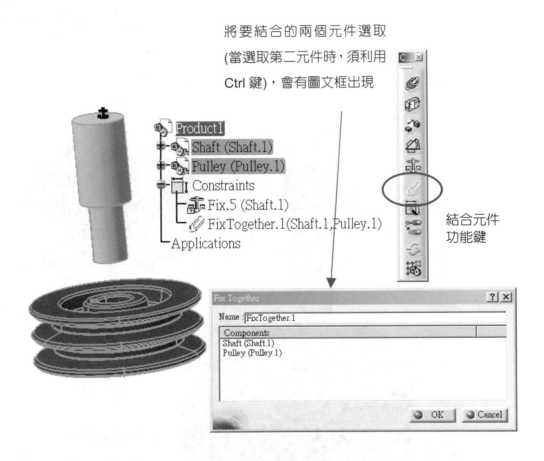

第 5 章

皮帶輪組裝範例

　　本章以元件設計篇建構的皮帶輪為例進行組裝，分別進行鍵與軸鍵槽的上下、左右與前後定位，皮帶輪與軸的對心和鍵槽旋向定位，及端板與軸的對心與接觸鎖固定位，可參閱教學光碟中組裝設計與動態模擬篇中圖例 Pulley_Assembly.Porduct。詳細步驟說明如下：

1. 皮帶輪組裝步驟程序

  (1) 分別於元件設計模組建構基本元件：軸 (Shaft.CATPart)、皮帶輪 (Pulley.CATPart)、鍵(Key.CATIAPart)與蓋板(Cover.CATIAPart)等。

  (2) 開啓組裝設計模組：將已存在的三元件插入至組裝設計模組內。若採用 V5 R2 版本者，則須利用 Design Mode 將元件特性載入進行設計，且將各元件以不同顏色標示，利於組裝設計及辨識。

  (3) 選軸元件為固定件。

  (4) 先將皮帶輪及蓋板隱藏，再利用平移工具鍵將鍵拖出。隱藏元件主要目的在於組裝時較為清楚。

  (5) 鍵裝入軸的鍵槽內：分別將鍵的底面與軸鍵槽的底面、鍵的右側邊與軸鍵槽的右側邊、鍵的前緣凸圓弧面與軸鍵槽的凹圓弧面等三對應面，利用三次接觸限制功能鍵，將三對應面接觸結合，使鍵定位於軸的鍵槽內。

  (6) 顯示皮帶輪。

  (7) 皮帶輪裝入軸內：
    －軸與皮帶輪設定同心限制條件
    －皮帶輪沿軸線移動至軸的小徑側
    －皮帶輪繞軸線旋轉，至皮帶輪的鍵槽與鍵相近的角度。主要目的是利於確定組裝面選定，若選定組裝面不正確時，元件會崁入元件中，或出現錯誤信息，此時需將限制條件先行刪除，再重新選定設定。
    －設定鍵側邊與對應的皮帶輪鍵槽側邊接觸
    －設定皮帶輪輪轂圓面與軸的肩部接觸
    依序利用同心、移動、旋轉與二次接觸的功能鍵建立定位限制，完成皮帶輪、鍵與軸的結合。

(8)　顯示蓋板元件。

(9)　蓋板只需定同軸與接觸的限制定位，即可完成組裝。

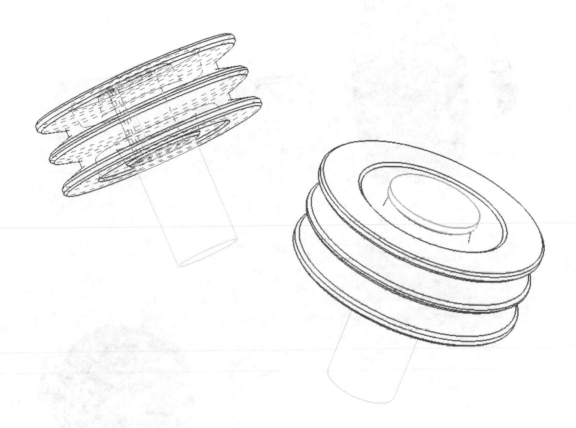

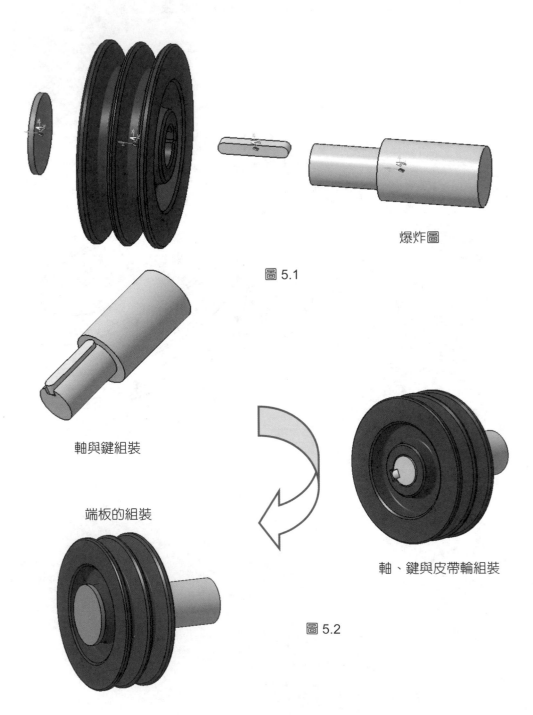

爆炸圖

圖 5.1

軸與鍵組裝

端板的組裝

軸、鍵與皮帶輪組裝

圖 5.2

2. 皮帶輪組裝步驟

(1)　開啟組裝設計模組

　　利用載入已存在部件(Exiting Component)至組件(Product)內。

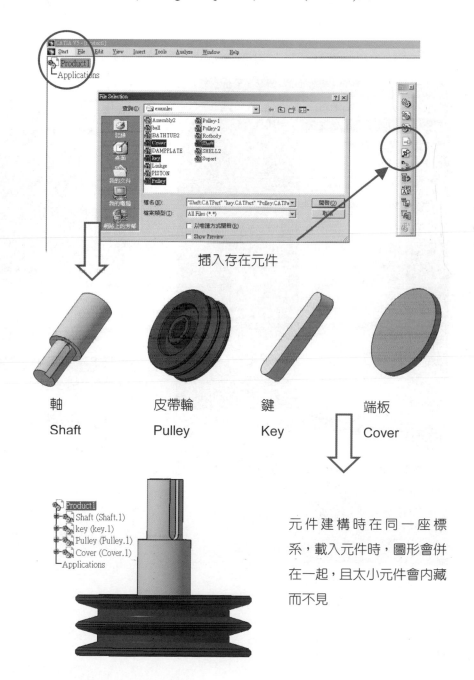

插入存在元件

軸	皮帶輪	鍵	端板
Shaft	Pulley	Key	Cover

元件建構時在同一座標
系，載入元件時，圖形會併
在一起，且太小元件會內藏
而不見

(2)　利用 $\boxed{\text{Design Mode}}$ 將元件特性載入進行組裝，其步驟如下：

　　－點選組件(Product1)或點選所需元件

　　－下拉 Edit 功能鍵，點選 Design Mode

　　－於結構樹狀中，元件前端會有⊕，表示元件設計特性已載入，可進行組裝與

　　　修改

　　若載入時，已將元件特性一併載入，則無須作此步驟(於設定參數內設定)。

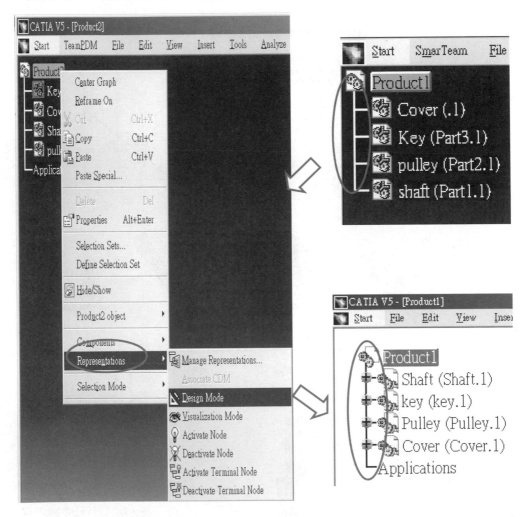

(3)　進行組裝前，需先固定軸做為基準，便於各種功能的設定。

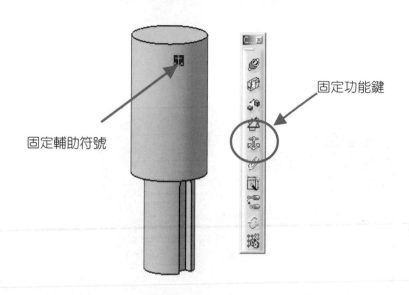

固定輔助符號

固定功能鍵

(4)　接著先隱藏皮帶輪(Pulley)與端板(Cover)，再將鍵(Key)延著不同方向拖出
　　首先於結構樹狀中分別選取皮帶輪(Pulley)與端板(Cover)，按 MB3，點取隱藏功
　　能(Hide/Show)；再利用部件移動(Manipulation)功能鍵，沿 Z 軸拖出鍵(Key)元件。

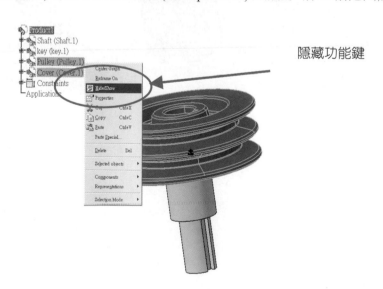

隱藏功能鍵

本例為選定 Z 軸方向，按住鍵(Key)的元件向下移開(移動方向需根據座標系方向而定，若為任意軸，則點選第一列最右鍵來移動元件)，其餘元件移動步驟同此方式。

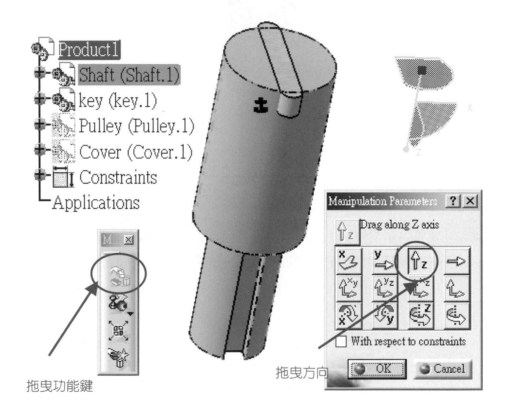

拖曳功能鍵

拖曳方向

(5)　安裝鍵(Key)於軸(Shaft)的鍵槽(Keyway)內

安裝鍵(Key)時需利用接觸面限制(Contact Constraint) 的功能鍵來設定，一般

而言，需要設定三個接觸條件來安裝定位。若元件較為簡易時，有時設定兩個

接觸，也可達到組裝的功能。其步驟如下：

－鍵(Key)底面與軸(Shaft)鍵槽底面(注意其對應邊，可利用旋轉視角至軸向，來

判定其對應邊)，設定接觸面的限制條件

－鍵(Key)側邊與軸(Shaft)鍵槽側邊(注意其對應邊，可利用旋轉視角至軸向，來

判定其對應邊)，設定接觸面 的限制條件

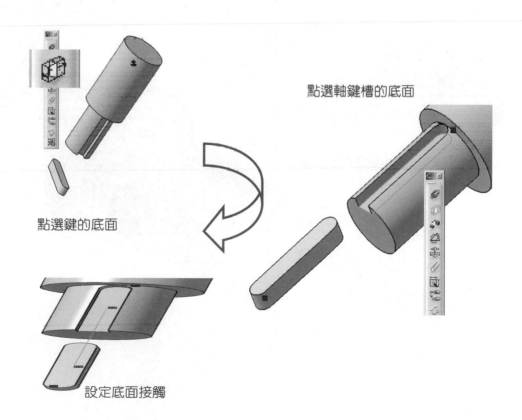

點選軸鍵槽的底面

點選鍵的底面

設定底面接觸

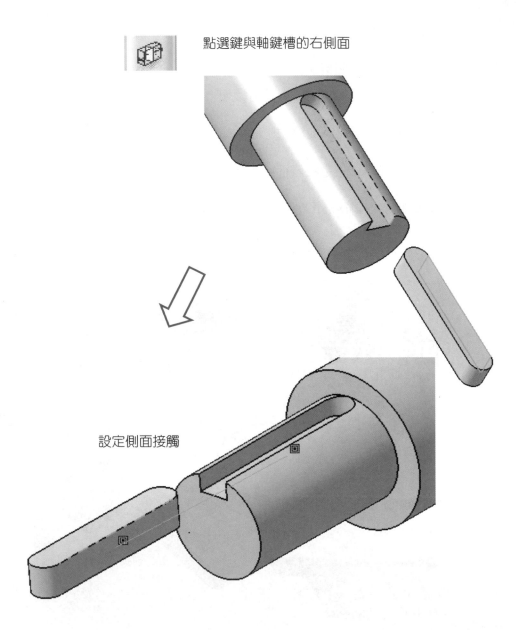

點選鍵與軸鍵槽的右側面

設定側面接觸

－鍵(Key)的前緣側邊與軸(Shaft)鍵槽圓弧(注意其對應邊，可利用旋轉視角至上

視圖，來判定其對應邊)，設定兩元件的接觸面限制 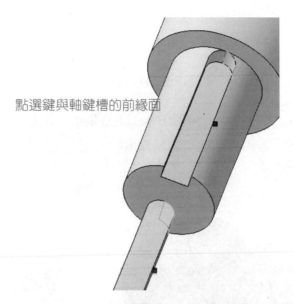 條件。

點選鍵與軸鍵槽的前緣面

－當鍵(Key)定位於軸(Shaft)之鍵槽位置時，建立軸(Key)與鍵(Shaft)之結合固定

關係 ，完成鍵(Key)與軸(Shaft)的結合組裝。

設定前緣面接觸
即完成鍵與軸之組裝

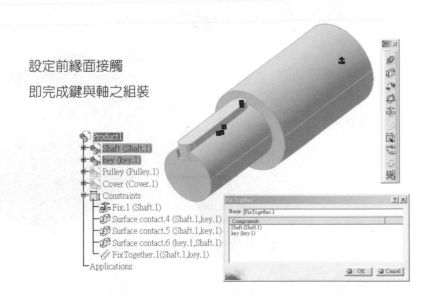

(6) 顯示皮帶輪(Pulley)

同(4)步驟，於結構樹狀中點選皮帶輪(Pulley)，按 MB3(滑鼠右鍵)，點取隱藏功能(Hide/Show)，即可顯示皮帶輪(Pulley)。若皮帶輪(Pulley)顏色與軸(Shaft)、鍵(Key)相近時，則建議改變皮帶輪(Pulley)顏色。

(7) 皮帶輪(Pulley)裝入軸(Shaft)內

－設定軸(Shaft)與皮帶輪(Pulley)同心限制條件

點軸(Shaft)的外圓面與輪轂(Boss)的內圓面，即可點取軸(Shaft)與皮帶輪(Pulley)的軸心線。若內外圓面不容易點取時，需做適度放大或旋轉一視角，讓內外圓面容易點取。

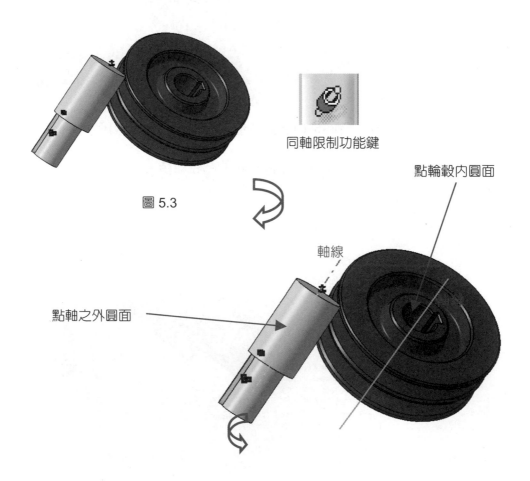

同軸限制功能鍵

圖 5.3

點輪轂內圓面

軸線

點軸之外圓面

－沿軸線移動皮帶輪(Pulley)至軸(Shaft)的另一側，(若皮帶輪(Pulley)已在組裝側，則無須此移動)並繞軸線旋轉至皮帶輪(Pulley)的鍵槽(Keyway)與鍵(key)相近的角度。

－設定鍵(Key)的側邊與皮帶輪(Pulley)鍵槽(Keyway)側邊接觸面的限制條件(注意其對應邊)。

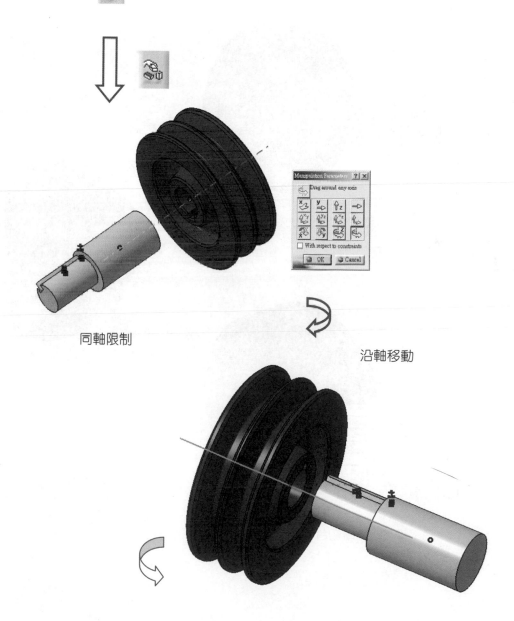

同軸限制　　　　　　　　　　沿軸移動

設定皮帶輪(Pulley)的輪轂(Boss)側邊與軸(Shaft)的肩部接觸面的限制條件，完成皮帶輪(Pulley)、鍵(Key)與軸(Shaft)的結合。

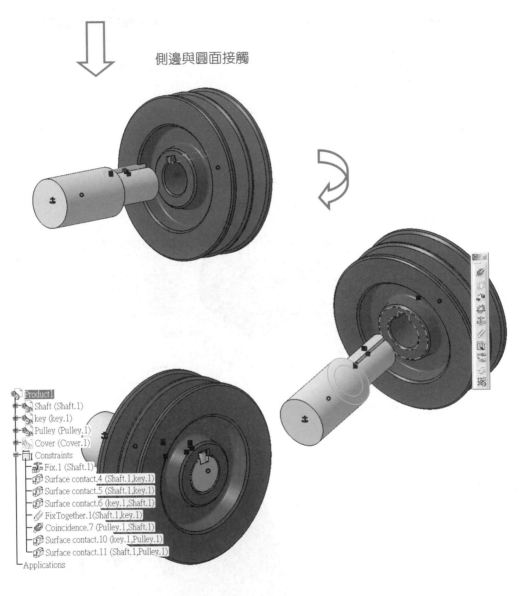

側邊與圓面接觸

Product1
Shaft (Shaft.1)
key (key.1)
Pulley (Pulley.1)
Cover (Cover.1)
Constraints
Fix.1 (Shaft.1)
Surface contact.4 (Shaft.1,key.1)
Surface contact.5 (Shaft.1,key.1)
Surface contact.6 (key.1,Shaft.1)
FixTogether.1(Shaft.1,key.1)
Coincidence.7 (Pulley.1,Shaft.1)
Surface contact.10 (key.1,Pulley.1)
Surface contact.11 (Shaft.1,Pulley.1)
Applications

軸、鍵與皮帶輪組合

(8) 顯示蓋板(Cover)

同(4)步驟，於結構樹狀中點選蓋板(Cover)，按 MB3，點取隱藏功能(Hide/Show)，即可顯示蓋板(Cover)。但因相同原點，故無法辨識，如下圖所示。

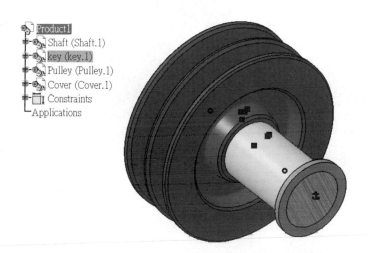

(9) 安裝蓋板(Cover)

由於蓋板(Cover)組裝於軸(Shaft)上，只要與軸(Shaft)同心，且定位於軸(Shaft)端面上即可，無須有方向，故只要設定同心與接觸，即完成定位組裝。

－將蓋板(Cover)沿 z 軸
　的軸線拖出來

－設定蓋板(Cover)與
　軸(Shaft)同心

沿 z 軸之軸線外移

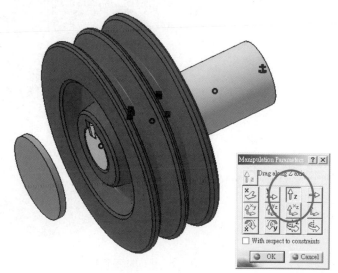

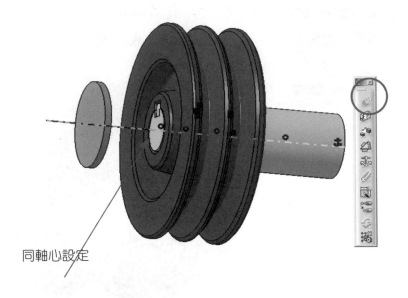

同軸心設定

－設定蓋板(Cover)圓面與軸(Shaft)端面接觸

接觸面設定

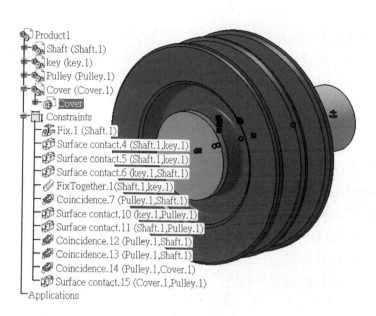

完成皮帶輪組裝

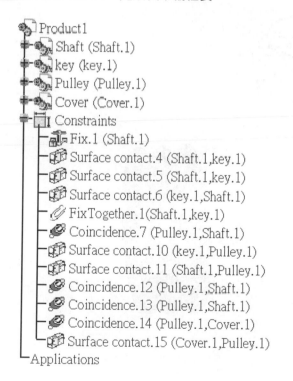

組裝完成知結構樹狀

　　組裝完成後，由結構樹狀中得知，皮帶輪整個組裝順序與限制元件。首先，設定軸為固定元件；軸與鍵分別設定三次接觸面的限制 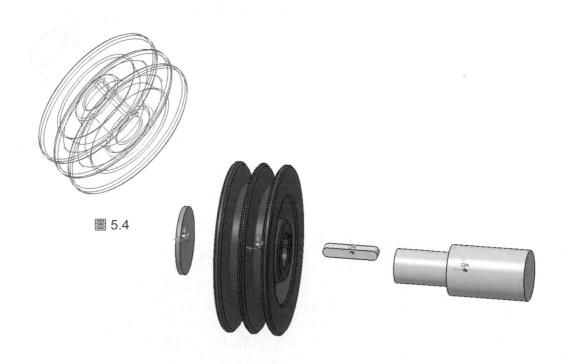；皮帶輪與軸先取同心設定 後，再分別和鍵與軸設定接觸面的限制 ；最後端板(1)與軸分別設定同心 與接觸面限制 。故四個元件組裝共計設定九個限制條件。

　　進行組裝修改時，可依需要隨時切換至元件設計模組進行元件修改後，再返回組裝設計模組進行更新即可。回元件修改有二種方式：一為直接於結構樹狀下拉元件元件特性，即於⊕處連續點二點，元件設計步驟與功能即可顯示，依所需設計變更進行修改。此方法優點在於可與裝配元件間互相配合修改，但缺點在於組裝設計模組修改時，執行時間較長。另一方式則直接回到*.CATPart 檔，於元件設計模組進行設計變更，完成後再回到組裝設計模組，需執行更新(Update) 指令即可完成。

圖 5.4

第三篇
裝配動畫模擬篇

第 1 章　開啟裝配動畫模擬模組及參數

第 2 章　裝配動畫模擬範例－皮帶輪組裝

第1章

開啓裝配動畫模擬模組及參數

垂直軸旋轉

軸向移動

水平移動

水平軸旋轉

垂直移動

軸向旋轉

　　利用 CATIA 組裝模組(Assembly)完成組裝程序，再進行數位模擬模組
DUM(Digital Mockup)中的裝配動畫模擬模組(DMU Fitting)，針對單一元件或組
件進行移動軌跡路徑的制定，模擬組合件拆裝組合路徑，並配合動畫錄製功能，
將其錄製成動畫播放執行檔，可供設計參考，提供設計者理念的說明與設備維
修組裝之強而有力的工具。

一、裝配動畫模擬模組(Generative Shpae Editor)

1. 模組視窗

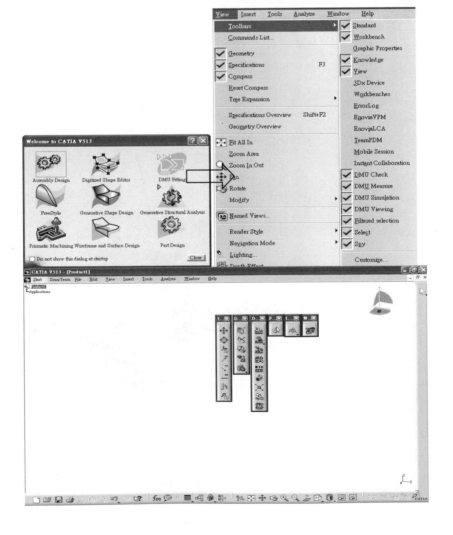

二、開啟裝配動畫模擬模組方式有二：

1. 點選工作模式圖示(Workbench Icon)中的裝配動畫模擬模組的圖示，如左下圖。

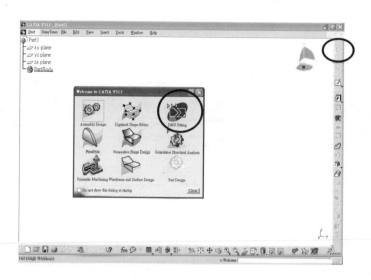

2. 已進入 CATIA 狀態中，重新啟動裝配動畫模擬模組，如上右圖。

　　(1)Start→Digital Mockup→DMU Fitting　　　　　　　　(2)Start→DMU Fitting

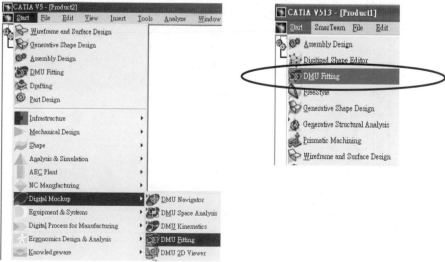
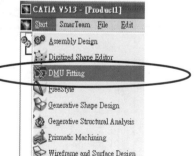

三、DMU 參數設定

1. Tools→Option→DMU Fitting→DMU Fitting

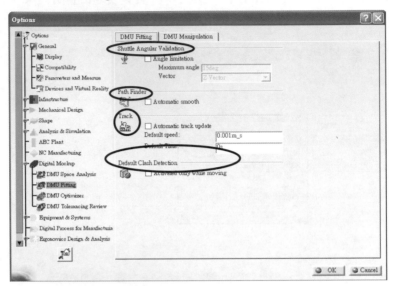

2. Tools→Option→DMU Fitting→DMU manipulation

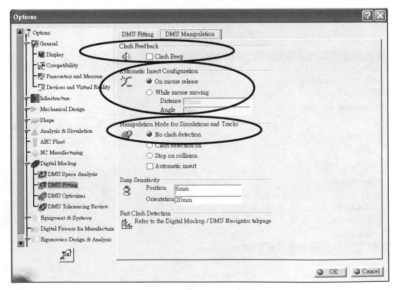

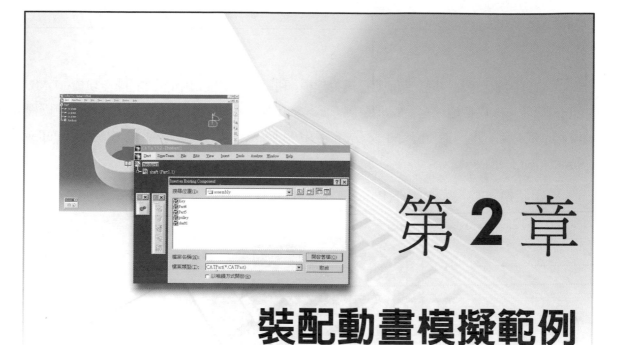

第2章

裝配動畫模擬範例

— 皮帶輪組裝

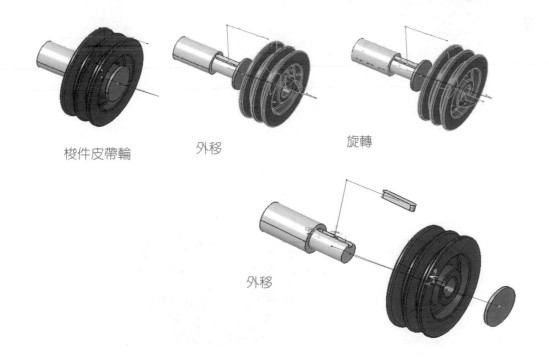

梭件皮帶輪

外移

旋轉

外移

本章針對組裝設計步驟進行動畫模擬建構，利用 DUM 模組中的裝配操作模擬 (DMU Fitting)功能，以皮帶輪已組裝完成爲例，簡易列出操作程序，供使用者參考，現就模擬程序設定依序說明，並請參閱教學光碟中組裝設計與動態模擬篇中圖例 Pulley _Simulation.CATPorduct。

一、於組裝模式載入完全組件(Pulley.CATP roduct)

二、隱藏基面與組裝限制輔助符號

於樹狀結構點取限制(Constraints)，按滑鼠右鍵 M3，再於參數表中點隱藏 (Hide/Show)，即隱藏組裝限制的輔助符號。

隱藏輔助符號

於樹狀結構各元件前的⊕處點一下，開啓元件的樹狀結構，利用鍵盤的 Ctrl 鍵同時選取三個基面(xy plane、yz plane、zx plane)、輔助面(Plane.*)與曲面元件(Open Body)等，按滑鼠右鍵 M3，於參數表中點隱藏，即隱藏基面等的輔助符號。

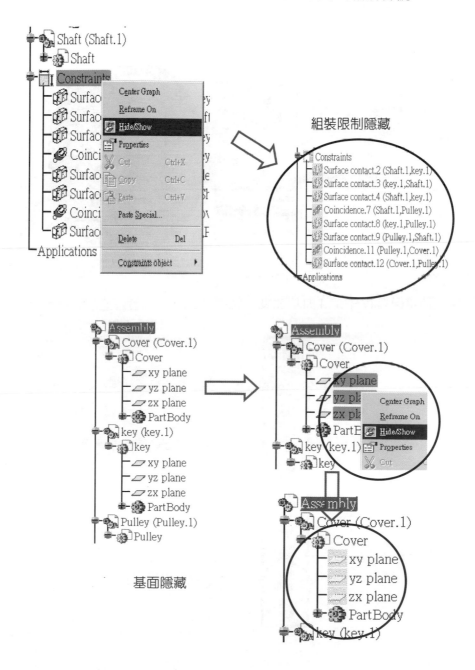

組裝限制隱藏

基面隱藏

三、進入數位模擬模組(DMU Fitting)

下拉視窗之 Start，點選 Digital Makeup 內的 DMU Fitting 或由圖是點選均可。

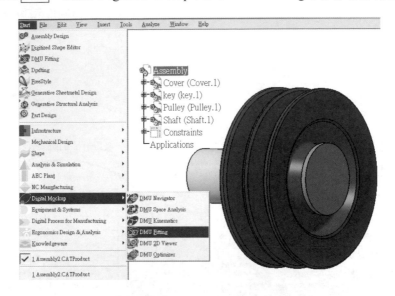

其中，動畫模擬程序 1~4 與功能鍵功能如下：

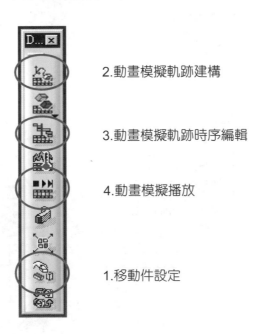

2.動畫模擬軌跡建構

3.動畫模擬軌跡時序編輯

4.動畫模擬播放

1.移動件設定

四、選取模擬移動件(Shuttle，來回移動與旋轉元件)

　　　分別點取移動件－端板、皮帶輪與鍵等三個元件，而軸件設定為固定件。即點取移動件功能鍵，出現預覽畫面與參數表，再於結構樹狀上點取端板，建立第一個移動件。同樣方法，依序點選皮帶輪與鍵，建立第二、三移動件。

2.點選移動件

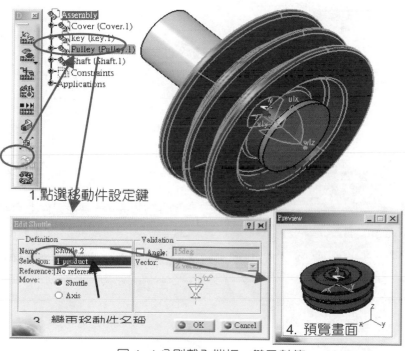

1.點選移動件設定鍵

3. 變更移動件名稱

4. 預覽畫面

同 1~4 分別載入端板、鍵及軸等

三個移動件

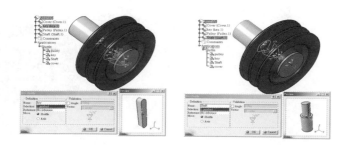

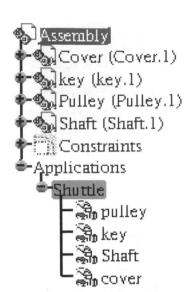

載入四個移動件

移動件設定完成，會在元件上有座標系與
手等輔助圖示。

在完成動畫模擬後，需將這些輔助圖示隱
藏，同步驟 2。

圖 2.1

圖 2.2

五、動畫模擬軌跡建構

　　物件軌跡規劃設定如下步驟，詳細說明如下。

1. 點選動畫模擬鍵

2. 點選移動件

3. 移動或旋轉移動件

4. 設定移動與旋轉量

5. 紀錄組裝軌跡規劃路徑

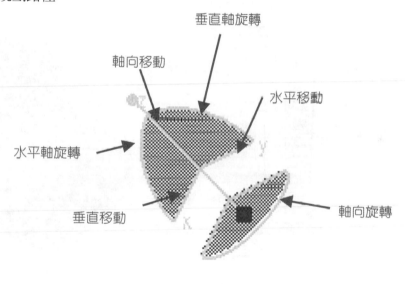

圖 2.3

◆座標系圖示移動與旋轉功能如右圖所示。

    (1)　點選軸線－移動；

    (2)　點選圓弧－旋轉；

    (3)　點選圓弧與軸線中間區域－於該平面移動。

1. 點取動畫模擬(Simulation)鍵，即出現動畫軌跡表單。

2. 於表單中，選取物件(Object)－利用滑鼠選取物件框，再於樹狀
結構中點選移動件；或直接點取移動件，即在移動件上出現座
標系圖示(又稱羅盤)，分別具有不同移動與旋轉之功能。

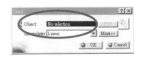

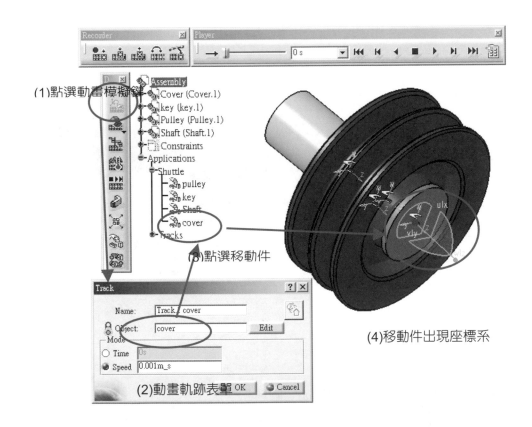

(1)點選動畫模擬鍵

(3)點選移動件

(4)移動件出現座標系

(2)動畫軌跡表單

3. 利用座標系移動或旋轉移動件，來建構動畫軌跡。設定移動件動作軌跡，分別針對下列參數進行設定：

(1) 移動端板－點選端板移動件之軸線，沿軸線往外拉動之適當距離。移動距離設定，按編輯鍵，於表單內輸入移動距離 300mm，按執行鍵(Apply new position)，使端板移動件軸向移動 300mm，再按參數表中之結束鍵，即完成端板移動。且將端板移動的動作按紀錄鍵，紀錄移動動作，於圖上即顯示移動軌跡線。

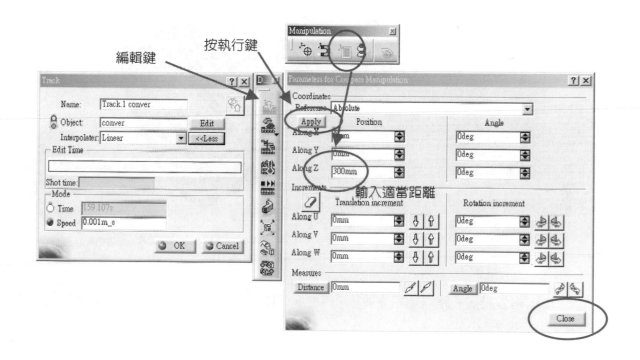

移動距離

移動軸線

(2) 撥放設定－路徑規劃完成後，即可進行播放模擬，其中撥放有下列功能鍵與參數設定：

    (i) 撥放方式－有單向一次撥放、連續撥放與來回連續撥放等三種方式進行撥放。

    (ii) 撥放時間顯示－該時間顯示目前正撥放時間。

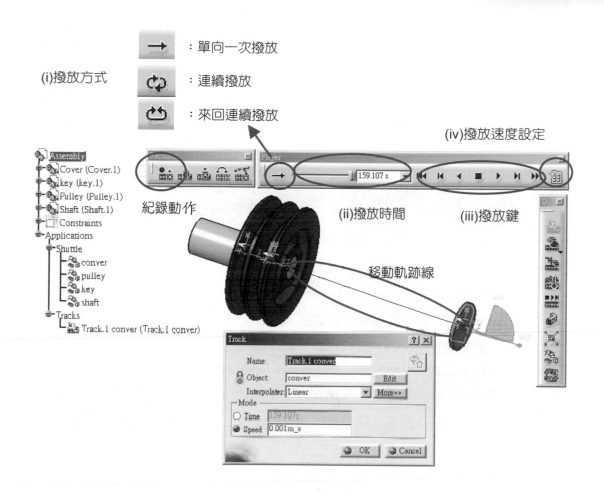

(iii) 撥放鍵－與一般 CD 撥放相同。

(iv) 撥放速度設定－按此鍵將出現參數表單，需設定撥放間距時間(Time Step)
與每一步停頓時間(Temporization)。而撥放間距時間係在設定整條撥放軌跡
撥放步驟數，即移動或旋轉軌跡撥放步驟數＝ 撥放時間/撥放間距時間，如
撥放時間爲 20 秒，撥放間距時間設定爲 2 秒，則整條撥放軌跡由 10 步完成。
其中，撥放時間在時序編輯(Edit Sequence)時設定。每一步停頓時間係使模
擬時，能有足夠時間來觀察組裝步驟。

撥放速度設定

撥放間距時間

每一步停頓時間

移動或旋轉軌跡撥放步驟數 ＝ 撥放時間/撥放間距時間

其中，撥放時間於

(3)　平移與旋轉皮帶輪－同(1)，點選皮帶輪，先軸向移動 50mm，紀錄皮帶輪軸向移動；再以軸線為旋轉軸，依右手旋向正轉 15 度，於編輯件之表單輸入旋轉角，並記錄皮帶輪旋轉；再以軸線為旋轉軸，依右手旋向逆轉 15 度，於編輯件之表單輸入旋轉角，並記錄皮帶輪旋轉；再軸向移動至 80mm 處，記錄皮帶輪軸向移動；如此，模擬皮帶輪組裝動作，完成皮帶輪組裝軌跡規劃路徑，如下頁圖所示。

(4)　移動方鍵－先垂直上移方鍵，使其脫離軸之鍵槽；再沿軸之軸向移動 50mm。

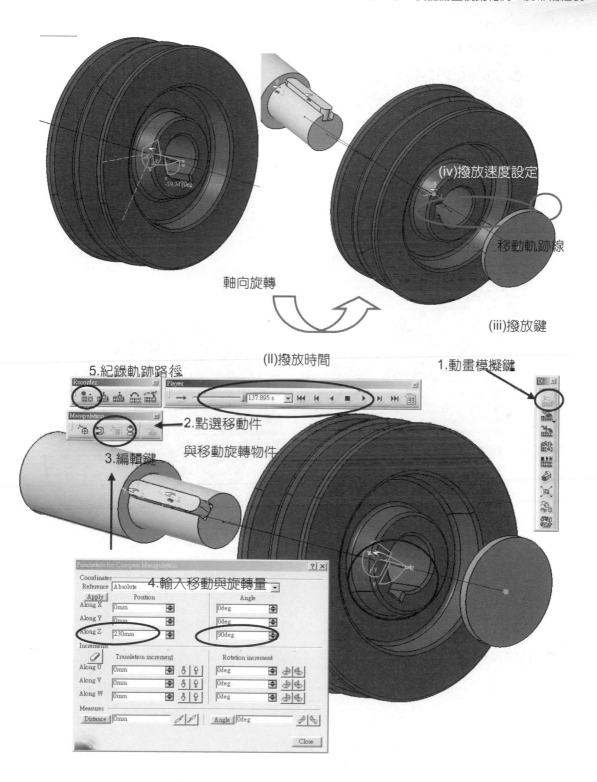

經皮帶輪組裝步驟：

● 端板沿軸向外移；

● 皮帶輪外移，並做旋轉對心，再外移；

● 方鍵垂直脫離鍵槽，再外移。

於樹狀結構有三條動畫模擬軌跡(Track1、2、3)，分別為端板、皮帶輪與方鍵等三移動件之組裝軌跡。

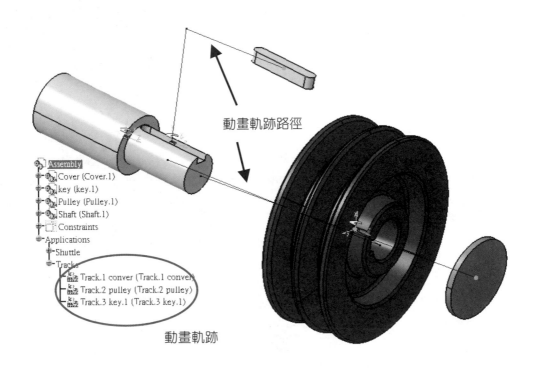

動畫軌跡路徑

動畫軌跡

六、動畫模擬軌跡編輯

由步驟五已規劃三條動畫模擬軌跡，可經由軌跡編輯完成不同動作模擬。首先，點選軌跡編輯鍵，即出現表單，需設定下列項目：

1. 載入編輯動作路徑－將欲編輯動作路徑載入或移除，即利用右移或左移鍵進行。若三條路徑同時選取後，一並載入；與一條一條選取的載入，二種載入方式於撥放時有不同動作。前者三條路徑一同撥放，後者則依序撥放。

2. 編排動作路徑順序－依據組裝動作順序，利用上移或下降等功能鍵進行編排；

3. 設定撥放時間－依據組裝動作快慢，設定該動作路徑撥放時間。此時間於撥放時，與
   步驟五的 3.(2)撥放設定，來決定軌跡撥放步驟數。

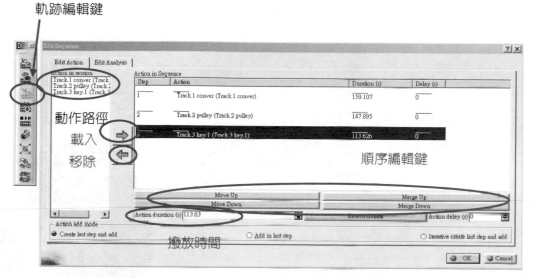

三條路徑同時載入，三條路徑同時撥放

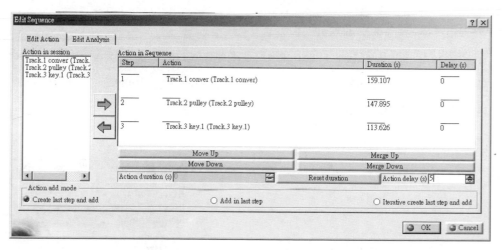

三條路徑依序載入，三條路徑依序撥放

七、動畫模擬撥放

於樹狀結構點選路徑時序(Sequence)，再點選撥放鍵，撥放功能鍵與參數設定參考步驟五的 3.(2)撥放設定。其中，撥放功能鍵可分為組裝與拆裝動作模擬二種。

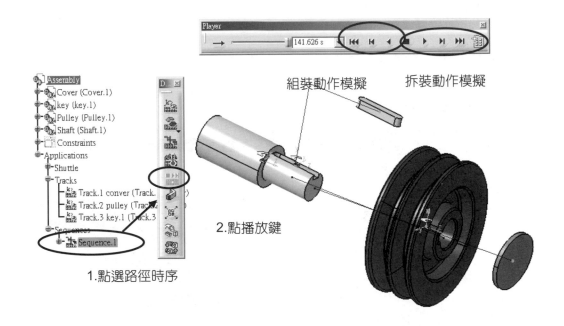

1.點選路徑時序

2.點播放鍵

組裝動作模擬　　拆裝動作模擬

八、動畫模擬影片檔(AVI)製作

製作影片檔前，需將移動件(Shuttle)、動作軌跡(Tracks)與動作時序(Sequence)等隱藏，如下頁上圖。再於視窗工具列 Tools 下拉表單，移至 Image，右選 Video，即出現影片檔紀錄功能鍵表(Video Recorder)，如下頁下圖。

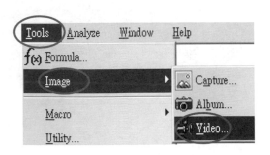

隱藏移動
件、動作軌跡
與動作時序

按影片檔紀錄功能鍵與設定參數之前，需先開啓撥放檔，即先於樹狀結構點選動作
時序，再按撥放鍵，使撥放方式與快慢速度先行設定完成，等候錄製。

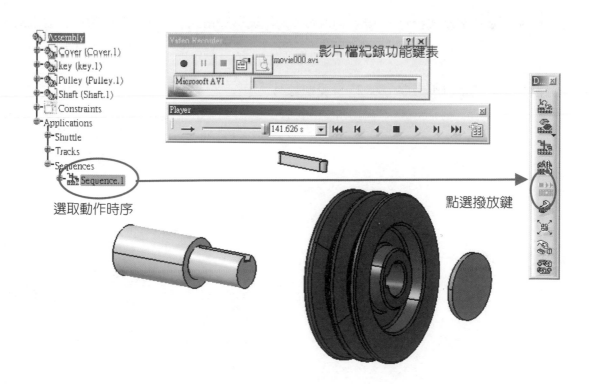

影片檔紀錄功能鍵表

選取動作時序

點選撥放鍵

影片檔紀錄功能鍵表中，按紀錄鍵即出現紀錄參數表。該參數表中需設定下列參數：

1. 影片檔案格式－選取 Microsoft AVI

2. 存檔位置－指定檔案資料夾存檔位置與檔案名稱擷取(Capture)設定－

3. 擷取範圍－有如下五種範圍可選取

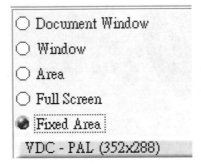

4. 游標顯示與否－取消游標顯示，可在錄製過程中，旋轉物件至適當視角

5. 影片壓縮檔案格式設定－選取 MPEG-4 的壓縮影片格式，其占的記憶體比其他格式來得小

6. 畫面擷取間格個數畫面－取 25 個畫面較為平順

紀錄鍵

1.影片檔格式

2.存檔位置與名稱

3.擷取範圍

4.游標顯示與否

5.壓縮檔案格式

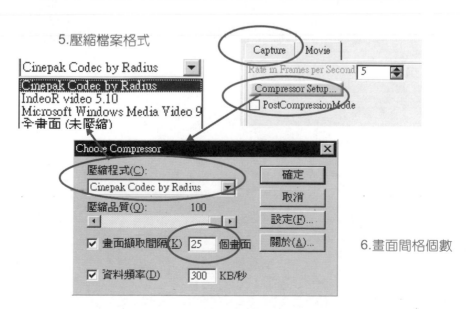

6.畫面間格個數

完成錄製參數,按確定後,即開始錄製。在此同時進行撥放,故在錄製之前需開啓撥放功能鍵,其中分組裝與拆裝動畫模擬,其按鍵順序如下圖所示。

組裝模擬撥放程序

拆裝模擬撥放程序

錄製完成後,到檔案總管,點該動畫模擬影片檔(*.AVI)連續按二次,即撥放組裝動畫模擬。

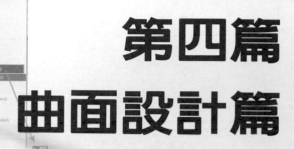

第四篇
曲面設計篇

第 1 章　曲面設計建構基本觀念

第 2 章　工具列介紹

第 3 章　曲面功能鍵運用範例介紹

第 4 章　實例介紹

第 5 章　演　練

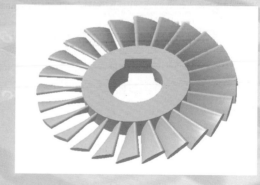

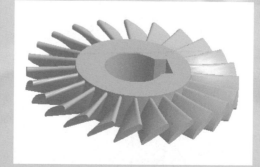

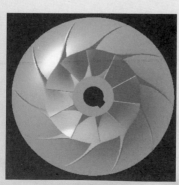

第 1 章

曲面設計建構基本觀念

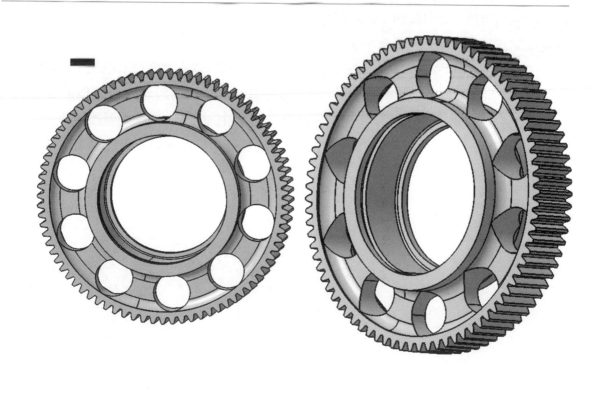

　　曲面模組開啓曲面設計係針對曲面建構進行設計，其功能與元件設計相似，但最大差異在於平面繪圖建構。元件設計模組係針對封閉曲線(Closed Curve)，而曲面設計模組乃針對開放曲線(Opened Curve)或封閉曲線；另一方面元件設計模組建構為一實體，曲面設計模組係建構一曲面。但曲面設計模組亦可變換進入元件設計模組，將曲面長成實體元件。曲面實體建構流程圖所示。

　　CATIA 在曲面設計，具有較強的功能，目前廣泛應用在航太業、汽車業、家電業、模具業等等。CATIA 提供了造形設計模組(Generative Shape Design)、網面設計模組(Wireframe and Surface Design)、自由曲面(Freestyle)及數位造形編輯模組(Digital Shape Editor)四種製作曲面的功能，其中造形設計模組和網面設計模組功能幾乎雷同，只有少部分略有不同。而自由曲面設計功能的彈性更為廣寬，再配合數位造形編輯模組來讀取點群數位資料，可進行研發設計之實體建構。

　　以圓錐台體為例，元件設計模組於平面繪圖模組(Sketch)須繪製一封閉梯形與一位於梯形高的迴轉軸，再回原件設計模組利用迴轉體功能鍵，進行直接建構一圓錐台體；而曲面設計則利用造形設計模組，於平面繪圖模組繪製一斜線與迴轉軸，再回造形設計模組進行曲面迴轉建構一圓錐面，而圓錐曲面本身不具實體及厚度，接著再進入元件設計模組，進行曲面封閉實體成一圓錐台體或長厚成一圓錐薄壁體。故在實際設計時，二者可進行互換，利用不同模組來進行實體建構。在結構樹狀上，於元件設計模組建構於實體模式(PartBody)，而造形設計模組則建構於曲面模式(Open Body)。二模組可互換建構，通常只用曲面模組建構曲面，再利用元件設計模組長成實體，並將曲面予與隱藏(Hide/Show)，得一完整實體。

曲面實體建構流程圖

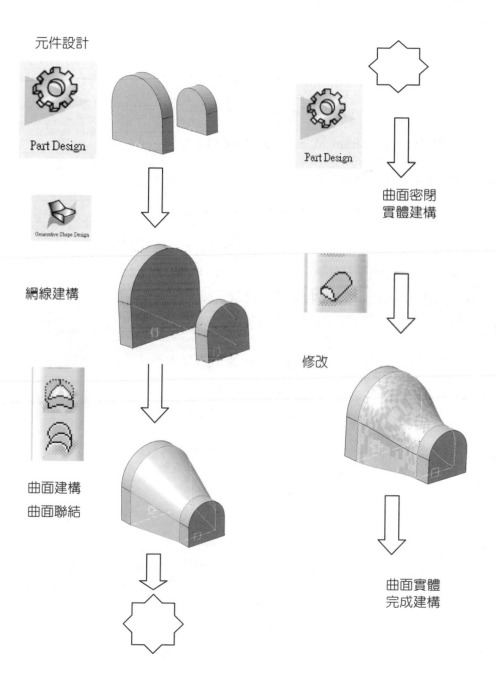

元件設計

Part Design

Generative Shape Design

網線建構

曲面建構
曲面聯結

曲面密閉
實體建構

修改

曲面實體
完成建構

　　一般而言，市面上甚多的套裝軟體，均以不同的應用性質來開發軟體的功能，並以模組方式組成，最後再整個包裝起來，成為一套裝的軟體工具。使用者可依需求購買個人所需的軟體模組來使用，一方面除了可節省費用，亦不會佔用 PC 的主記憶體(RAM)太大，影響速率。

　　軟體工具往往提供多種方法來啟動及載入所需的模組，CATIA 也不例外，現以精簡畫面來表示四種曲面設計模組的啟動畫面及各曲面載入方法，分述如下：

一、造形設計模組(Generative Shpae Editor)

二、網面設計模組(Wireframe & Surface Design)

三、自由曲面設計模組(FreeStyle)

四、數位造形設計模組(Digital Shape Editor)

　　其中，自由曲面設計模組設計變化甚大，靈活性高，依據設計者的理念進行設計繪製，故實體繪製取決於設計者的理念。而元件設計模組建構實體，其設計理念與步驟差異性較小。亦即自由曲面設計模組自由度較高，可調性較大，元件設計模組則較為基本而變異性不大。

　　故本篇先針對造形設計與網面設計兩模組舉例說明，其餘待進階篇再行討論。

一、造形設計模組(Generative Shpae Editor)－利用本設計模組進行曲面建構

1. 模組視窗

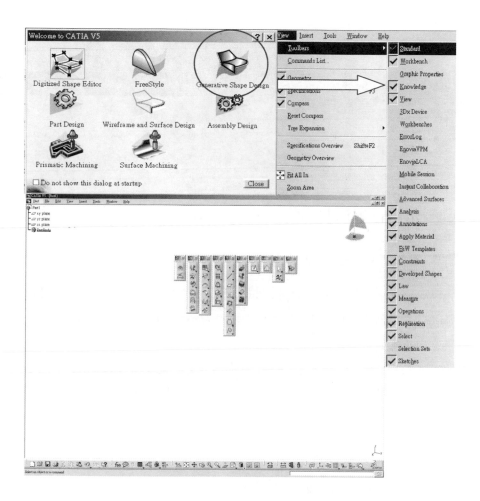

2.開啓造形設計模組方式有三：

(1) 點選工作模式圖示(Workbench Icon)中的造形設計模組的圖示，如左下圖。

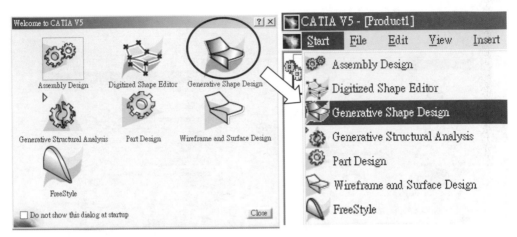

(2) 已進入 CATIA 狀態中，重新啓動造形設計模組，如上右圖。

　　　Start→Generative Shape Design

(3) 在 CATIA 狀態中，開啓造形設計模組之工作模式。當第一次進入造形設計模組，建立元件時，於結構樹狀會產生一新的 Geometrical Set 1　工作件，即於曲面設計模式下進行元件建構。

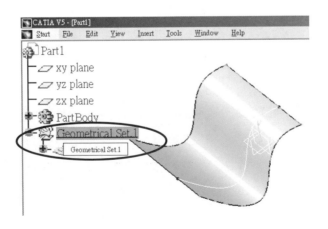

3　已進入 CATIA 狀態中，開啓另一種新的 Shape Part 工作組件，重新啓動造形設計模組，
　　於曲面設計模式下進行元件建構如圖所示。

File→New→Shape

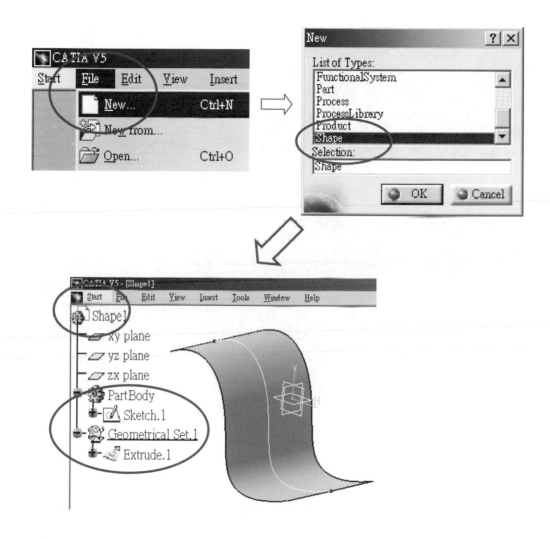

二、網面設計模組(Wireframe & Surface Design)－本模組與造形設計模組相似

1. 模組視窗

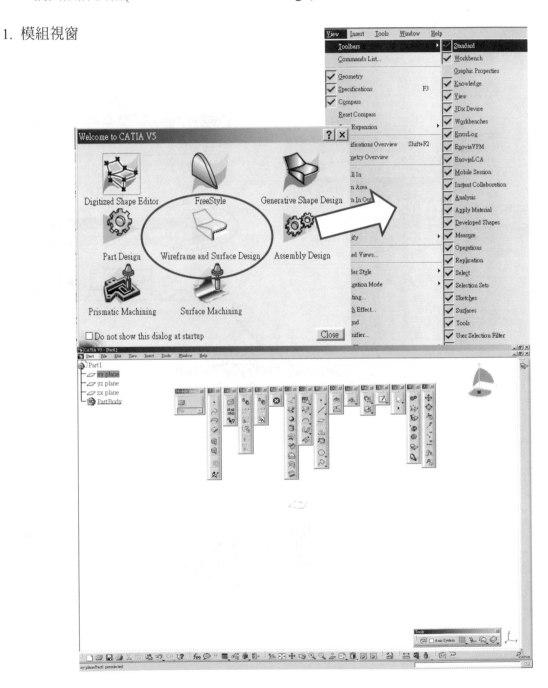

2. 開啓網面設計模組方式有三：

    (1) Workbench Icon 工作模式圖，如左下圖。

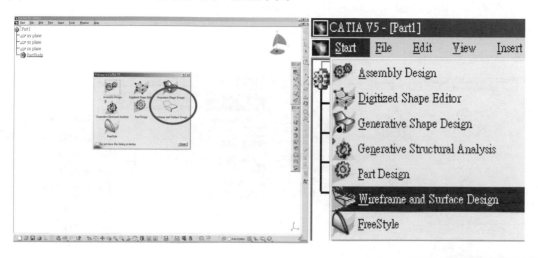

    (2) 已進入 CATIA 狀態中，重新啓動網面設計模組，如圖。

          Start→Wireframe & Surface Design

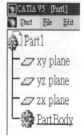

    (3) 在 CATIA 狀態中，開啓網面設計模組的工作模式。當進入網面設計模組建立元件時會產生一新的 Geometric Set.1 工作件。

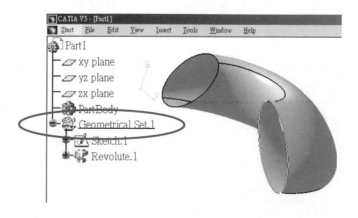

三、自由曲面設計模組(FreeStyle)－利用此設計模組進行曲線面嵌合、修整與分析(包括距離、曲率半徑等分析)

1. 模組視窗

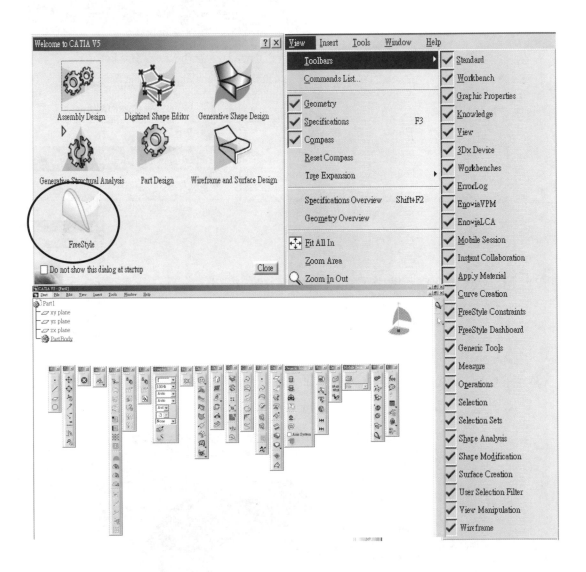

2. 開啓 FreeStyle 方式有三：

(1)　Workbench Icon 工作模式圖，如左下圖。

(2)　已進入 CATIA 狀態中，重新啓動 FreeStyle，如上右圖。

　　　Start→FreeStyle

(3)　在 CATIA 狀態中，開啓 FreeStyle 工作模式。當第一次進入 FreeStyle 建立元件時會產生一新的 Geometrical Set.1 工作組件。

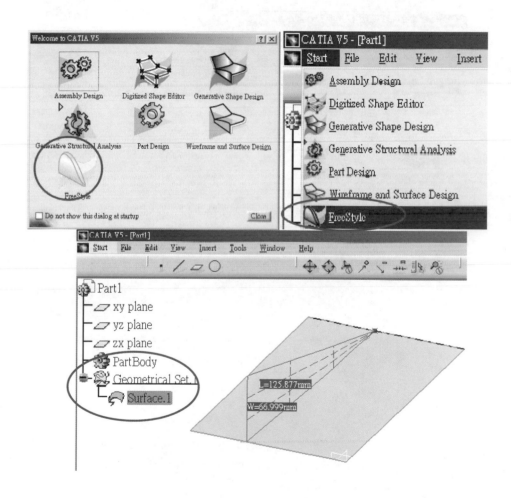

四、數位造形設計模組(Digital Shpae Editor)－利用本設計模組進行資料讀取

1. 模組視窗

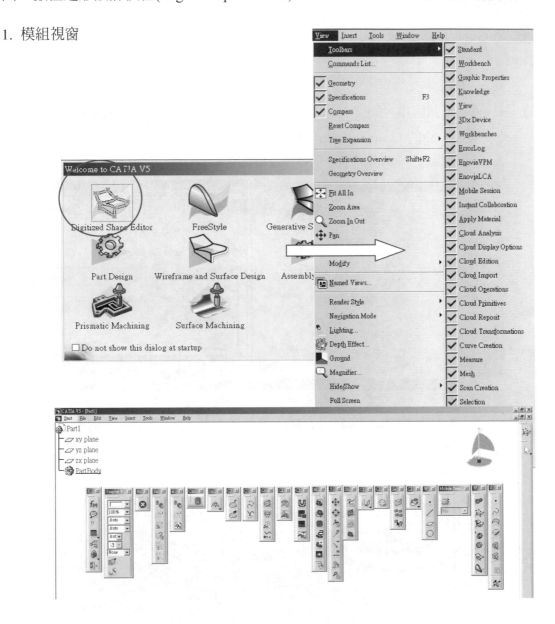

2. 開啓數位造形設計模組方式有三：

(1)　Workbench Icon　工作模式圖，如左下圖。

(2)　已進入 CATIA 狀態中，重新啓動數位造形設計模組，如上右圖。

　　Start→Digital Shape editor

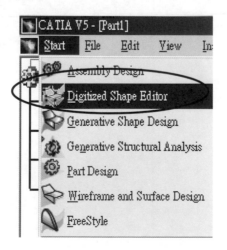

(3)　在 CATIA 狀態中，開啟數位造形設計模組的工作模式。當第一次進入數位造形
　　　設計模組建立元件時會產生一新的 Geometrical Set.1 工作組件。

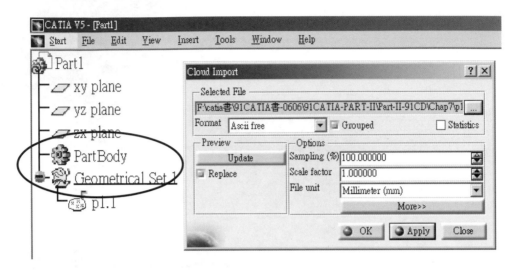

　　上述所列各模組與元件設計模組(Part Design)五種模組之間，可依設計方式作模組間
的切換、依設計的規格尺寸將格線進行大小改變與解析度參數值變更等，當然可直接修改
參數值而變更設計。

第 2 章

工具列介紹

在 3D 模式下，使用工具列的方式可分為兩種，一為將工具列圖示(icon)呈列於桌面上，另一則可直接在 CATIA 桌面上的工具列的選單中直接點選使用(隱藏工具列)。為便於使用者參考使用，本章儘量將工具列中的圖示列出說明，但由於 CATIA 功能甚多，恐有疏漏，敬請指正。本章分為三單元：單元一是依照使用者習性不同，選取(View)檢視方式開啟工具列中的圖示並將圖示排列放置在桌面的右側，上側或下側，讓桌面顯示最大空間進行元件繪置，開啟圖示種類依設計者所需再開啟，若不須使用的圖示予與關閉，讓畫面空間最大，須要用到時再開啟。單元二為直接選取 Insert　輸入方式開啟工具列，單元三為使用工具列注意事項。現依照各單元分述如下：

一、顯示工具列圖示於桌面

1. 造形設計模組(Generative Shpae Editor)

　(1)　Surfaces

　(2)　Operations

　(3)　Analysis

　(4)　Constraints

　(5)　Law

　(6)　Tools

　(7)　Replication

　(8)　Wireframe

　(9)　Advanced Surfaces

2. 網面設計模組(Wireframe & Surface Design)

　(1)　Wireframe

　(2)　Surfaces

　(3)　Surface Machining Tools

　(4)　Replication

　(5)　Operations

3. 自由曲面設計模組(FreeStyle)

 (1) Surface Creation

 (2) Shape Analysis

 (3) Curve Creation

 (4) Operations

 (5) Generic Tools

 (6) View Manipulation

 (7) Shape Modification

 (8) FreeStyle Dashboard

 (9) Wireframe

 (10) GraphicProperties

 (11) Selection

4. 數位造形設計模組(Digital Shape Editor)

 (1) Cloud Import

 (2) Cloud Display Options

 (3) Cloud Analysis

 (4) Curve Creation

 (5) Cloud Operations

 (6) Cloud Primitives

 (7) Scan Creation

 (8) Cloud Edition

 (9) Cloud Tessellation

 (10) Cloud Reposit

二、選取 Insert 輸入方式開啓工具列

1. 造形設計模組(Generative Shpae Editor)

2. 網面設計模組(Wireframe & Surface Design)

3. 自由曲面設計模組(FreeStyle)

4. 數位造形設計模組(Digital Shape Editor)

三、使用工具列注意事項

一、顯示工具列圖示於桌面

1. 造形設計模組(Generative Shpae Editor)

Generative Shape Design

造形設計是學會基本 Part Design 後，真正進入 CATIA 繪製操作的模式，已開始與其他套裝軟體明顯的差異。相關的工具列如下：

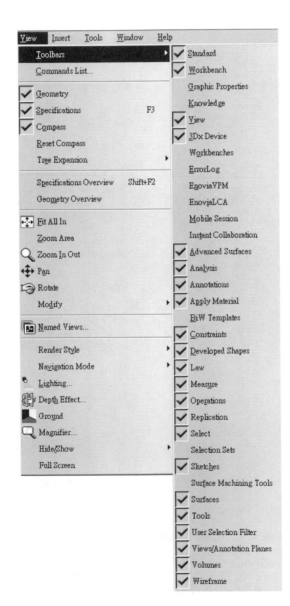

(1)　Surface 曲面

建構曲面所提供的工具如 Extrude、Revolve、Offset、Sweep 等等與 Part Design 模組的功能近似，只是在不同的模組下，使用不同的工具列。

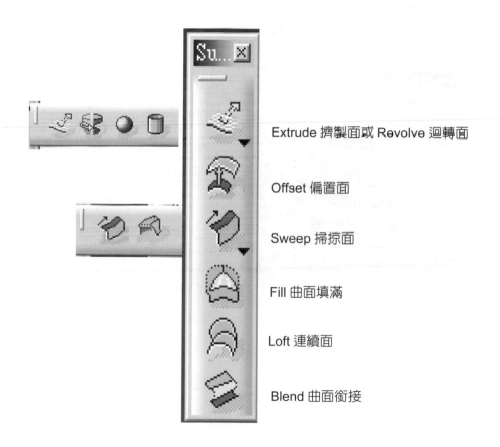

Extrude 擠製面或 Revolve 迴轉面

Offset 偏置面

Sweep 掃掠面

Fill 曲面填滿

Loft 連續面

Blend 曲面銜接

(2) Operation 執行

本項功能主要在將不同的曲面作適當的修整、結合、旋轉、尋邊界及對稱等功能，利於調整曲面的幾何外廓，再作進一部的處理。

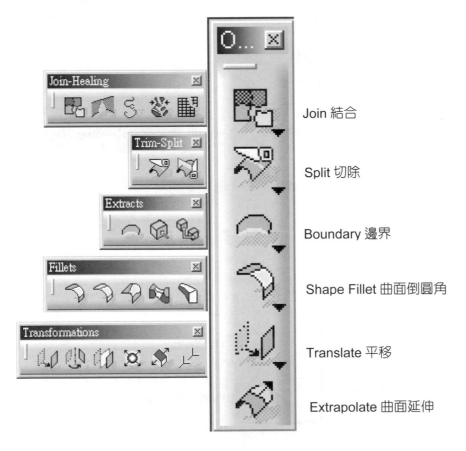

Join 結合

Split 切除

Boundary 邊界

Shape Fillet 曲面倒圓角

Translate 平移

Extrapolate 曲面延伸

(3)　Analysis 曲面分析

提供不同的曲面間距的分析

Analysis 分析

(4)　Constraints 限制

本項功能與元件設計模組(Part Design)功能中的限制工具列一樣

Constraint 尺寸限制

Constraints Defined in dialog Box

於對話框中定義限制

(5) Law 規則

使用者可自行定義一些演算規則或計算公式，依需求來核算。

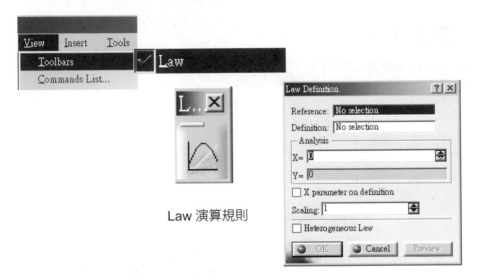

Law 演算規則

(6) Tools 工具組

本功能在 3D 模式下，可進行更新、查看結構樹狀檢視先前設計的過程、或鍵入目錄中等等。

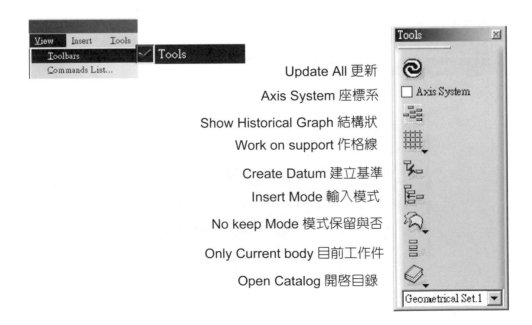

Update All 更新

Axis System 座標系

Show Historical Graph 結構狀

Work on support 作格線

Create Datum 建立基準

Insert Mode 輸入模式

No keep Mode 模式保留與否

Only Current body 目前工作件

Open Catalog 開啟目錄

(7)　Replication 複製&摺疊

提供對稱性的複製、點與面的複製、存入資料庫等模式，屬於經常用到的工具列。

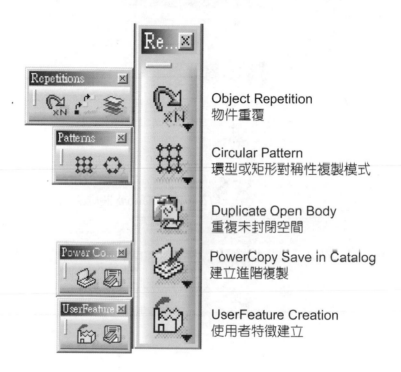

Object Repetition
物件重覆

Circular Pattern
環型或矩形對稱性複製模式

Duplicate Open Body
重複未封閉空間

PowerCopy Save in Catalog
建立進階複製

UserFeature Creation
使用者特徵建立

(8) Advanced Surfaces 曲面進階功能

提供使用者可自行定義進階曲面等工具列。

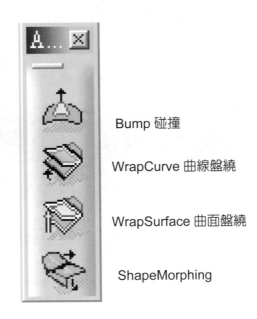

Bump 碰撞

WrapCurve 曲線盤繞

WrapSurface 曲面盤繞

ShapeMorphing

(9)　Wireframe 網面

　　在建立曲面圖形時，常常需用到點、線、邊界等等工具來輔助曲面表面的處理。

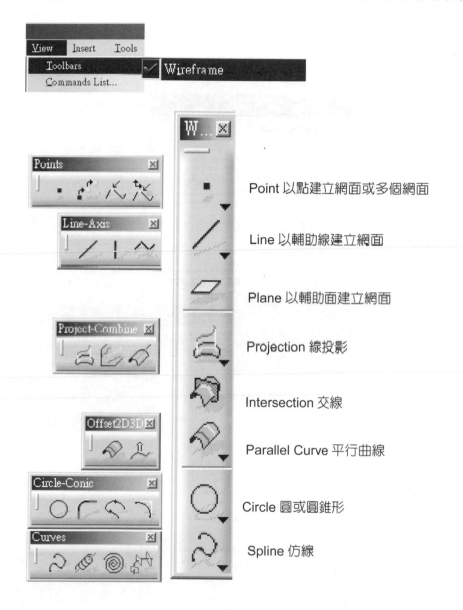

Point 以點建立網面或多個網面

Line 以輔助線建立網面

Plane 以輔助面建立網面

Projection 線投影

Intersection 交線

Parallel Curve 平行曲線

Circle 圓或圓錐形

Spline 仿線

2. 網面設計模組(Wireframe & Surface Design)

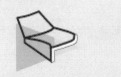

Wireframe and Surface Design

網面設計模組與造成設計模組兩者的功能幾乎相近,唯有少許的小差異,使用者僅需注意這部分,即能應用自如。

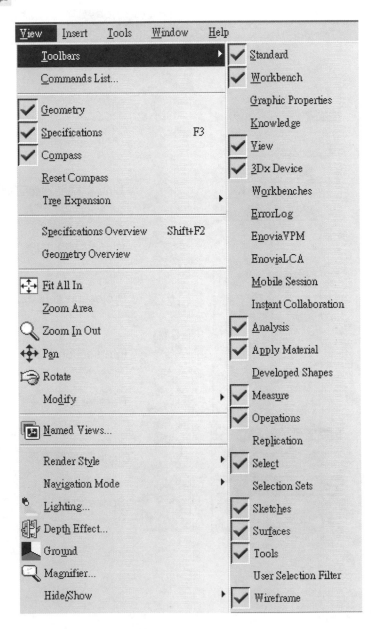

(1) Wireframe 網面

在建立曲面圖形時，常常需用到點、線、邊界等等工具來輔助曲面表面的處理，此部份與造形設計模組一樣。

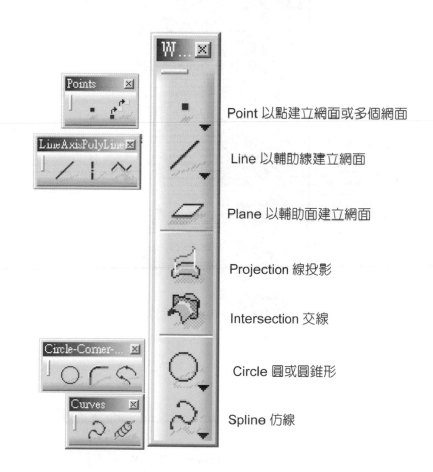

Point 以點建立網面或多個網面

Line 以輔助線建立網面

Plane 以輔助面建立網面

Projection 線投影

Intersection 交線

Circle 圓或圓錐形

Spline 仿線

(2) Surface

本模組的功能與造形設計模組幾乎相近，多出迴轉面及球面兩種功能。

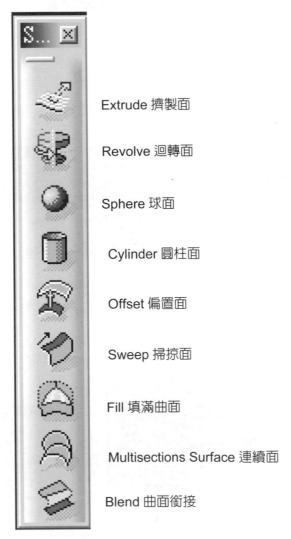

Extrude 擠製面

Revolve 迴轉面

Sphere 球面

Cylinder 圓柱面

Offset 偏置面

Sweep 掃掠面

Fill 填滿曲面

Multisections Surface 連續面

Blend 曲面銜接

(3) Operations 執行

本項功能利於調整曲面的幾何外廓，除了少 Shape Fillet 功能外，與造形設計模組
功能一樣。

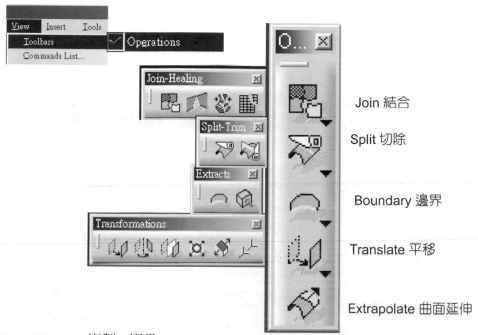

Join 結合

Split 切除

Boundary 邊界

Translate 平移

Extrapolate 曲面延伸

(4) Eplication 複製&摺疊

較造形設計模組少了一項複製主體(Open Body)功能，其餘相同。

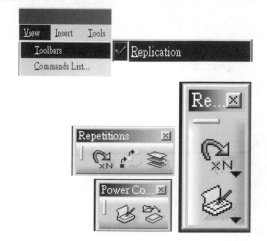

Object Repetition 物件重覆

PowerCopy Save in Catalog
建立多重複製

3. 自由曲面設計模組(FreeStyle)

FreeStyle

本模組是一組彈性非常大的曲面設計模組，可直接在 3D 空間上繪製直線、曲線，再用抽置(Extrude)的工具列長出曲面，配合其他功能及能建構實體，是一非常方便的功能。

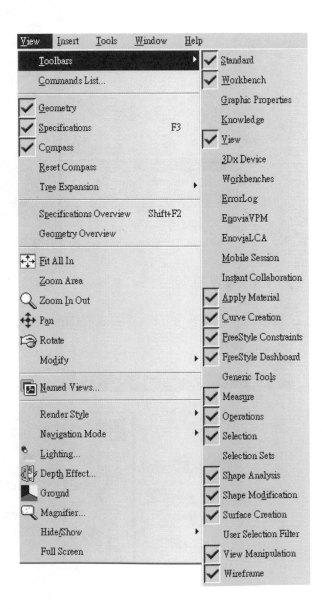

(1)　Surface Creation

曲面的建立，可進行曲面的修補、偏置、延伸及銜接等等各種功能。

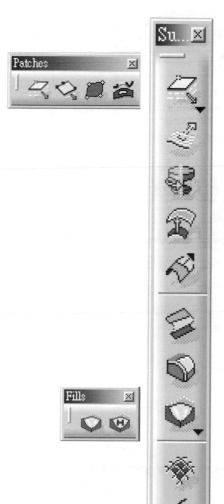

Planar Patch 點建構

Extrude Surface 擠製面

Revolve 迴轉面

Offset 偏置面

Styling Extrapolate 曲面延伸

Freestyle blend Surface 曲面銜接

ACA Fill 曲面填滿

Fill 曲面填滿

Net Surface 網格面

Styling sweep 掃掠面方式

(2) Shape Analysis 造型曲面分析

提供曲面與曲面間需作接合或修補時，各項的曲率分析，利用切割面協助幾何外廓的處理等，是一非常有效用的工具列。

Connect Checker 接合核對

Distance Analysis 距離分析

Porcupine Curvature Analysis 曲率分析

Cutting Plane 切面

Reflection Lines 反射線

Inflection Lines 轉折線

Highlight Lines Analysis 加強線分析

Curvature Mapping Analysis 曲率分析

Environment mapping Analysis 環境對應分析

(3)　Curve Creation 曲線建構

　　　建立各型曲線製作幾何物件。

3D Curve 曲線

Curve on Surface 曲面上的曲線

Project Curve 投影曲線

Styling Corner 圓角曲線

Match Curve 延續曲線

Freestyle Blend Curve 銜接曲線

(4)　Operations 執行

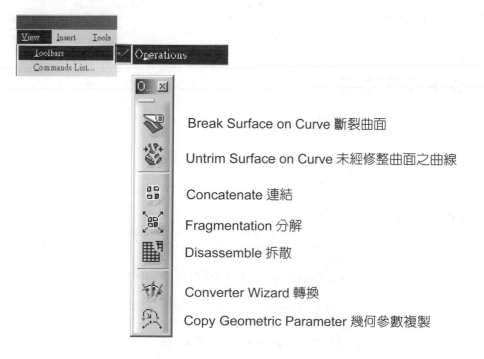

Break Surface on Curve 斷裂曲面

Untrim Surface on Curve 未經修整曲面之曲線

Concatenate 連結

Fragmentation 分解

Disassemble 拆散

Converter Wizard 轉換

Copy Geometric Parameter 幾何參數複製

(5) Generic Tools 工具統稱

Apply dress-up 顯示選項應用

Remove visualization Options 移除選項

Visual Symmetry 對稱顯示

Geometric Information 幾何訊息

Quick Compass Orientation 快速座標系定位

Update All 全部更新

Axis System 座標系

Work on support 3D

(6) View Manipulation 查看操作

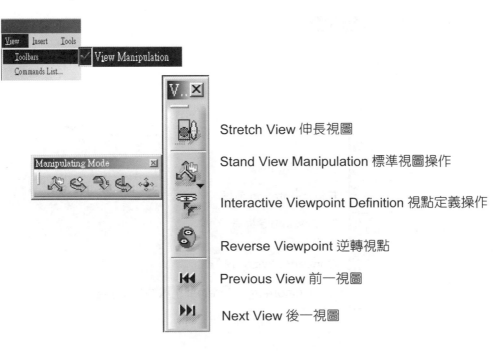

Stretch View 伸長視圖

Stand View Manipulation 標準視圖操作

Interactive Viewpoint Definition 視點定義操作

Reverse Viewpoint 逆轉視點

Previous View 前一視圖

Next View 後一視圖

(7)　Shape Modification 修改造型設計

若想修改造型曲面，本項工具提供曲面控制點修改，符合幾何外廓的曲面建立等等，是非常實用及方便的功能。

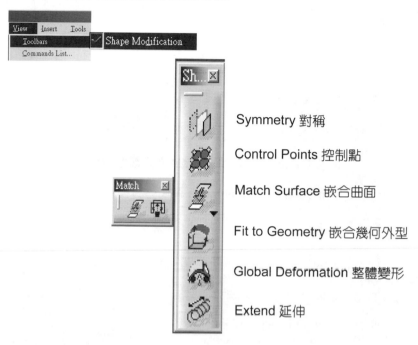

Symmetry 對稱

Control Points 控制點

Match Surface 嵌合曲面

Fit to Geometry 嵌合幾何外型

Global Deformation 整體變形

Extend 延伸

(8)　Wireframe 網面

此部份與造形設計模型一樣，但少了 6 項功能。

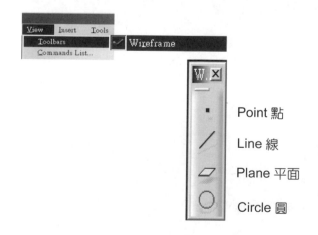

Point 點

Line 線

Plane 平面

Circle 圓

(9) FreeStyle Dashboard 自由曲面功能表

Create Datum 建立基準

Keep Original 保留原始資料

Insert a new Geometrical set 新增幾合組

Temporary analysis Mode 暫時分析模組

Snap On Vertex 擷取頂點

Snap On Edge 擷取邊界

Snap On Cpt 擷取控制點

Snap On Segment 擷取線段

No Attenuation 沒有衰減

Low Attenuation 緩慢

Middle Attenuation 中度

High Attenuation 高度

Continuity 連續性

Contact Points 接觸點

Tensions 張力

U,V Orders U,V 順序

Furtive Display Furtive 顯示

(10) Graphic Properties 幾何特性

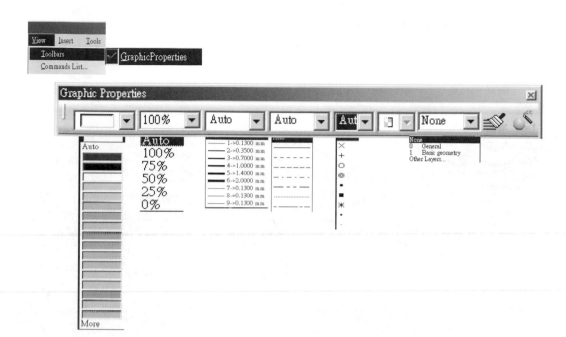

(11) Selection 選項

Select 選項

Selection Tra 選擇區塊

Intersecting Trap 相交部區塊

Polygon Trap 多邊形區塊

Paint Stroke Selection 劃線選擇

Outside Trap Selection

Intersecting Outside selecting

二、選取 Insert 輸入方式開啟工具列

1. 造形設計模組(Generative Shpae Editor)

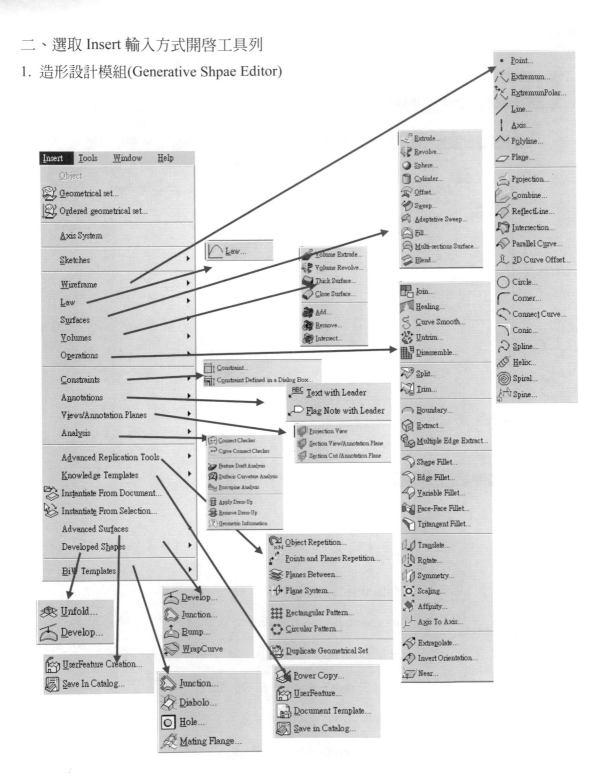

2. 網面設計模組(Wireframe & Surface Design)

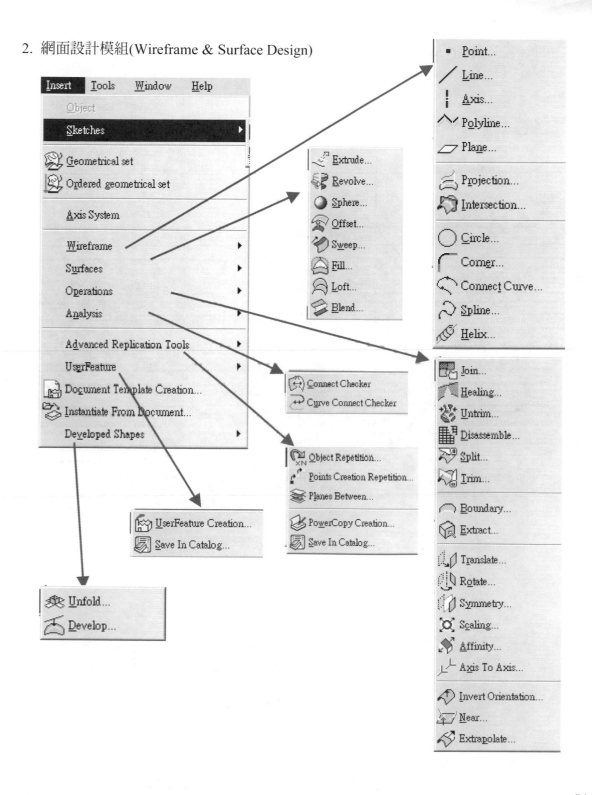

3. 自由曲面設計模組(FreeStyle)

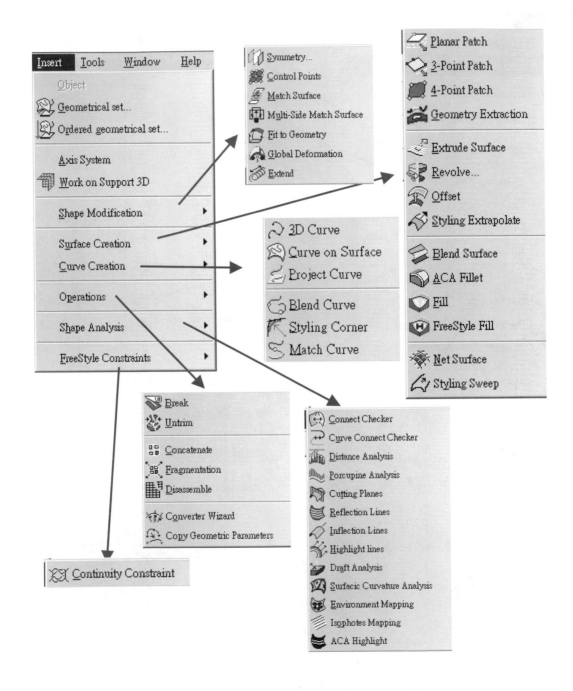

4. 數位造形設計模組(Digital Shape Editor)

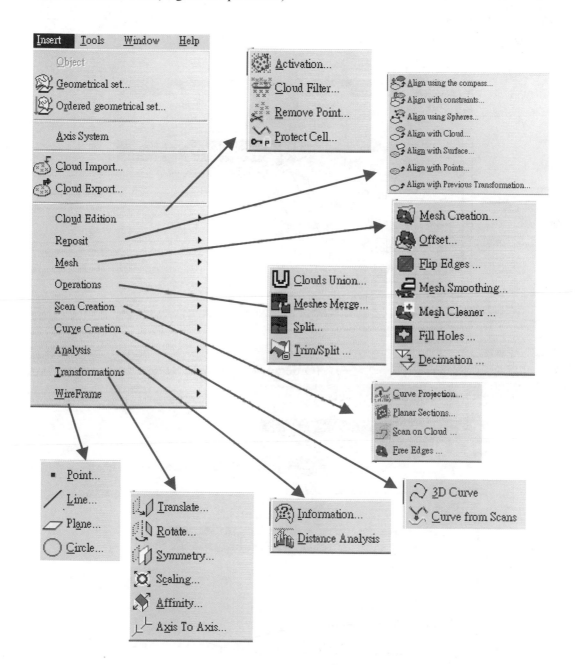

三、使用工具列注意事項

1. 輸入工具列 Insert

(1) 進入平面工作模式(Sketcher)

Insert→Geometrical Set

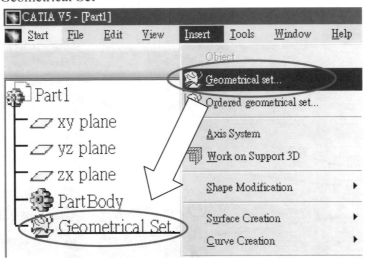

(2) 開啓一新的工作組件模式之視窗(Ordered geometrical Set)

Insert→Ordered geometrical set

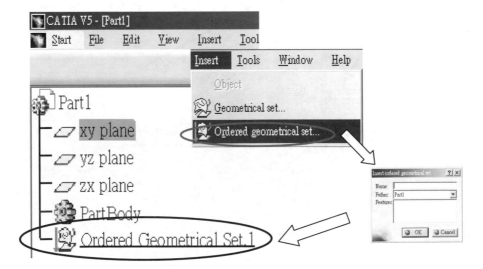

2. 以 Point 建立座標點方式有六種，如下所列。

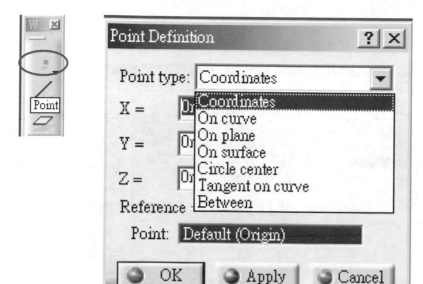

3. 建立 Line 方式有以下數種模式

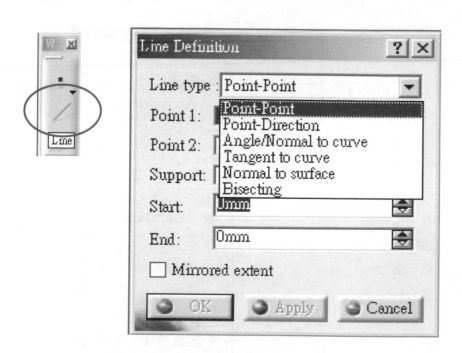

4. 建構補助面

(1) 平移面

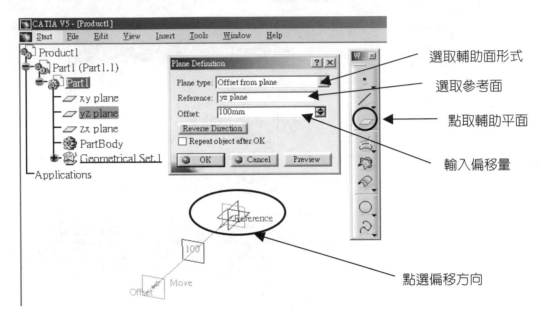

建構輔助面有下列方式：

a. 基面偏置

b. 過點基面偏置

c. 夾角基面

d. 過三點

e. 過二線

f. 過點與線

g. 過平面曲線

h. 曲線正交面

i. 相切曲面

j. 面方程式

k. 近數點面

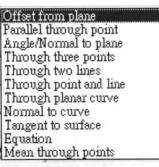

(2) 旋轉補助面

－建構旋轉軸：點 A(0,0,0)與點 B(0,0,100)，再聯結 A 與 B 二點，成 $\overline{AB}$ 線。

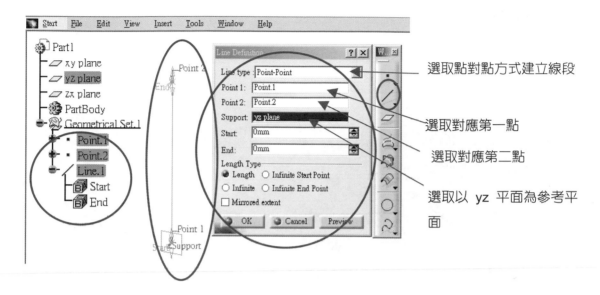

選取點對點方式建立線段

選取對應第一點

選取對應第二點

選取以 yz 平面為參考平
面

－建構旋轉補助面

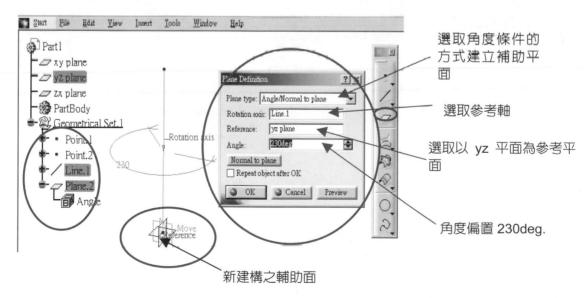

選取角度條件的
方式建立補助平
面

選取參考軸

選取以 yz 平面為參考平
面

角度偏置 230deg.

新建構之輔助面

5. 投影(projection)

(1) 選取投影功能鍵。

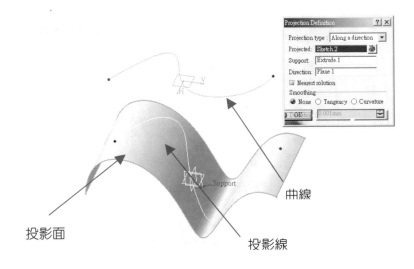

投影面

曲線

投影線

(2) 於投影參數表，點取投影方式、外廓曲線與投影面，即完成該曲線投影於曲面上之曲線。投影方式分正投影與沿特定方向投影，而特定方向需先訂定該方向線或一平面。

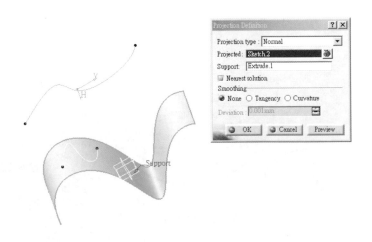

(3) 於結構狀組成元件連續點二點，即可進入各元件進行修改。

6. 相交(Intersection)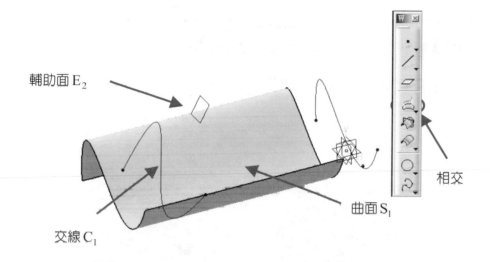

做一輔助面－做二點 A(0,0,0)、B(0,1,0)，連接 AB 直線，以 AB 為軸，與 XY 基面呈 $60°$，做一輔助面 E_1，在沿該輔助面平移 5mm，得一輔助面 E_2。

(1)　在 YZ 基面上，建一曲線 C_1；並沿 YZ 基面延伸，得一曲面 S_1。

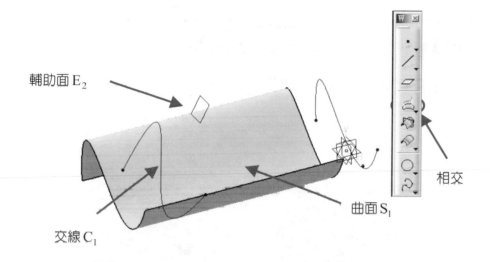

輔助面 E_2

交線 C_1

曲面 S_1

相交

(2)　曲面 S_1 與輔助面 E_2 間之交線為曲線 C_2。

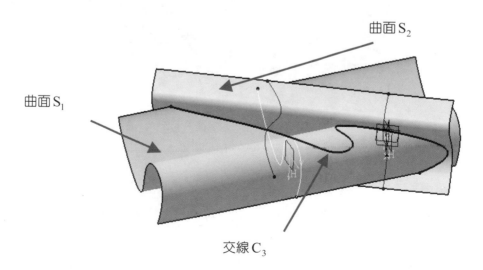

曲面 S_2

曲面 S_1

交線 C_3

7. 擠製曲面(Extrude Surface)

本項功能與元件設計之實體擠製(Pad)相似。

其最大差異是擠製出的曲面並非是實體，如欲建立實體，仍需轉換至設計元件模組去建構。

(1) 先建構一曲線(於元件設計或造形設計模式進行)。

(2) 建構擠製基線，亦可以基面或平面之方向當擠製基線。

(3) 選取擠製曲面之功能鍵。

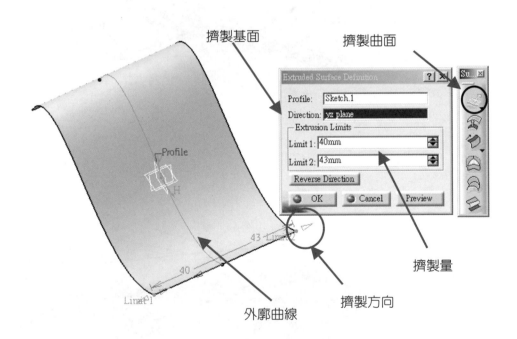

(4) 於擠製參數表，點取外廓曲線、擠製基線、設定擠製方向與輸入擠製量，即完成一曲面。

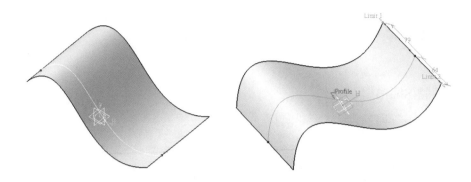

(5) 於結構狀組成基件連續點二點，即可進入各基件之參數表進行修改。

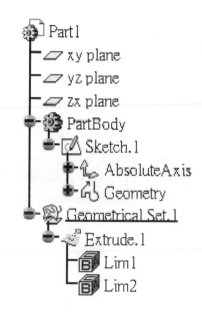

注意：

　　擠製量 1(Limit1)係沿擠製方向擠製的量，擠製量 2(Limit2)係沿擠製反方向擠製的
量。擠製方向可利用 MB1 點擠製方向之箭頭，即可改變方向。或輸入負擠製量，亦
是改變其方向。

8. 迴轉曲面(Revolution)

與元件設計之迴轉體(Shaft)相似。

(1) 先建構一曲線(於元件設計或造形設計模式進行)。

距離或比率設定為零，即為曲線之端點

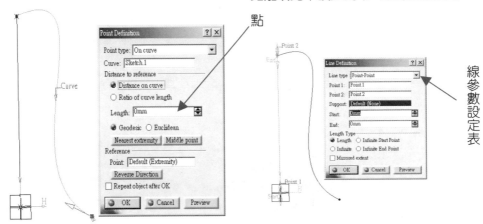

(2) 利用點之功能鍵訂定曲線端點；再利用線之功能鍵，聯結原點，建構迴轉軸。

(3) 選取迴轉面之功能鍵。

(4) 於迴轉面參數表，點取外廓曲線、迴轉軸、設定迴轉方向與輸入迴轉角度，即完成一曲面。

(5) 於結構狀組成基件連續點二點，即可進入各基件進行修改。

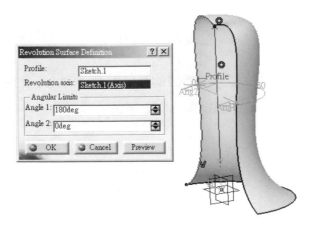

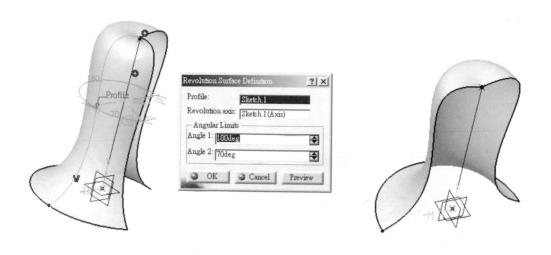

9. 偏移(Offset)

選取偏移之功能鍵，於偏移參數表，點取偏移外廓曲面、輸入偏移量與設定偏移方向，即完成一偏移曲面。

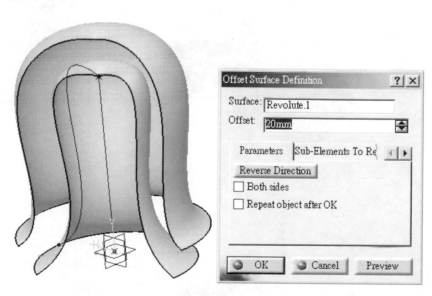

10. 刪除凸出另一曲面部分(Split)

注意被切曲面點取時,需點取欲保留面。被切曲面在切曲面之另一面之區域,將被去除。

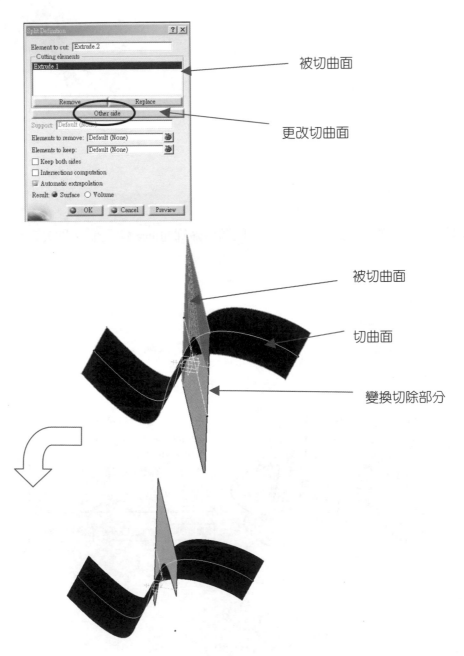

被切曲面

更改切曲面

被切曲面

切曲面

變換切除部分

11. 去除多餘曲面部分(Trim)

    此功能與 Split 磊同，可用預覽(Prview)查看所去除的面是否正確，若否可點選 Other side of element1 or Other side of elements 進行調整。

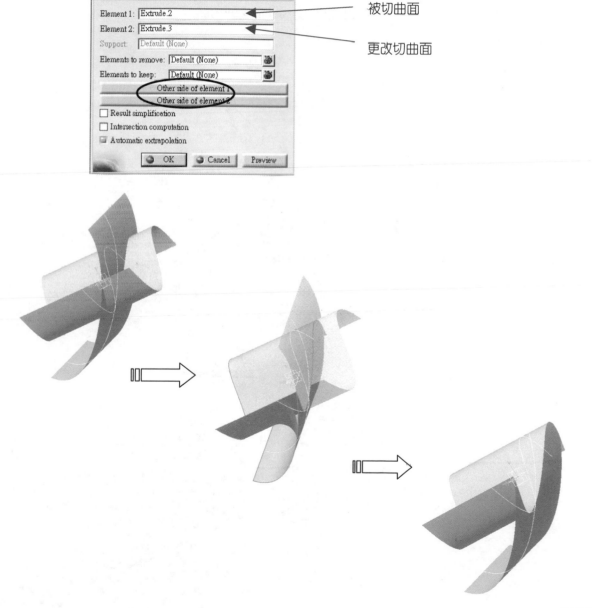

被切曲面

更改切曲面

12.　倒角和倒圓角

倒角功能包括去除多餘邊界曲面。

(1)　先建二曲面，如圖所示。一為平面，另一為曲面。

(2)　利用倒角功能鍵，分別點取二曲面，但注意曲面方向，來決定倒角之位置。改變方向係利用 MB1 點曲面之箭頭即可。

(3)　於資料表中輸入半徑值，再按確定，即完成倒角。

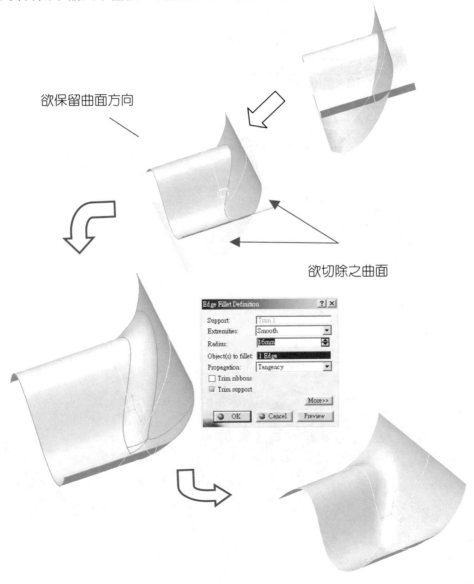

欲保留曲面方向

欲切除之曲面

第3章

曲面功能鍵運用範例介紹

步 驟		建構說明	功能鍵
1	建構上曲面	1.於 zx 基面建構一 C1 圓弧(100 弦長×20 弦高，弦位置 60mm) 2.建構一輔助面，距 zx 基面 150mm 3.於輔助面建構一 C2 圓弧(80 弦長×10 弦高，弦位置 20mm) 4.於二圓弧中點建一空間點 5.繪製二圓弧間變化導線 6.利用連續面建立二圓弧間依導線變化之上曲面	
2	建構下曲面	於 zx 基面建構下曲面之曲線 利用曲面擠製，沿 y 軸方向擠出 150mm	
3	建構邊界面	1.於 zx 基面，繪製一邊界線 L1 2.於 xy 基面，繪製一導線 S3 3.利用掃掠面建構邊界面 I 4.利用曲面對稱建構邊界面 II。	
4	去除多餘區域	1.移除上曲面與邊界面 I 多餘部分 2.移除上曲面與邊界面 II 多餘部分 3.除下曲面於邊界面外側多餘部分	
5	建構前後端部曲面	1.於 xy 基面繪製圓弧仿線，延伸至超過上下曲面，並移除多餘部分，建構前端部曲面 2.於 yz 基面繪製圓弧仿線，延伸至超過二邊界面，並移除多餘部分，建構後端部曲面	
6	各曲面交接處倒圓角	1.上曲面四周邊界線處倒圓角 15mm 2.下曲面、前後端曲面設定倒圓角 15mm	
7	改變外型	分別修改上曲面與邊界面的導線	

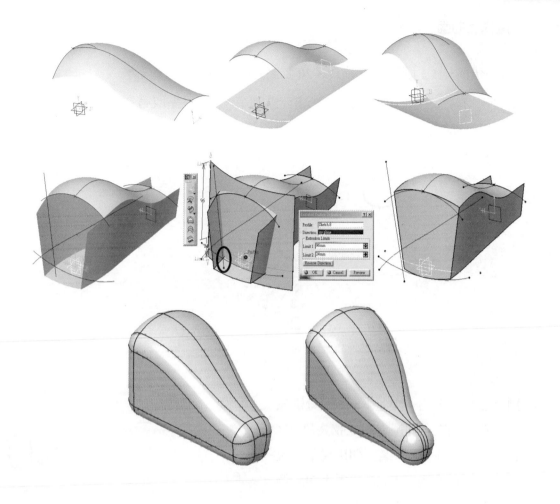

步驟一　建構上曲面

1. 於 zx 基面建構一 C1 圓弧(100 弦長×20 弦高，弦位置 60mm)

　(1) 畫圓弧－點選三點圓弧功能建，於畫面點選第一點；再點取第二點，位於直立軸上，會出現輔助線與同心圓輔助符號；再點選第三點，與第一點位於直立軸之異側。

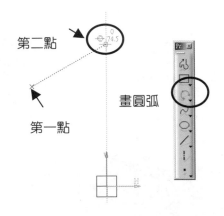

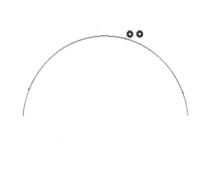

　(2) 標定弦長與方位－點選限制鍵，分別點選圓弧二端點，即出現圓弧弦長尺寸；對長度尺寸連續點二點，即出現下圖尺寸圖框，再輸入 100mm。再重複點選限制鍵、點圓弧二端點的動作，出現弦長尺寸時，畫面會出現紫色線條，即重複標定該尺寸。此時按滑鼠右鍵，即出現功能鍵框，點選對稱線(Allow symmetry line)，再點選直立軸，圓弧即以直立軸為中心左右對稱。

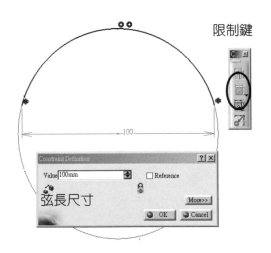

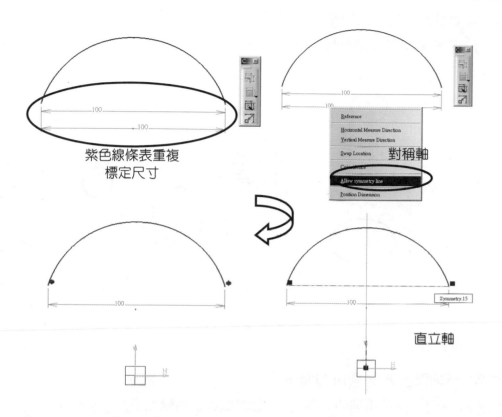

(3)　標定弦位置－點選限制鍵，再點取圓弧一端點與水平軸，弦位置尺寸即可顯示，並
　　　進行 60mm 的標定。

圓弧端點

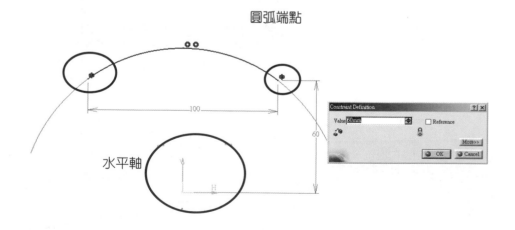

(4) 標定弦高－點選限制鍵，再點取圓弧中點與水平軸，尺寸即顯示，並進行 80mm 的標定(弦高加弦位置尺寸)。

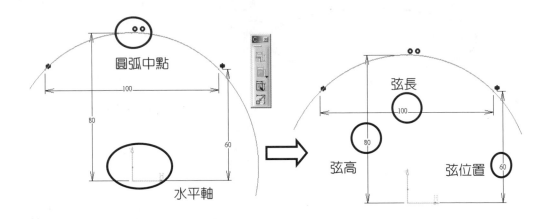

2. 建構一輔助面，距 zx 基面 150mm

點選 zx 基面，再點選輔助面功能鍵，於參數表框內變更平移量 150mm。

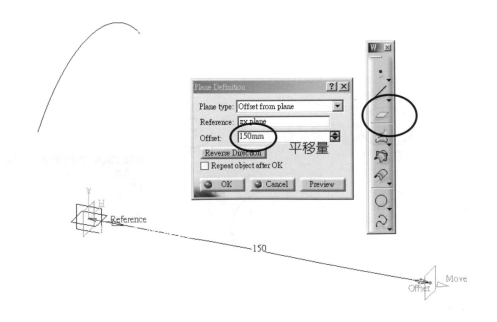

3. 於輔助面建構一 C2 圓弧(80 弦長×10 弦高，弦位置 20mm)

　　同 1.，依相同步驟繪製另一圓弧。

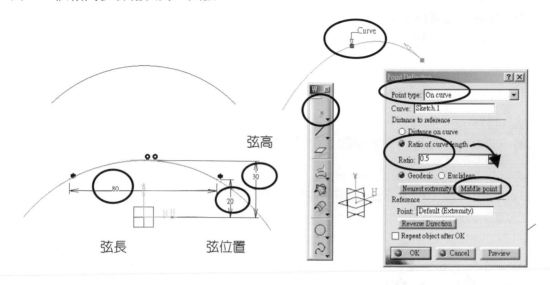

4. 於二圓弧中點建一空間點

　　點選點功能鍵，再點圓弧，即於參數表框內，點的型式為在曲線上(On curve)，並點選
　　中點(Middle point)，如右上圖所示。同方法於另一圓弧建一中點，如右圖所示。

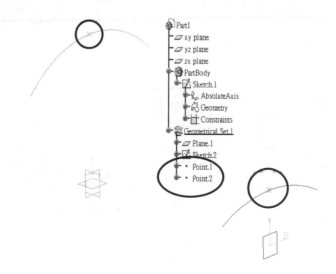

5. 繪製二圓弧間變化導線

    (1)   點選 yz 基面，進入繪製草圖模式(Sketch)；

    (2)   點選仿線鍵(Spline)，依圓弧變化趨勢繪製一條導線 S1；

    (3)   點選尺寸限制功能鍵(Constraint)，點取導線的端點與對應圓弧中點，即顯示二點間之距離尺寸，此時按滑鼠右鍵，即出現參數功能表框，點選一致鍵(Coincidence)，則導線端點與對應圓弧中點將接合在一起，且出現二小圓之輔助符號；

    (4)   導線另一端端點與對應圓弧中點，同(3)的操作方法設定，使導線落在圓弧中點上；

    (5)   點選導線，拖曳導線上的控制點，即可改變導線之趨勢外形。

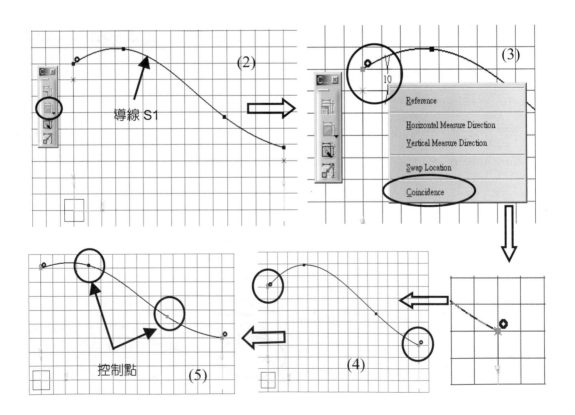

6. 利用連續面功能建立二圓弧間依導線變化之上曲面

　　點選連續面(Lofted Surface)功能鍵，出現參欄表框；分別點選二圓弧截線；再用滑鼠左鍵點選下欄導線，使功能移至導線設定，然後點選導線，即完成連續面的上曲面參數設定。須注意二截線的方向要一致，否則會發生曲面扭轉。

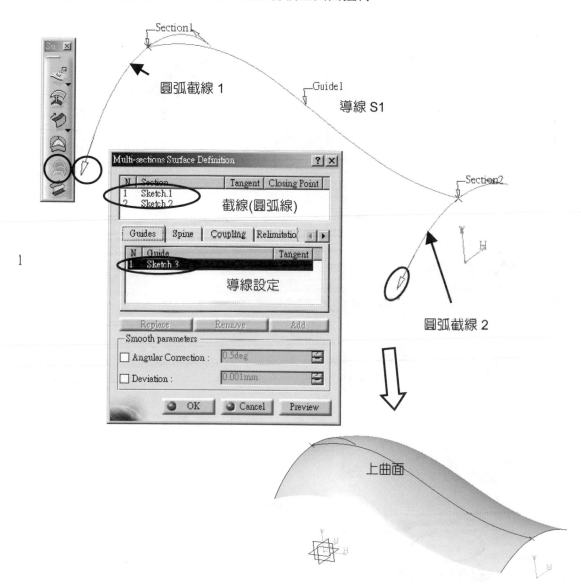

步驟二　建構下曲面

　　於 zx 基面建構下曲面之曲線，並利用仿線的控制點來調整曲線外型；再回實體模組，利用曲面擠製功能鍵，沿 y 軸方向擠出 150mm，即完成下曲面建構。

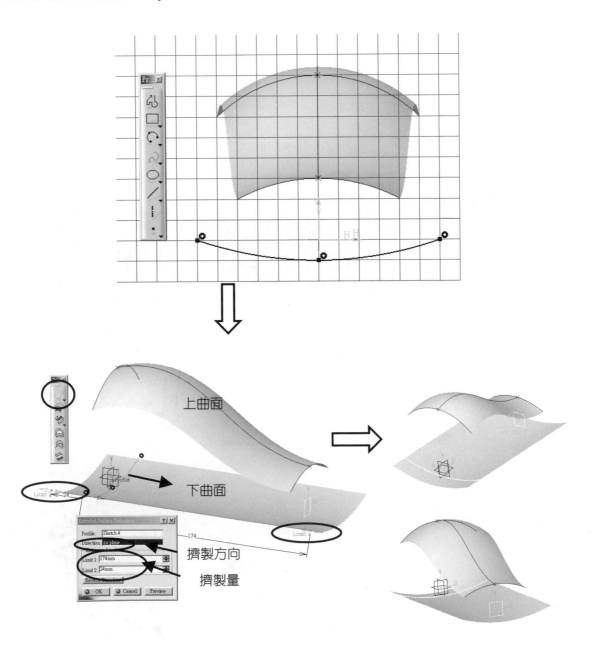

步驟三　建構邊界面

1. 於 zx 基面，利用直線功能鍵繪製一邊界線 L1，如左下圖；

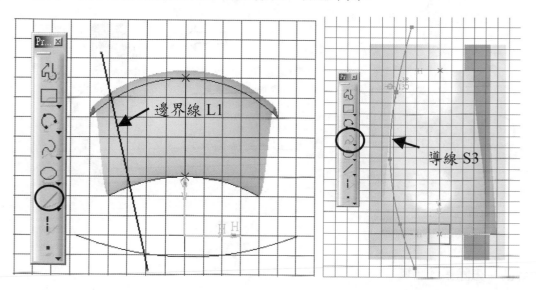

2. 於 xy 基面，利用仿線功能鍵繪製一導線 S3，如右上圖；
3. 利用掃掠面(Swept surface)功能鍵，建構邊界面

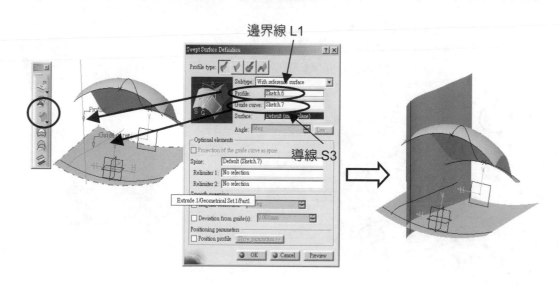

4. 利用對稱功能鍵(Symmetry)，點選 yz 基面為對稱面，建構另一邊界面。

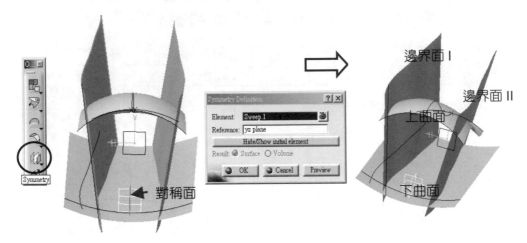

步驟四　去除多餘區域

　　利用移除功能鍵，分別將各曲面間多餘部分移除。

1. 移除上曲面與邊界面 I 多餘部分，保留上曲面於邊界面 I 右側部分，與邊界面 I 位於上
曲面下方部分；即點選移除(Trim)功能鍵，再分別點選各曲面保留區域；

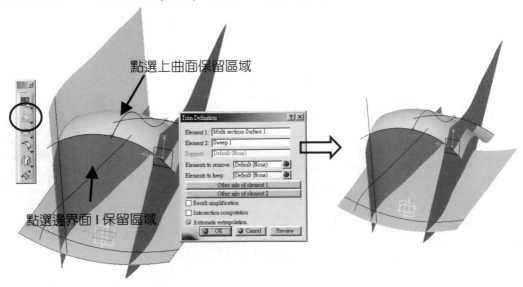

2. 移除上曲面與邊界面 II 多餘部分，保留上曲面於邊界面 II 左側部分，與邊界面 I 位於上曲面下方部分；操作同 1.。若點選錯邊，則點選該曲面另一側參數鍵。

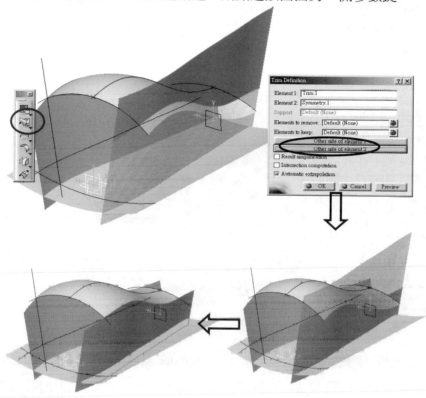

3. 除下曲面於邊界面外側多餘部分，保留位於中間部分區域；並移除二邊件面超出下曲面的部分。

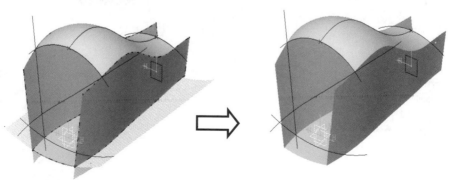

步驟五　建構前後端部曲面

1. 於 xy 基面繪製一圓弧仿線,再利用延伸(Extruded Surface)功能鍵沿 xy 基面方向延伸,繪製前端部曲面,而延伸量利用箭頭外拉至超過上下曲面;再利用移除鍵將多餘部分去除。

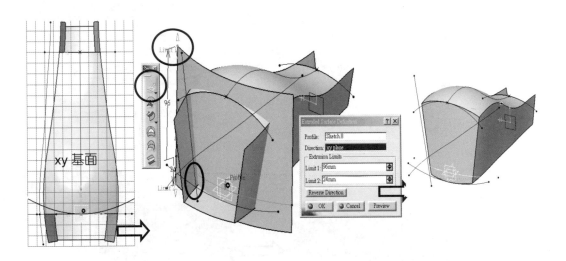

2. 於 yz 基面繪製一圓弧仿線,再利用延伸(Extruded Surface)功能鍵沿 yz 基面方向延伸,繪製後端部曲面,而延伸量利用箭頭外拉至超過二邊界面;再利用移除鍵將多餘部分去除。

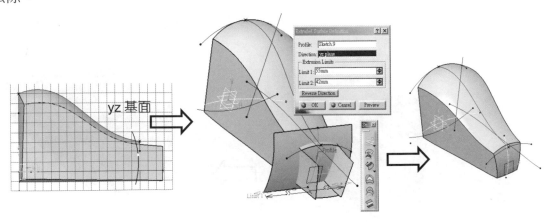

步驟六　各曲面交接處倒圓角

1. 點選邊界圓角(Edge Fillet)功能鍵，在點取上曲面，設定圓角為 15mm，則於上曲面四周邊界線處倒圓角；

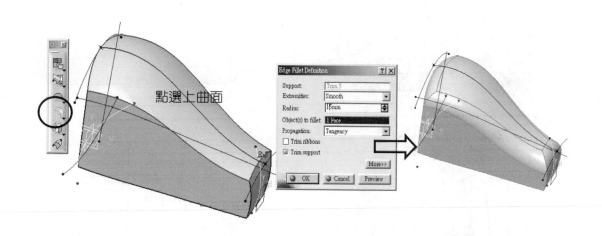

點選上曲面

2. 與上曲面倒圓角相同步驟，於下曲面、前後端曲面亦設定倒圓角 15mm；

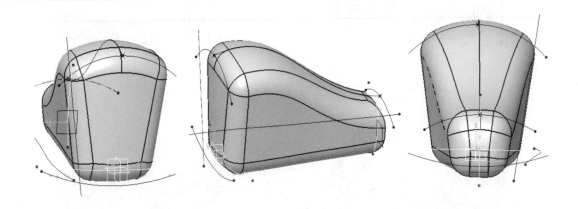

步驟七　修改仿線改變外型

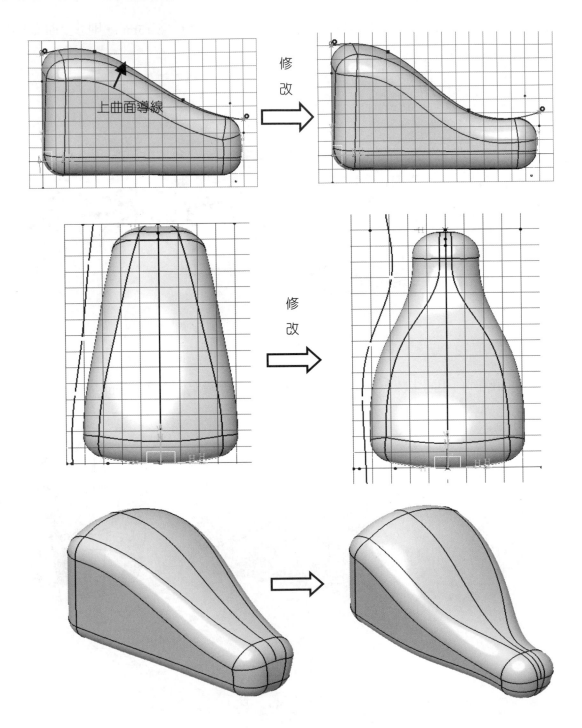

前後端部曲面亦可利用彎曲曲面銜接(Blend)

1. 利用彎曲面功能鍵銜接二邊界面
    (1)　點選彎曲面功能鍵
    (2)　點選邊界面 I 的邊線為第一條曲線(First curve)
    (3)　點選邊界面 I 為第一承面(First support)
    (4)　點選邊界面 II 的邊線為第二條曲線(Second curve)
    (5)　點選邊界面 II 為第二承面(Second support)
    (6)　分別於嵌合條件點選相切(Tangency)連續

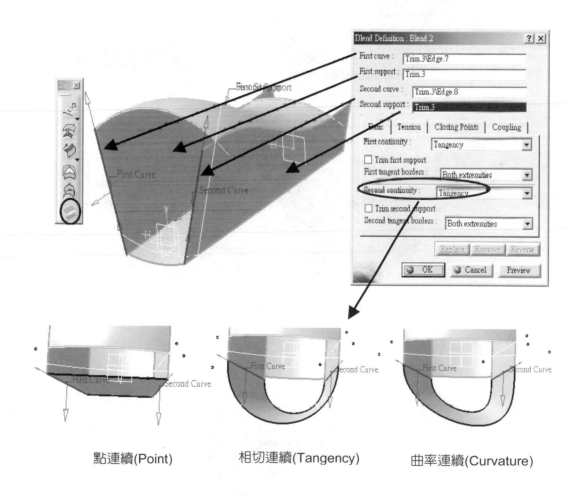

點連續(Point)　　相切連續(Tangency)　　曲率連續(Curvature)

2. 利用填合面(Fillet)功能鍵填滿彎曲面與上曲面間的破洞
    (1) 隱藏上曲面的輪廓線
    (2) 點選填合面功能鍵
    (3) 依序點選各曲面的邊線
    (4) 完成填合曲面

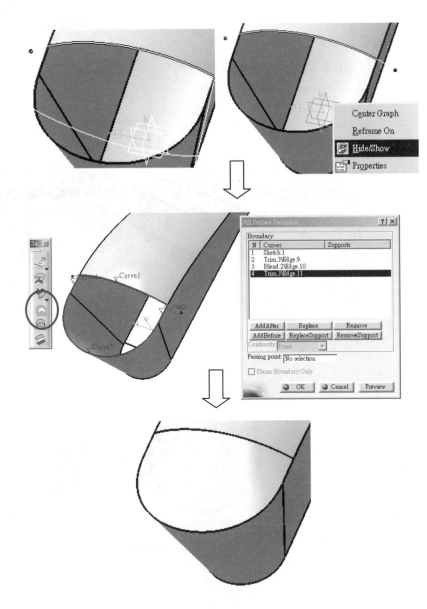

3. 同上步驟，填滿彎曲面與下曲面間的破洞

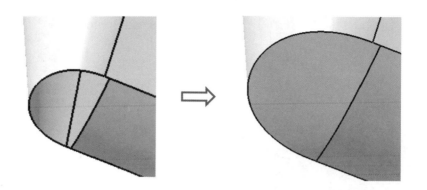

4. 同 1~3 步驟，建構後端部曲面

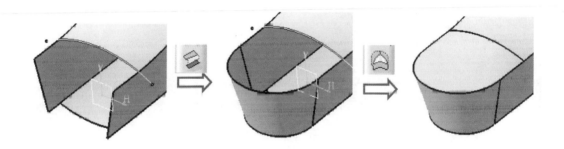

可以需求修改曲線來改變設計

(Surfcae3.CATPart & Surface4.CATPart & Surface021.CATPart)

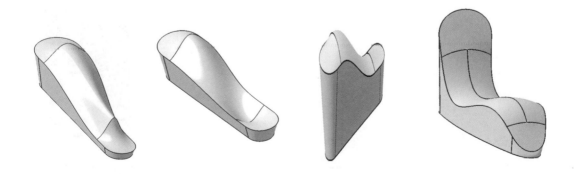

MEMO

第4章

實例介紹

4-1 圓台體建構－ $\phi 10 \times \phi 20 \times 15^{h}$

建構方法有

(1) 迴轉體之元件設計(Cone21.CATPart)－43KB

(2) 布林運算之元件設計(Cone22.CATPart)－57KB

(3) 曲線迴轉之造形設計(Cone23.CATPart)－40KB

於元件設計時，平面繪圖模組必須繪製封閉曲線；而造形設計模組時，平面繪圖模組須繪製開放或封閉曲線。

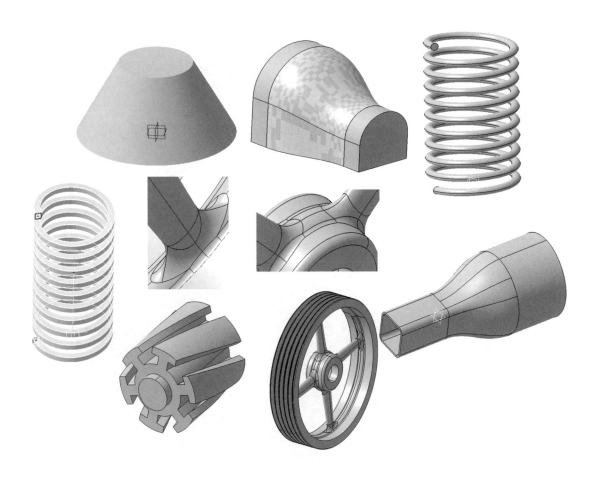

建構圓台體流程圖

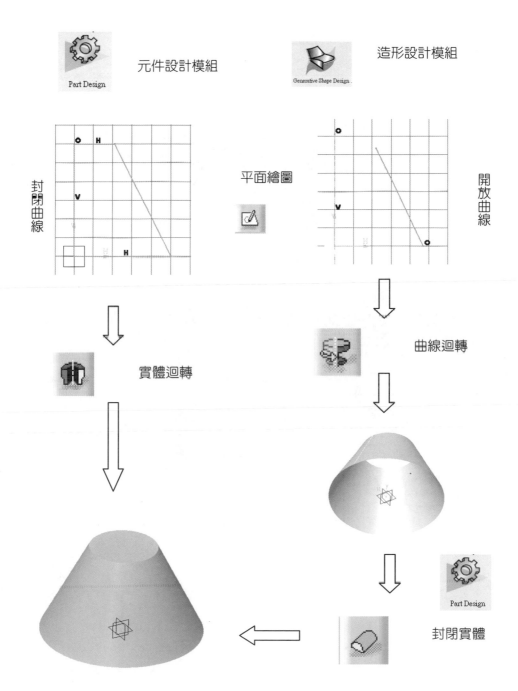

元件設計模組

造形設計模組

平面繪圖

封閉曲線

開放曲線

實體迴轉

曲線迴轉

封閉實體

1. 於平面模組畫一條斜線與一軸線。

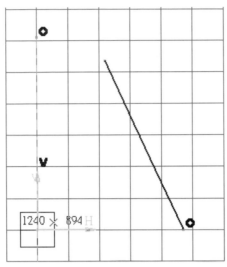

2. 回造形設計模組，點取曲面迴轉之功能鍵，於參數表中輸入迴轉角度，即得一曲面。

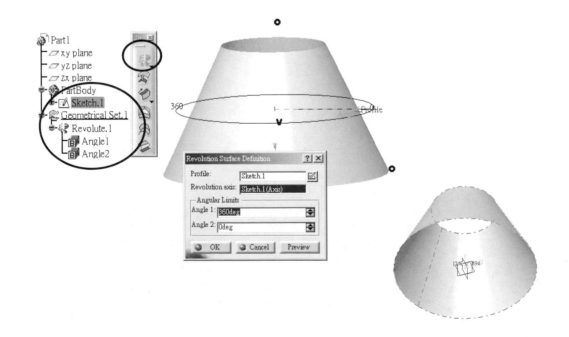

3. 進入元件設計模組，先點取密閉曲面的功能鍵，接著再點取該曲面，確定後即完成一
   實體

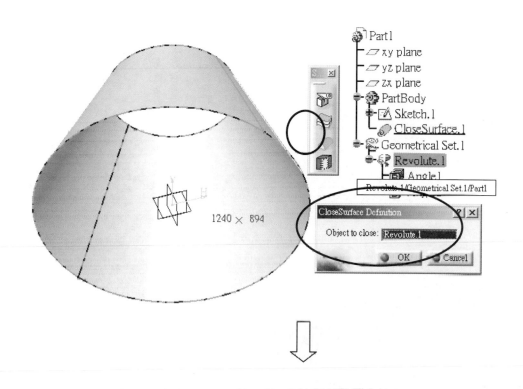

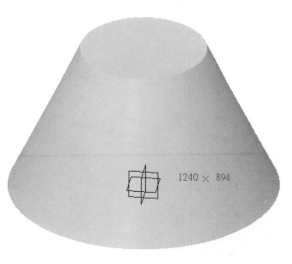

4-2 圓錐體(Cone.CATPart)

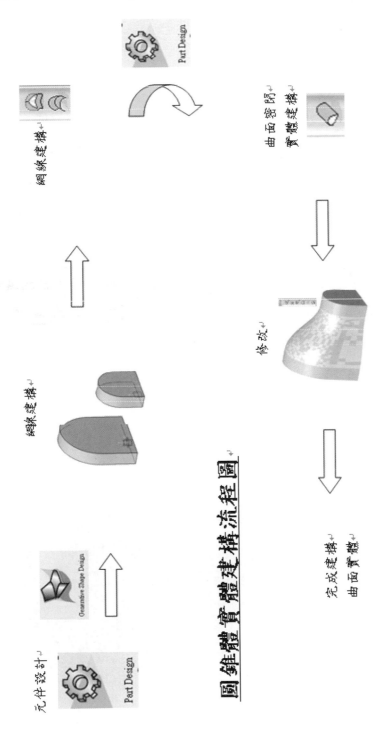

於元件設計模組建構二元件－

$10 \times 5^h \times r5 \times 2mm$ 與 $6 \times 3^h \times r3 \times 2mm$，元件間距 10mm

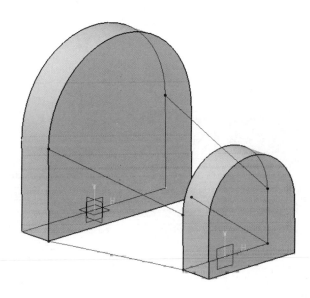

◆建構網線

1. 於二元件內平面先點取欲建構網線之點，可於平面模組利用點之功能鍵點取。(注意，
　點之結構係在 Geometrical Set.1 內，與 Pad 等高層，非在 Pad 層內。)

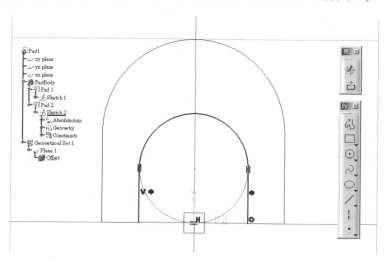

2. 造形設計模組，利用曲線建構網線，如圖所示。

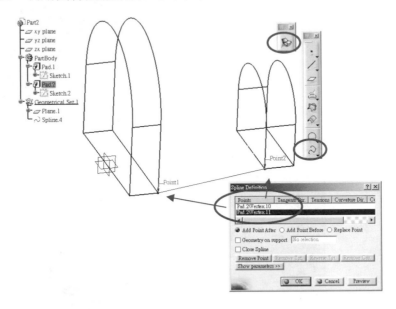

◆建構網面

3. 利用連續曲面(Multi-sections Surface Definition)建構曲面

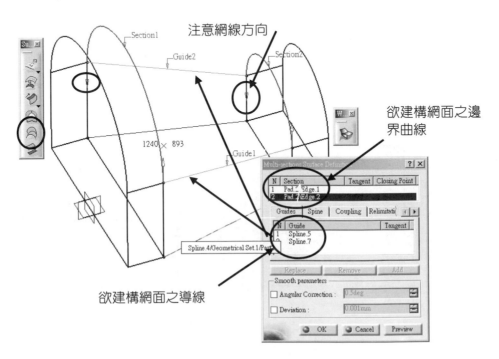

4. 將網面之邊界曲線與導線分別點取，確定後即可得一網面，如圖所示。

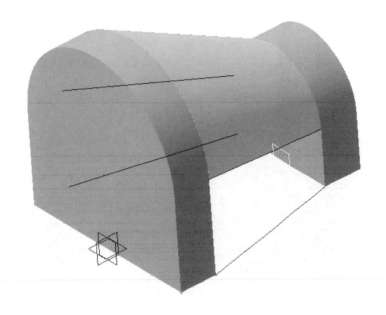

◆建構封閉曲面

5. 點取封閉曲面之功能鍵，出現參數表，分別點取其邊界線。

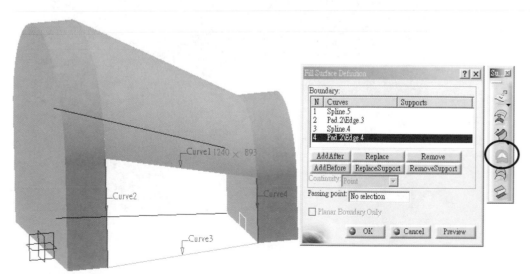

6. 確定後即可得一網面。注意，點取封閉邊界線需按順序點取。

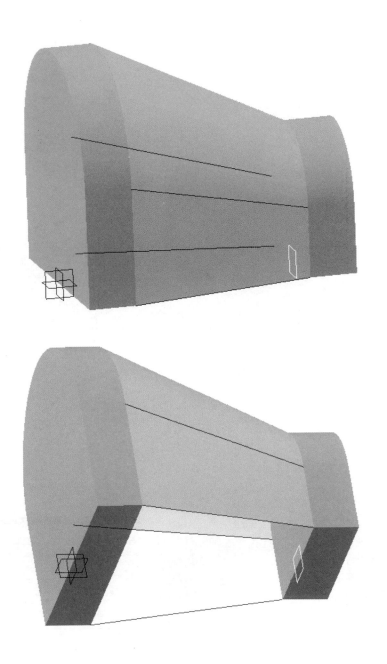

7. 完成封閉實體

同步驟 5，封閉其他二面(底面與另一側邊)得一封閉實體。

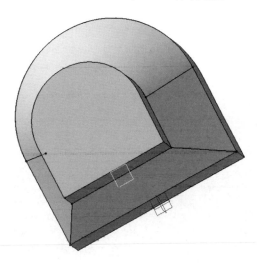

◆聯結各曲面與實體

8. 點取聯結之功能鍵，將上述四曲面聯結成一曲面。

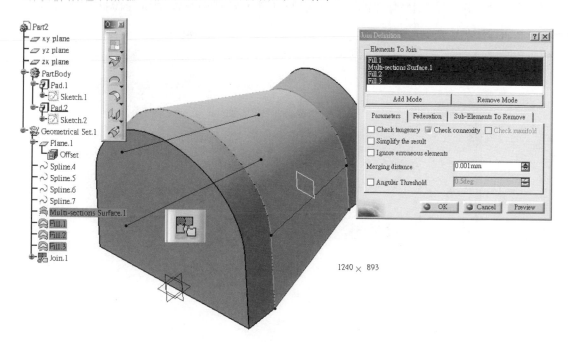

◆建構成實體

9. 回到元件設計模組，點取密閉曲面之功能鍵，成一圓錐體。

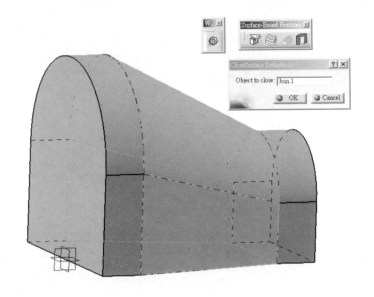

10. 於實體挖一圓洞，比較完成實體與未建實體間之差異，如圖所示。或於結構樹狀內隱藏 OpenBody，即將所有曲面隱藏，留下實體，來判別實體建構完整與否。

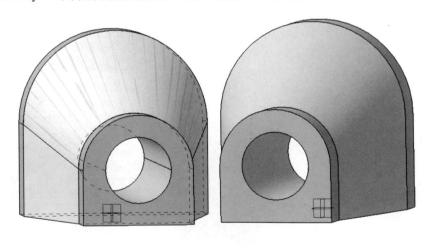

圓錐實體　　　　　　　　　　圓錐曲面

◆修改二元件間為一相切錐體

11. 直接於結構狀之網線處連續點二點，於參數表中設定相切即可。

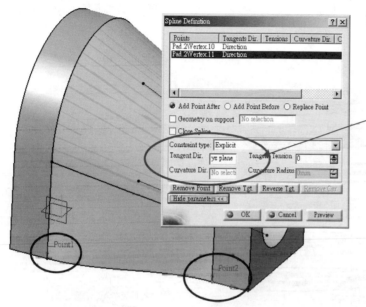

設定相切
 – 起始方向與終了
   方向由網線之箭
   頭方向判定，此方
   向直接點取平面
   即可，平面的方向
   為平面法向量。

當完成參數設定後，便產生一相切錐體。若原先 Loft Surface 之導線為直線，則無法建構相切錐體。

4-3 造形設計模組建構壓縮彈簧(Spring)

方法一、以座標點建構，連成導線建構截面及建構出壓縮彈簧。

方法二、以參考軸線及起始點來建置螺旋導線，再藉由掃掠面的功能鍵來進行彈簧建構。

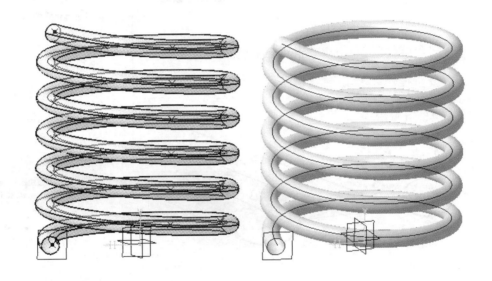

方法一　座標點建構方式或由數位編輯模組方式讀進點群資料，來進行彈簧 $20^{pcd} \times \phi 2 \times 24^l$ 建構，主要學習目標為

1. 建構點座標

2. 建構彈簧線

3. 建構彈簧線之補助截面

4. 建構彈簧截面 $\phi 2$

5. 建構彈簧實體

1. 建構點座標－將下表點座標依序輸入，如下表所示。

	1	2	3	4	5	6	7	8	9	10	11	12	13
X	10	0	-10	0	10	0	-10	0	10	0	-10	0	10
Y	0	-10	0	10	0	-10	0	10	0	-10	0	10	0
Z	0	1	2	3	4	5	6	7	8	9	10	11	12

	14	15	16	17	18	19	20	21	22	23	24	25	
X	0	-10	0	10	0	-10	0	10	0	-10	0	10	
Y	-10	0	10	0	-10	0	10	0	-10	0	10	0	
Z	13	14	15	16	17	18	19	20	21	22	23	24	

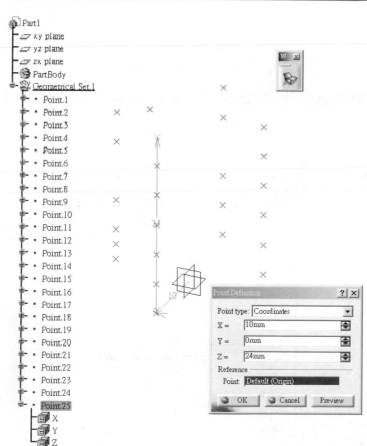

2. 建構彈簧線－利用仿線(Spline)之功能鍵，依序將座標點聯結起來。

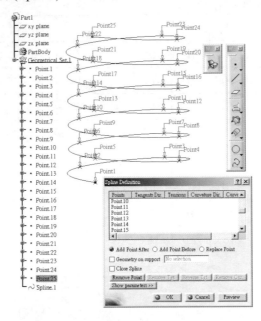

3. 建構彈簧線之補助截面－利用補助面之功能鍵，建構彈簧線之截面。此輔助面與彈簧線垂直正交。

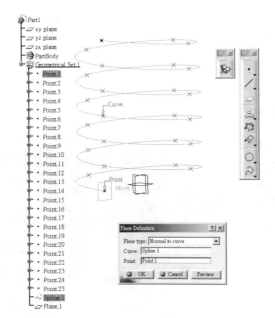

4. 建構彈簧截面 φ2 －進入繪圖模組，繪製彈簧截面。

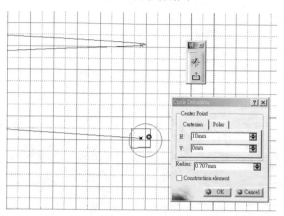

5. 建構彈簧線實體－利用掃掠面(Swept)之功能鍵，建構彈簧線實體。

點取導線與截面，即可完成彈簧設計。

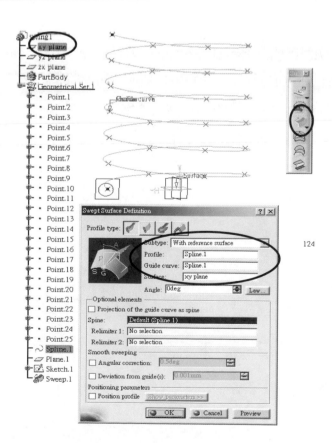

124

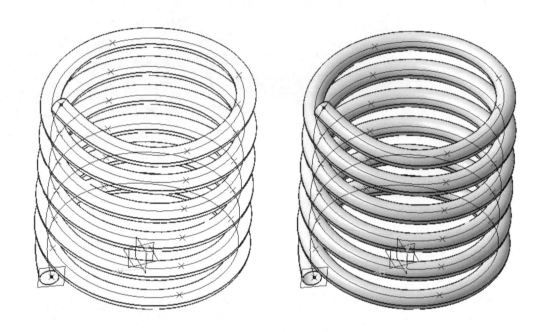

本方法是利用已知座標點來建構曲線和曲面。若點座標太多時，採用本方法就變得太沒有效率了，建議以曲線嵌合方式，透過數位造形編輯模組來讀取資料檔，再利用自由曲面模組的曲線嵌合功能，將資料點連結成一曲線。

方法二　用造形設計模組中，以參考軸線及起始點來建置螺旋導線，再藉由掃掠面的功能鍵來進行彈簧建構。

1. 建一圓斷面之螺旋彈簧$100^{pcd} \times 20^{p} \times \phi6 \times 200^{l}$，先建構一起始點(50,0,0)與軸線(z 軸)，而軸線由(0,0,0)與(0,0,100)二點連成一軸線，於元件設計模組與造形設計模組繪製而成。

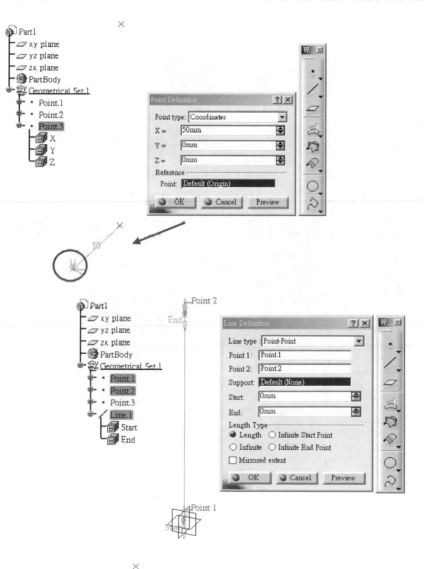

2. 建構螺旋線－於造形設計模組(Generative Shape Design)內，點選螺旋線功能鍵，分別於點選起始點與軸線，輸入節距(Pitch)與彈簧長度(Height)等參數，建構螺旋線。

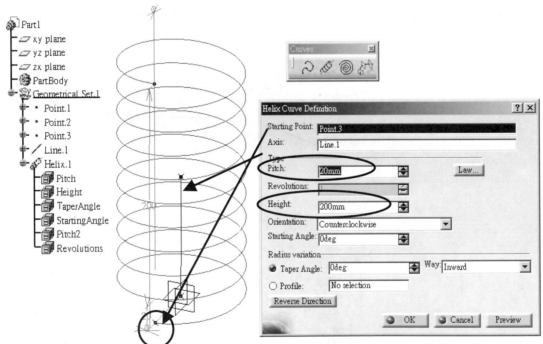

其中,亦可設定下列參數:

(1) 旋線方向(Orientation):分順時針(Clockwise)與逆時針(Counterclockwise)方向。

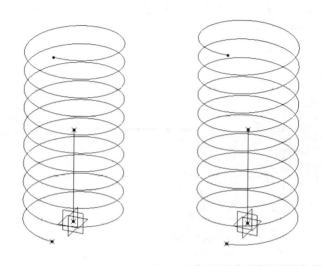

順時針方向　　　逆時針方向

(2) 錐角(Taper Angle)與錐向(Taper):錐向分朝內(Inward)錐形與朝外(Outward)錐形二種。若為圓柱形螺旋線,只須設定錐角為 0° 即可。

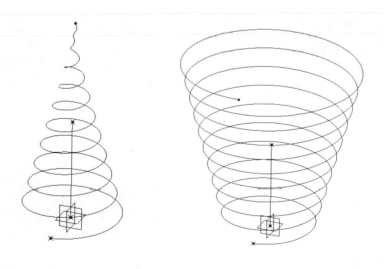

朝內錐形　　　朝外錐形

(3) 起始角度(Starting Angle)設定。

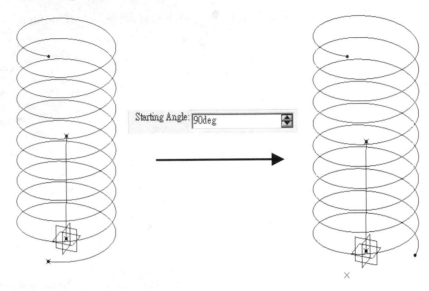

3. 建立圓形截面－此截面必須與螺旋線垂直，故利用輔助面功能鍵，建立一輔助面與螺旋線垂直，再於該輔助面上建構一圓形截面。

點選輔助面，於參數表中：
    (1) 選取輔助面種類
        －垂直曲線。
    (2) 點選螺旋線。
    (3) 點選位置點。

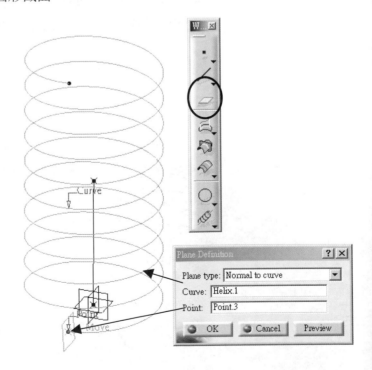

點選輔助面，進入平面模組(Sketch)，繪製一 $\phi 6$ 圓；

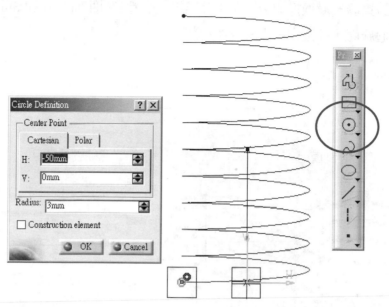

4. 建構彈簧迴旋面－點選掃掠面(Swept Surface)功能鍵，於參數表中設定。

(1) 選取輪廓形式

(2) 點選外廓

(3) 點選導線

(4) 設定參考面
－通常點選軸
線面，即 xy
基面或軸線

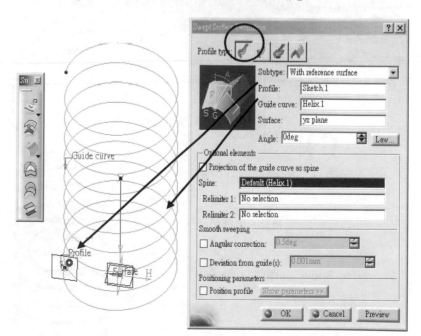

5. 建構彈簧實體－變換模組至元件設計模組，點選密閉曲面(Closed Surface)功能鍵，再點選彈簧迴旋面，按確定即完成彈簧實體。

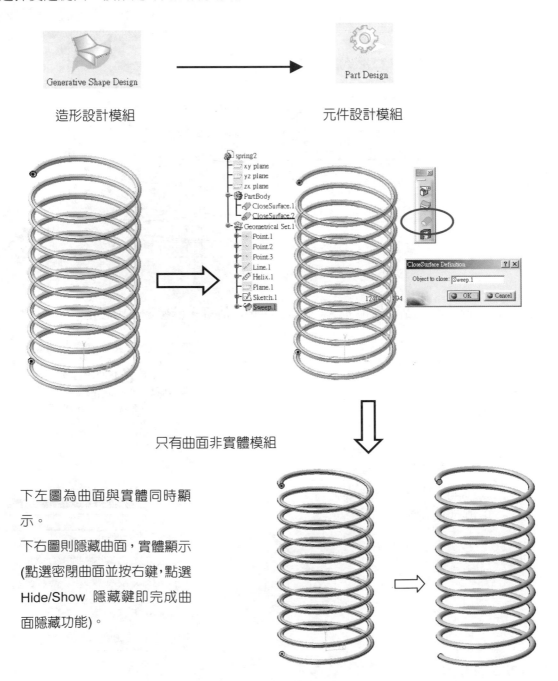

只有曲面非實體模組

下左圖為曲面與實體同時顯示。

下右圖則隱藏曲面，實體顯示(點選密閉曲面並按右鍵，點選 Hide/Show 隱藏鍵即完成曲面隱藏功能)。

注意：於步驟 4 過程中，若不點選參考面時，其內圓與外圓線會交錯，如下右圖。

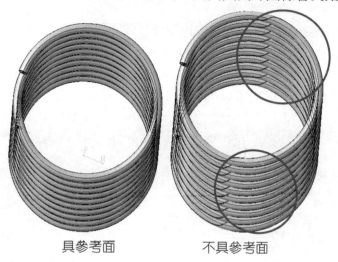

具參考面　　　　　　不具參考面

在圓形彈簧實體並無差異，但對矩形截面彈簧，則很明顯看出扭轉。

對圓形彈簧，若截面圓心未在螺旋線上，即所謂的偏心時，未選參考面即會發生扭轉變形，如下右圖。

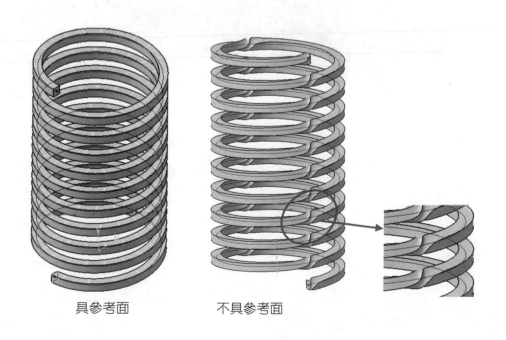

具參考面　　　　不具參考面

4-5 風管製作

低速風洞之風管繪製，主要關鍵在於如何由矩形斷面連續變化至圓形斷面。提供三個不同方式製作風洞供參考，設計者可依照不同的需求，製作過程均有所不同。分述如下：

方法一、以半圓半矩形曲線建構曲面，再以對稱性複製曲面，完成風管製作。

方法二、以曲線與曲面交點(Intersection)來建立導線，作為風管連續曲面的依據。

方法三、利用圓形與矩形曲線 closepoint 來建立不同斷面變化的連續曲面。

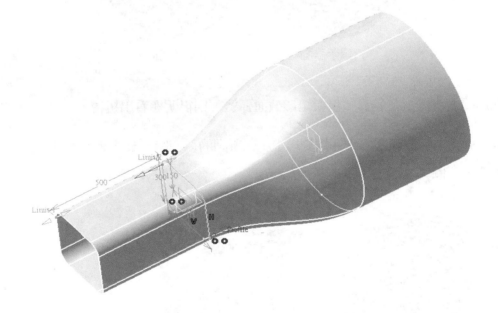

風管製作－

方法一(Pipe1.CATPart)

本例主要學習目標為

- 元件輔助面建置
- 建立導線、連續面
- 延伸曲面
- 對稱性複製曲面
- 曲面增厚長實體

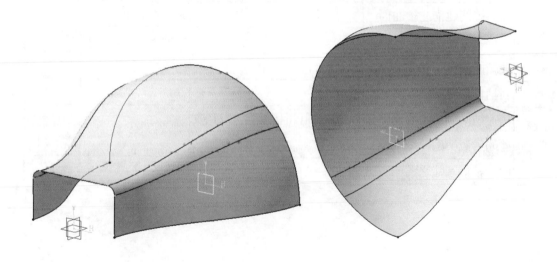

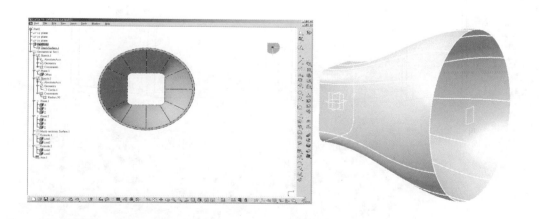

低速風洞製作程序與規格

步　驟	程　　序	規　格	備　註
1	開啓元件設計工作模組		
2	設定隔點大小	100mm×2	
3	以 yz 爲基準面，繪製半矩形	□300×r25	
4	建立補助面	偏移 600mm	
5	繪製半圓形	r350	
6	變換至造形設計工作模組		
7	二曲線間兩邊建構連續曲線，作爲曲線之導線(注意箭頭方向)	與 yz 基面相切	
8	二曲線間建構連續曲面	與 YZ 基面	
9	延伸半矩形與半圓型連續曲面	延伸 500mm	
10	連結曲面		
11	對稱性複製曲面		
12	再連結兩個連續曲面，換至元件設計工作模組，以利實體的建置與增厚變		
13	四方續接圓弧之曲面實體		

1. 開啓元件設計模組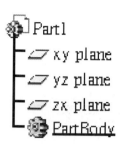
Part Design

Part1
├ xy plane
├ yz plane
├ zx plane
└ PartBody

2. 設定隔點大小(規格為 100mm×2)

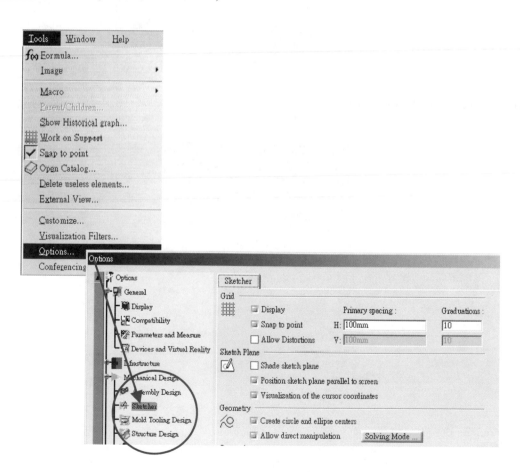

3. 以 YZ 爲基準面，進行繪製牛矩形(□300×r25)

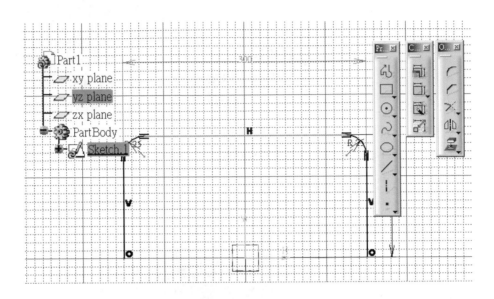

4. 建立補助面，偏移 600mm

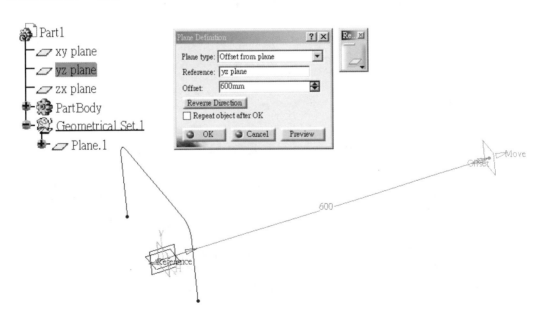

5. 繪製半圓形 r350

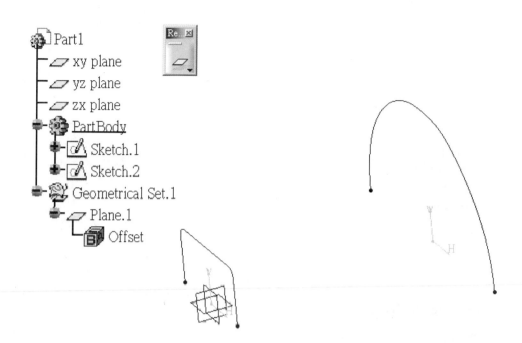

6. 變換至造形設計模組

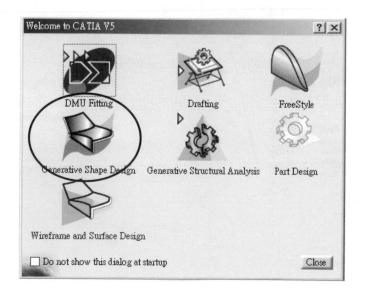

7. 二曲線間建構連續曲線，作為曲線之導線

造形設計模組

Point1 & Point2 均點取相切面–YZ 基準面

建立曲線

注意建立曲線箭頭方向性

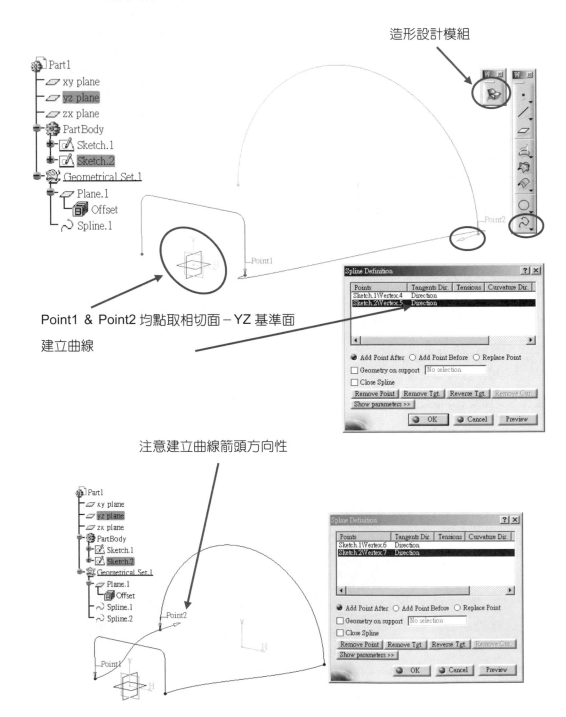

8. 二曲線間建構連續曲面

曲線 II

導線 2

導線 1

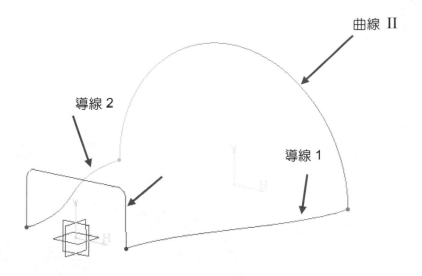

注意二曲線之方向

二曲線間建構連續曲面

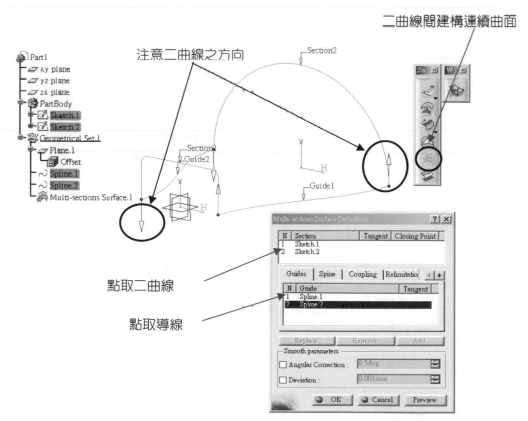

點取二曲線

點取導線

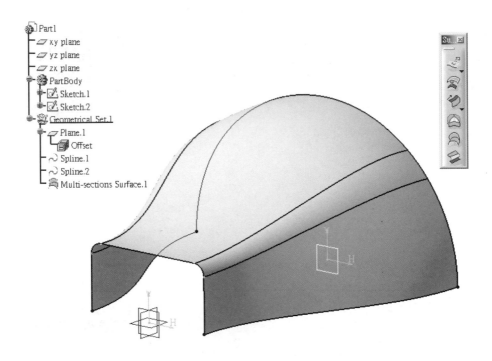

9. 延伸半矩形與半圓型連續曲面

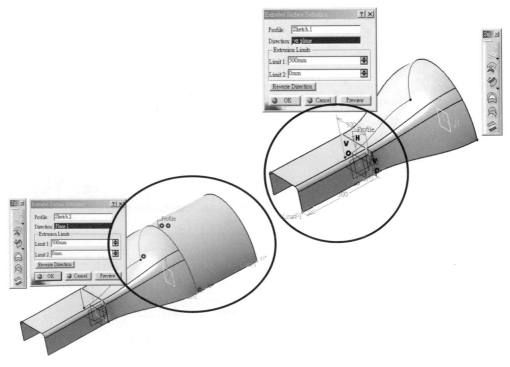

10. 連結曲面

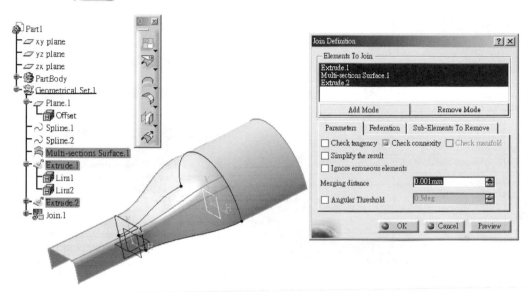

11. 點選連結曲面並以 XY 基準面為對稱性複製的基面

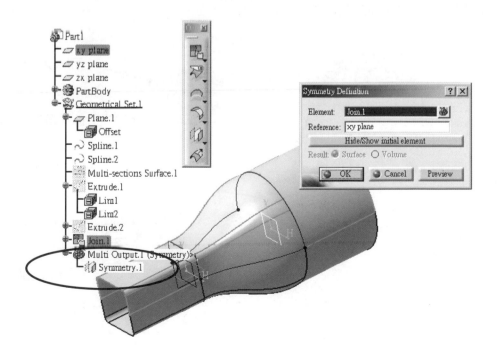

12. 再連結兩個連續曲面，以利實體的建置與增厚

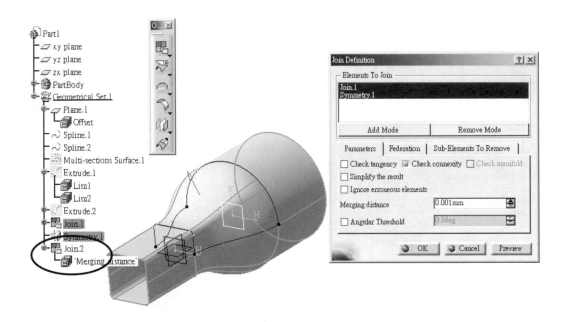

曲面建置後，再切換至元件設計模組，建立實體

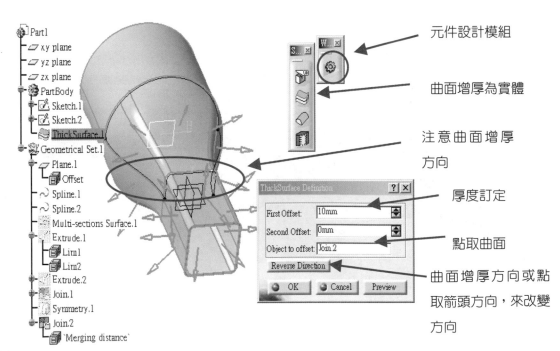

元件設計模組

曲面增厚為實體

注意曲面增厚
方向

厚度訂定

點取曲面

曲面增厚方向或點
取箭頭方向，來改變
方向

13. 四方續接圓弧之曲面實體

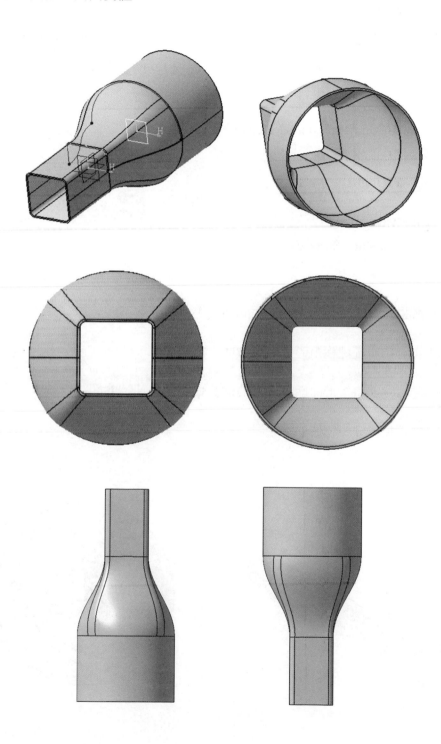

風管製作－

方法二(Pipe2.CATPart)

　　本例的幾何尺寸是以 r50 倒圓角之□300 正方形，長 500mm；φ700圓截面，長亦 500mm；二截面平滑連續銜接於 600mm 內；厚度為 15mm。此範例主要學習功能有：

◆造形設計(Generative Shape Design)模組

　　(1) 連續曲面(Multi-Sections surface)建構

　　(2) 擠製面(Extrude)建構

　　(3) 曲面結合(Joint)

◆元件設計(Part Design)模組

　　(4) 曲面長厚(Thick Surface)

　　繪製主要步驟有：

1. 利用連續曲面功能鍵建構不同斷面間連續平滑之曲面

2. 利用延伸面功能鍵建構矩形與圓形截面之曲面

3. 利用結合功能鍵將矩形曲面、圓形曲面與斷面變化連續曲面結合成單一曲面

4. 經風管曲面長厚成一實體

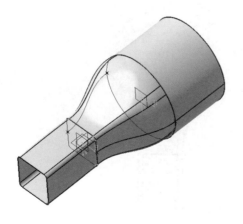
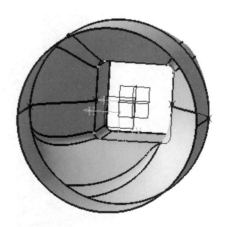

調整平面繪圖(Sketch)格線間距，由功能鍵(Tools)下拉，點選 Options 即出現功能表單，於機械設計(Mechanical Design)模組內，選取平面繪圖模組(Sketcher)，於格線(Grid)參數設定表內，主格線間距設定 100mm，而每一主格線內又分二小格，即每一擷取(Snap)最小間距為 50mm。

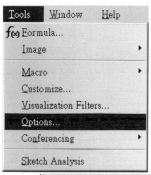

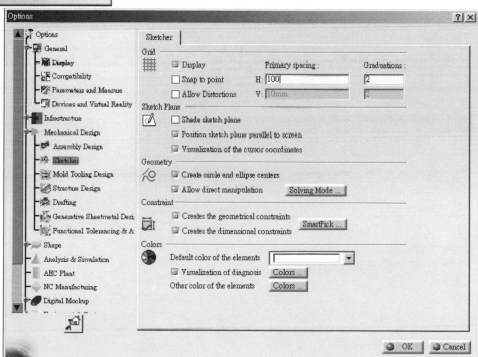

1. 於平面模組(Sketch)內繪製一□300 正方形，且每一角落以 R50 倒圓角，如左下圖所示。

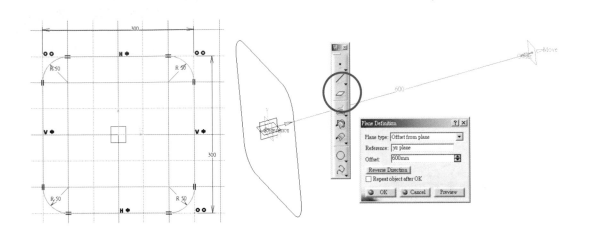

2. 建構一輔助面，距離 xy 基面 600mm，如右上圖所示。點選此輔助面繪製 ϕ700圓。

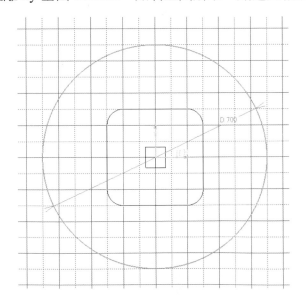

3. 分別於矩形與圓形上建構二點(0,150,0)、
   (0,350,600)，其目的在建構斷面變化之導引線
   (Guideline)。而導引線採用仿線 Spline)，點選
   仿線功能鍵，即出現參數表，分別點選此二
   點，即構成一直線；再分別於參數表內點選該
   二點，設定該直線二端之限制條件，可設限相

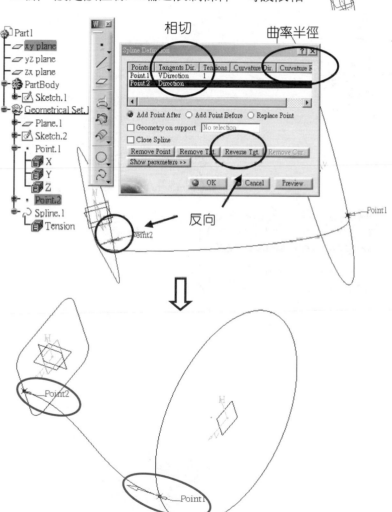

切(一次微分連續)或曲率
半徑(二次微分連續)。此
範例採用相切限制，即分
別與 xy 基面與輔助線相
切。平面方向即為該平面
之法向量，若點選平面方
向相反時，可點選參數表
內反方向鍵(Reverse Tgt)
或點選圖面箭頭即可反
向。同時該參數表亦可移
除點或相切設定。

4. 利用連續面(Loft)功能鍵進行兩不同截面建構連續曲面。而此連續面建構時需注意導引
   線數量、截面之方向與封閉點等。現針對不同情形進行分析比較：

   (1) 點選二截面及兩個 Closing Point，但不給予導線，如右下圖。

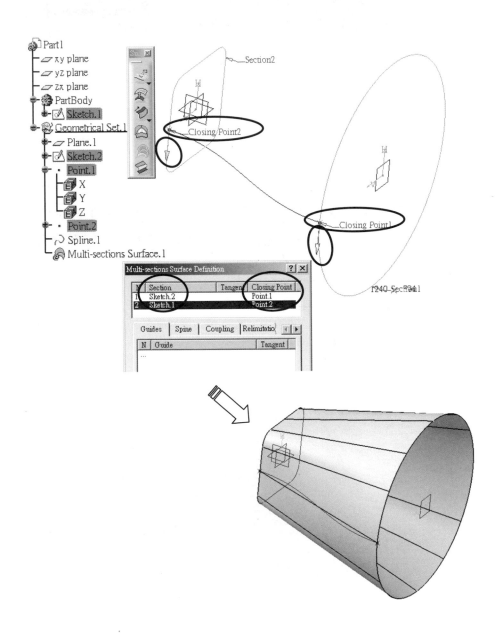

(2) 點選二截面與一條導線，二截面封閉點設在導線二端，但截面環繞方向相反時，亦
產生扭轉曲面，出現警告訊息，如下圖。

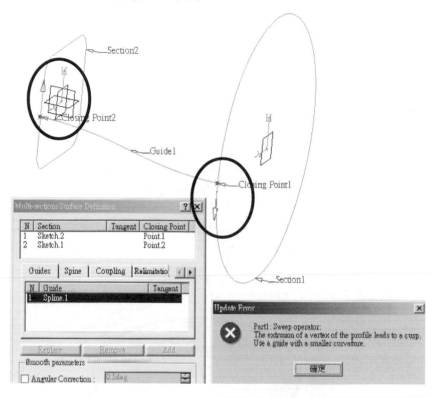

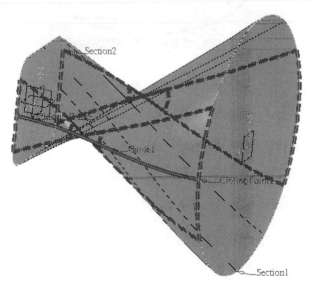

(3) 點選二截面與一條導線，二截面封閉點設在導線二端，且截面環繞方向相同時，則產生一連續曲面，如右圖。在導線附近依照導線進行變化，但另一側卻自由變化，與端面無相切。

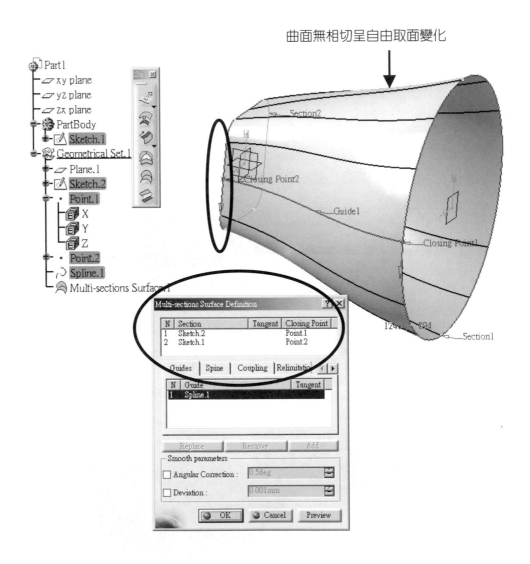

曲面無相切呈自由取面變化

(4) 同(3).的設定，二截面封閉點設在導線二端，且截面環繞方向相同，以 ZX 基準平面為對稱軸，以 Symmetry 功能建構另一導線(Spline)，則建構如下圖之曲面。故建構由矩形變化至圓形截面之連續曲面需由二條導線來引導截面變化。

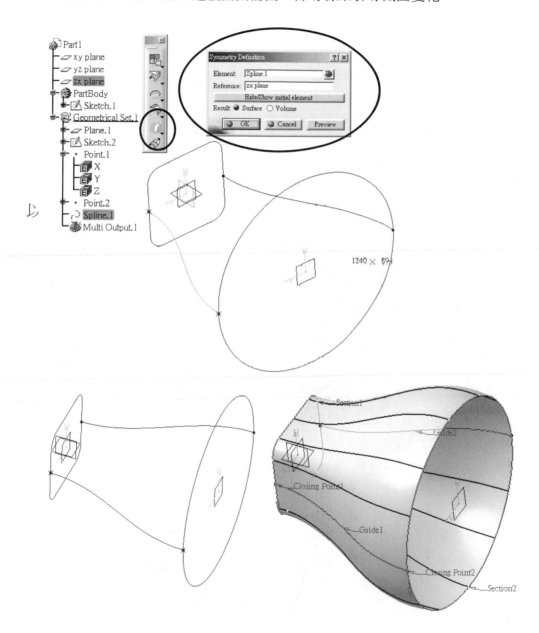

(5) 另一方法，無須導線，但需二密閉點；在連續曲面參數表設定時，除密閉點與截面環繞方向設定外，需再多加設定各截面之相切方向，亦可建構與 4.相同曲面。

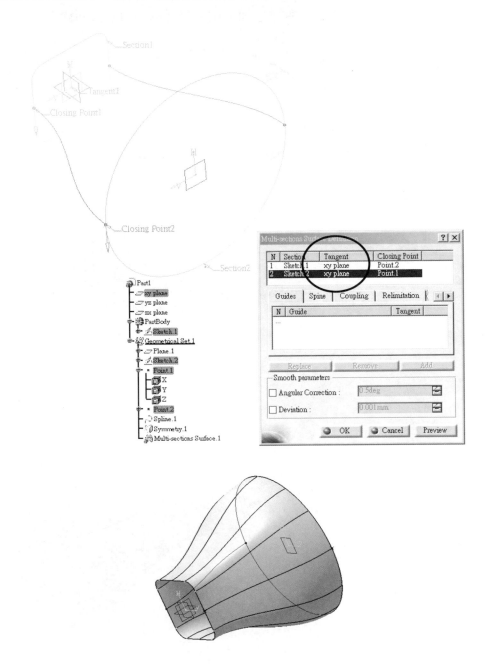

5. 建構二截面間之連續曲面後，再利用擠製面(Extrude)功能鍵，分別點選矩形與圓形截面，沿著軸向延伸 500mm，即完成風管曲面。延伸方向可點選圖面紅色箭頭或按參數表內反向鍵；長度可拉動圖面綠色箭頭至適當位置再放開滑鼠左鍵或於參數表內輸入長度值。

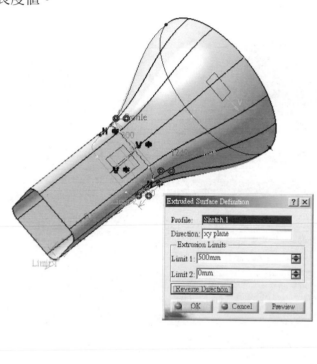

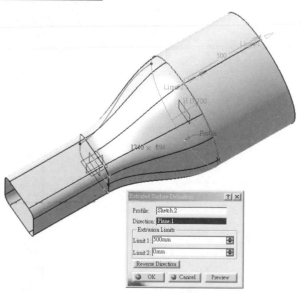

6. 此時風管係由一連續面與二擠製面所構成，需利用結合(Joint)功能鍵將三個曲面連結成單一曲面。

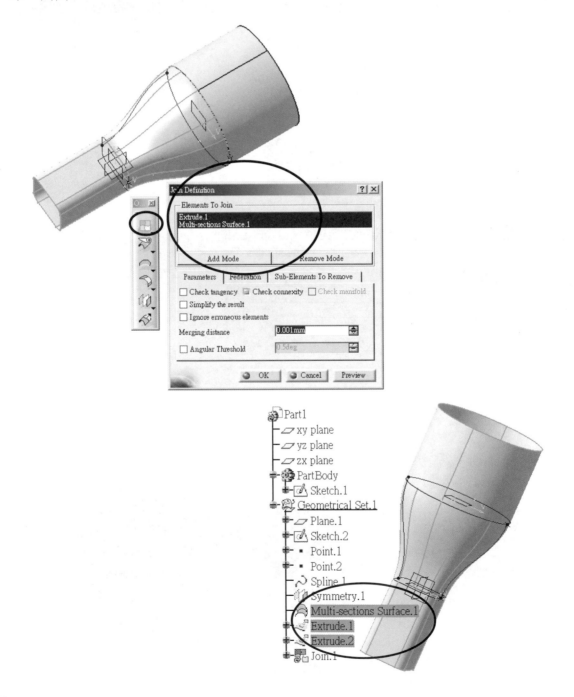

7. 於造形設計(Shape Design)模組建構爲曲面非爲實體，需變換至元件設計(Part Design)模組進行長厚(Thick Surface)或建密閉實體(Close Surface)。其中，長厚度方向可點圖內箭頭或按參數表內反向鍵。

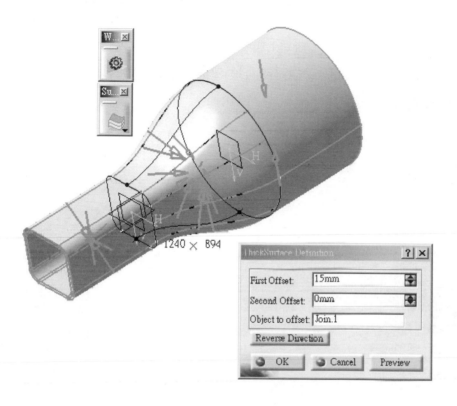

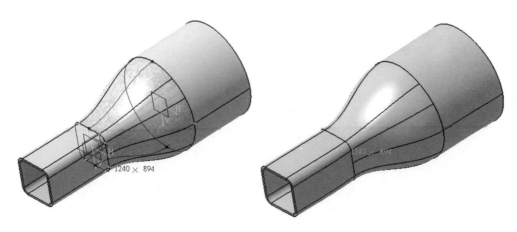

風管製作－

方法三(Pipe3.CATPart)

　　風管製作亦可利用封閉曲線來建構，如應用於非對稱之封閉截面之連續變化。但須注意網線製作時，利用參考點來交點來決定交點。當取圓或矩形封閉曲線與曲面相交時(Intersection)，會出現二個交點，此時必須選取一參考點來決定交點，分別於矩形與圓形曲線上各建構兩個交點。故在網線(又稱路徑曲線)建構，點取交點時才能判定那二點來作連線。本例學習目標主要是交點(Intersetion)之應用。

1. 建構封閉圓與方形

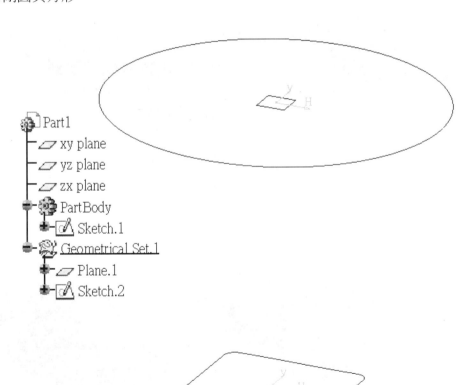

2. 利用交點求取點位置

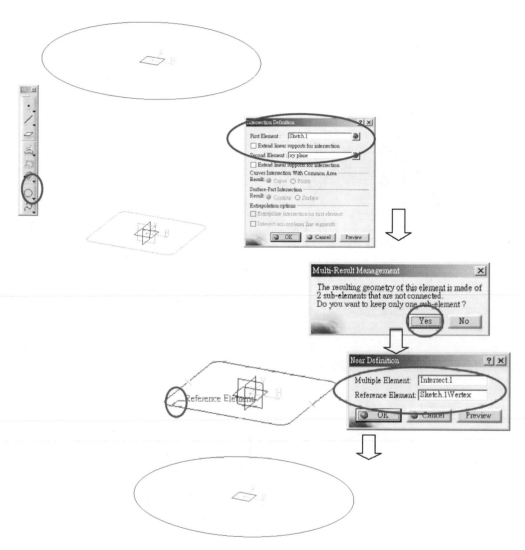

3. 圓上建構兩個交點

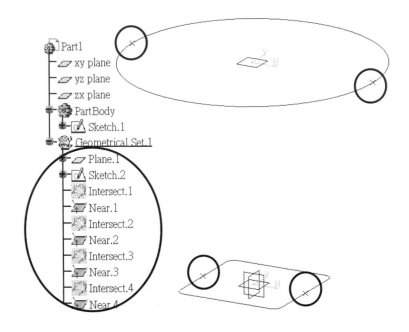

4. 利用仿線聯結交點，建構網線

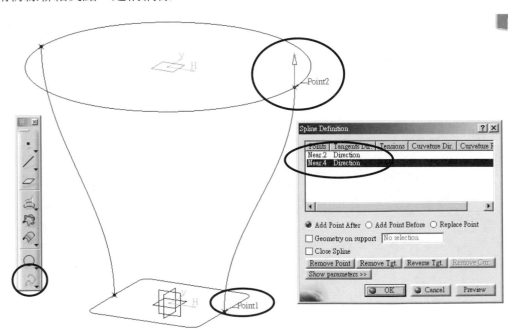

5. 利用連續曲面建構曲面

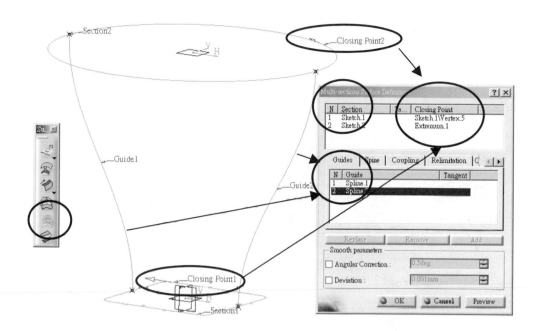

(1) 具有設定起點與方向：
 (i) 多邊形畫矩形、仿線。
 (ii) 圓形功能鍵畫圓，以 X 軸為起點，順
      時針方向旋轉。
 (iii) 多邊形畫圓形，需以一般圓弧加二相
      切圓，或三個一般圓弧構成之圓，具
      有設定起點與方向。
(2) 不具有設定起點與方向：
 (i) 矩形功能鍵畫矩形。
 (ii) 多邊形畫圓形，一般圓弧加一相切圓
      或二個一般圓弧。

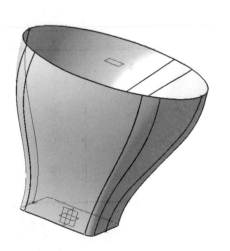

6. 建構二截面間之連續曲面後,再利用擠製面(Extrude)功能鍵,分別點選矩形與圓形截面,沿著軸向延伸 500mm,即完成風管曲面。延伸方向可點選圖面紅色箭頭或按參數表內反向鍵;長度可拉動圖面綠色箭頭至適當位置再放開滑鼠左鍵或於參數表內輸入長度值,接下再執行方法二步驟 6~7,即可完成風管的製作

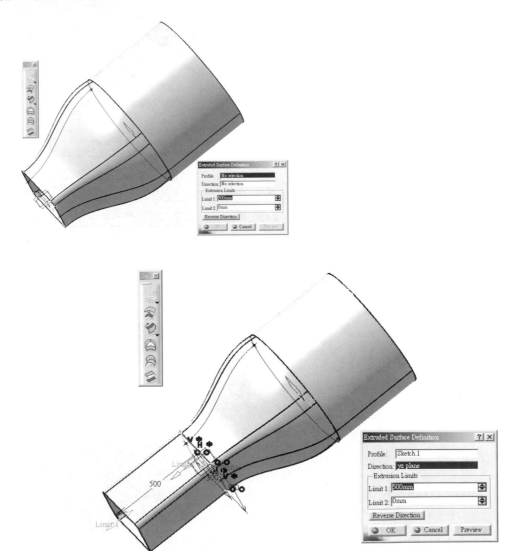

4-5 馬達轉子扭轉曲面範例(Rotator1.CATPart & Rotator11~13.CATPart)

　　馬達轉子目的在繞線圈，與外殼永久磁鐵產生電磁感應，使馬達軸心轉動。一般轉子均為直線方式進行製造，但亦有螺旋扭轉之外型。

　　學習目標－本範例針對此產品進行螺旋扭轉外型建構，主要針對造形設計 (Shape Design)與元件設計 (Part Design) 模組進行功能鍵應用：

1. 螺旋扭轉(Helix)曲線建構

2. 肋建構

3. 圓形模組複製

4. 截斷(Split)

5. 長厚度(Thickness)

　　繪製過程非唯一程序，使用者可融會貫通各項功能，可簡化整過繪圖的操作步驟及時間。

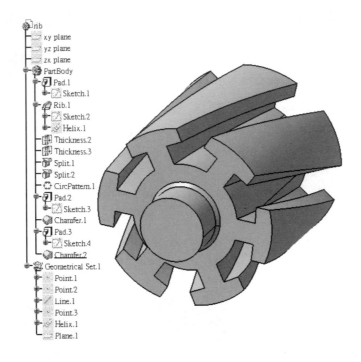

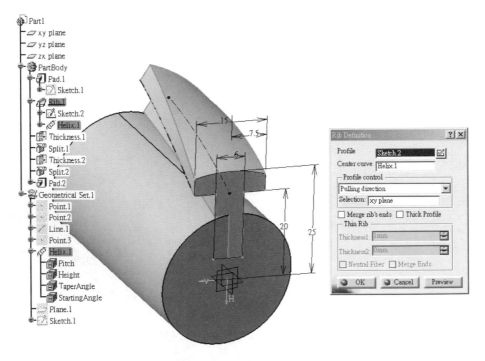

繪製步驟：

1. 建構螺旋線

　　於造形設計(Shape Design)模組建構螺旋線功能鍵，由螺旋線參數表中得知，需先定義
螺旋線之起始點(Starting Point)與軸線(Axis)。

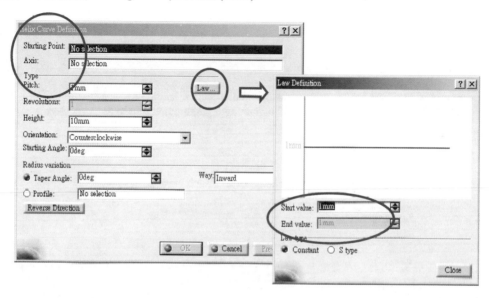

　　首先用點功能鍵分別設定 P_1 (0,0,0)與 P_2 (0,0,100)，利用線功能鍵連結二點繪製一軸線，
如下圖所示。

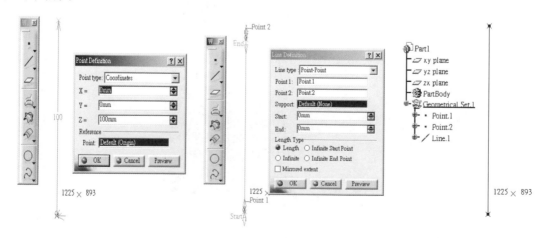

再設定一起始點 P_3 (20,0,0)，位於斷面區域內。利用螺旋扭轉(Helix)曲線功能鍵，分別點取起始點與軸線，再依據設計之轉子外形分別設定螺旋線之節距形式與大小、高度與旋向、錐角與方向等參數，以便建構出轉子軸外廓。

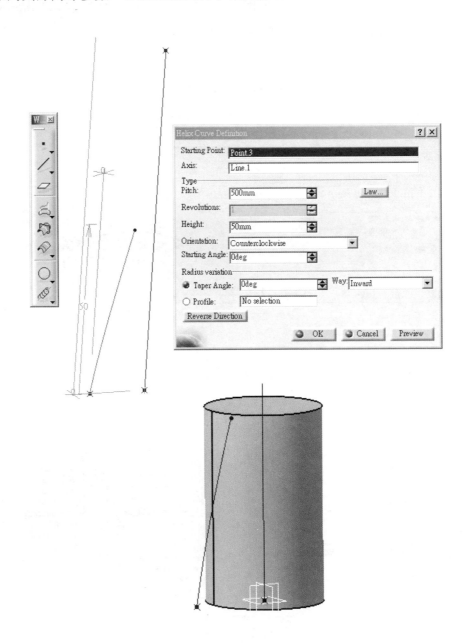

2. 截面外形建構

進入元件設計模組(Part Design)

(1)　建構轉子軸，$\phi 30 \times 50^{1}$，如圖。

(2)　需先建構一與螺旋線垂直之輔助面，點取輔助面功能鍵，設定輔助面形式，再選取曲線與位置點。

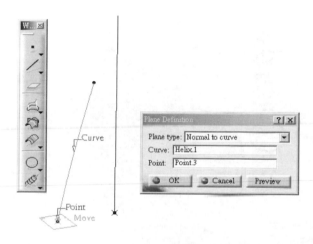

(3)　利用此輔助面建構轉子肋之截面尺寸。

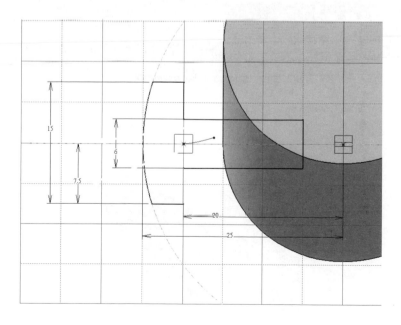

3. 轉子肋建構

截面建構完成後，利用肋(Rib)功能鍵建構轉子肋實體，參數設定如圖。點選肋功能鍵，於其參數表內，點選截面外廓(Profile)，點螺旋線

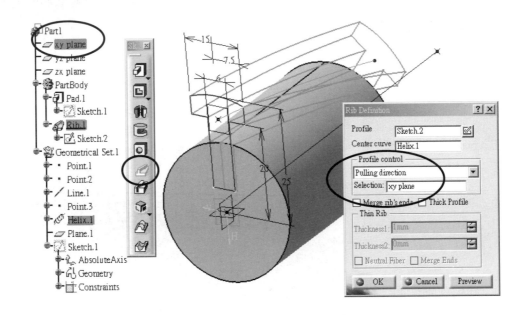

為中心曲線(Center Curve)，且須再設定抽拉方向(Pulling Direction)，如 xy 基面(平面之方向為其法向量，即 xy 基面之面方向為 Z 軸)或軸線。

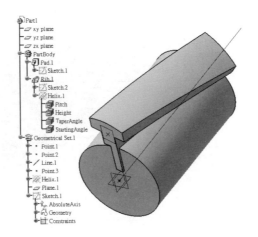

4. 肋實體抽長

如圖所示，經過螺旋線建構之實體與基面建構之實體會有凸出與不足之區塊，故需進行
抽長修補工作。若建構螺旋肋之前，事先有多預留實體，即肋實體比軸來得長，均為凸
出實體，則無須進行此抽長修補工作。

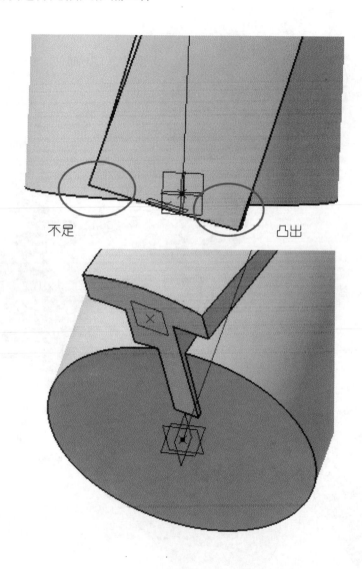

5. 加長肋
   (1) 將滑鼠移動至肋截面，按左鍵，點選肋截面；再選取增厚功能鍵，於參數表輸入增
       厚厚度，如圖所示。

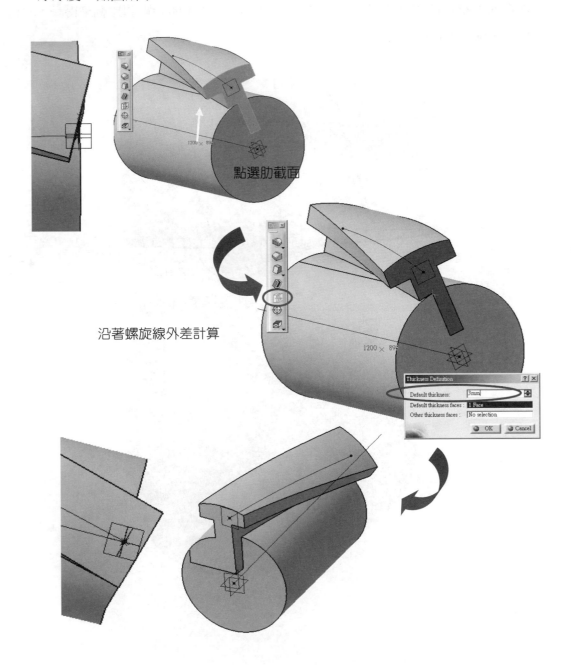

點選肋截面

沿著螺旋線外差計算

(2)　點選裁剪(Split)功能鍵，再點選圓軸端面為裁剪面。其箭頭方向為保留元件位於裁剪面該側部分，將另一側給予裁除。

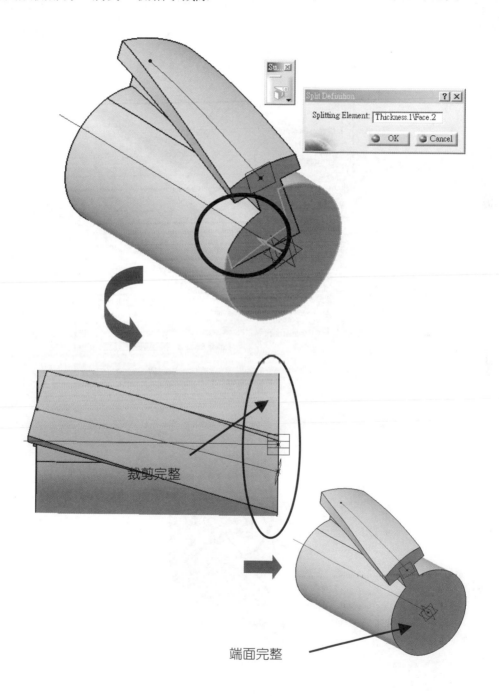

裁剪完整

端面完整

(3)　檢驗增厚厚度是否足夠，可利用點選端面是否完整來判定；或於樹狀結構點取(2)
之裁剪(Split)功能鍵，連續點二點利用裁剪(Split)功能鍵進行裁減。

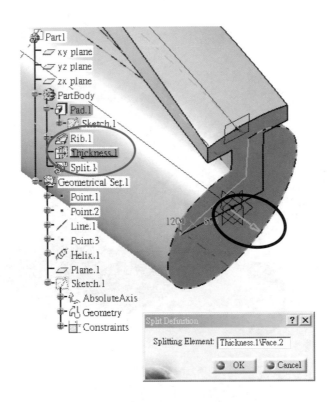

改變裁剪箭頭方向，保留被裁剪部分，由該部分來判定。檢驗後再恢復(Undo)即可回復(2)實體。若長厚厚度不足，被裁剪部分或端面如下圖所示，會有不完整現象出現。

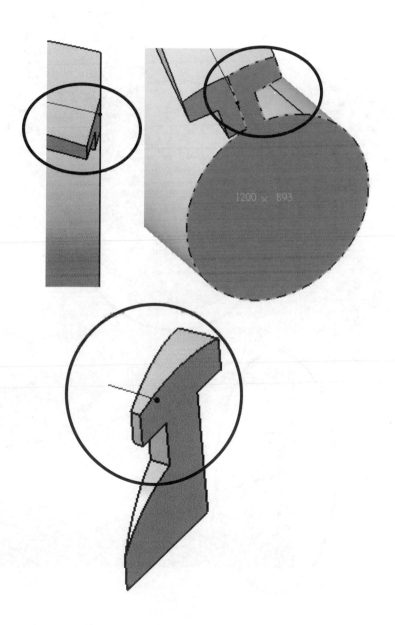

(4) 同方法，增厚另一側與裁剪平整，完成後如下圖。

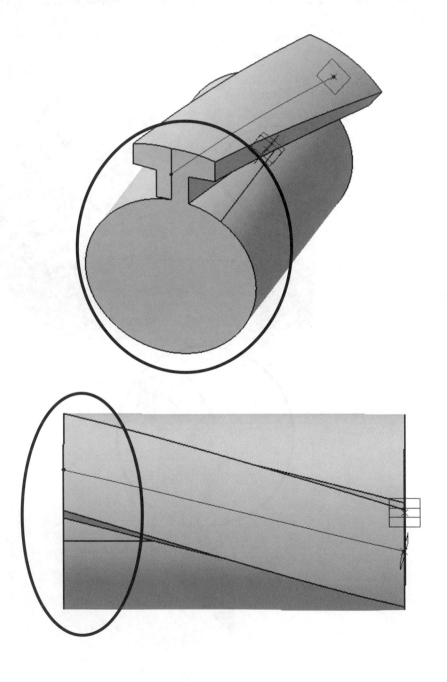

6. 建構其他五只肋

在元件設計模組點選 Circular Pattern Definition 功能鍵，輸入複製數量與間距分別為 6 與 60deg，接著選取欲複製之參考元件 Reference element 即可完成，可快速完成複製，操作簡便。

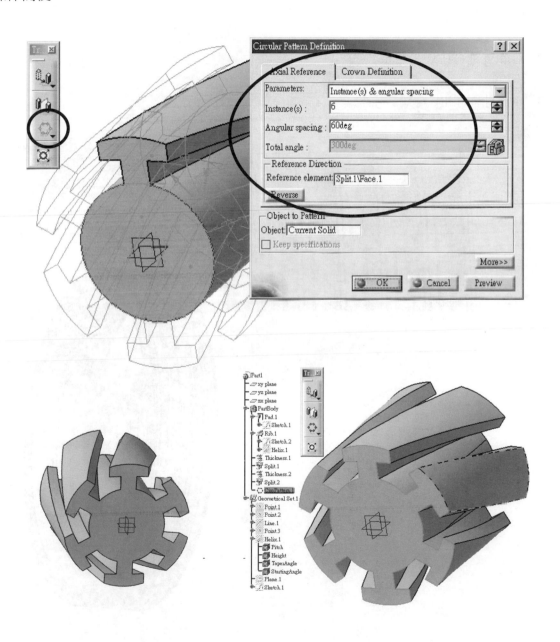

4-6 平皮帶輪建構(VBELTFC0.CATPart)

學習目標－本範例主要針對造形設計(Shape Design)  模組進行功能鍵應用

1. Loft 繪製

2. 斜面外延伸(Extrapolate)

3. 填滿曲面(Fill)

繪製步驟：

1. 建構輪轂繪製步驟程序如下

　　於元件設計模組，點選 xy 基面，進入平面繪圖模組，建構一圓環 $\phi125 \times \phi60 \times 80$ 輪轂外廓，其中，為便於設計，抽製(Pad)採用雙面延伸(Mirrored Extend)方式。

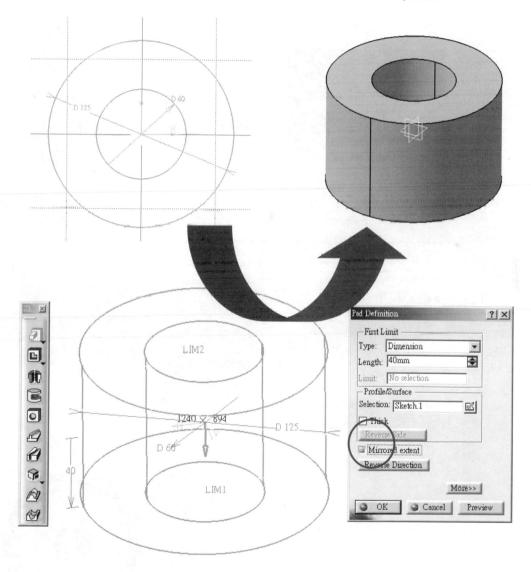

2. 建構外環

點選 yz 或 zx 基面，進入平面繪圖模組，建構一矩形101×30，外環徑為 ϕ511，再建一迴轉軸。

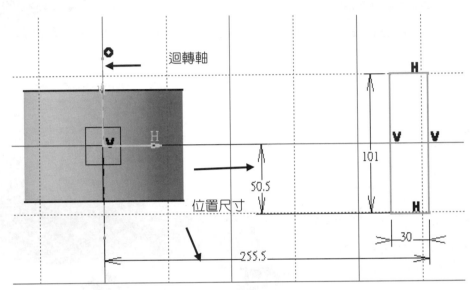

回元件設計模組，利用軸(Shaft) 功能鍵建構一矩形環體。

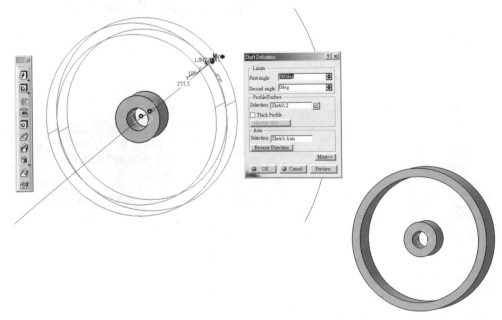

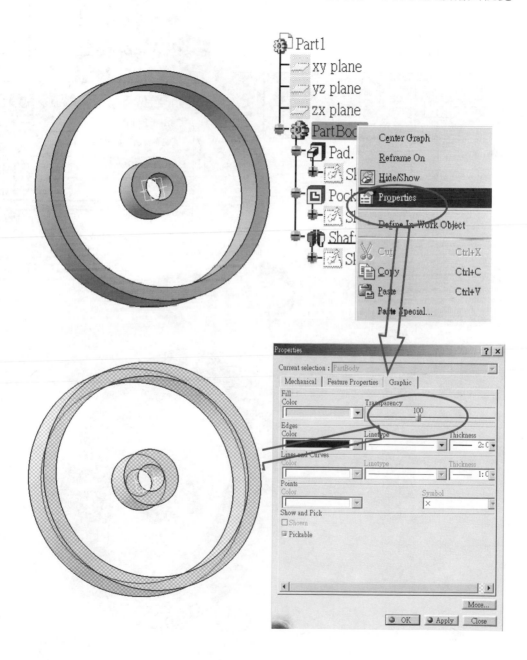

3. 建構凸圓

於結構樹狀點選元件(PartBody)，按滑鼠右鍵，將出現參數表單，點選特性鍵 (Properties)，在拉動透明化之左右拉鍵至 100，使元件透明化，以方便後續繪圖視覺。

接著分別於輪轂與外環建構一個凸圓。距中心軸 47mm 與 235.5mm 位置，建構 ϕ 40 與 ϕ 30 的凸圓。

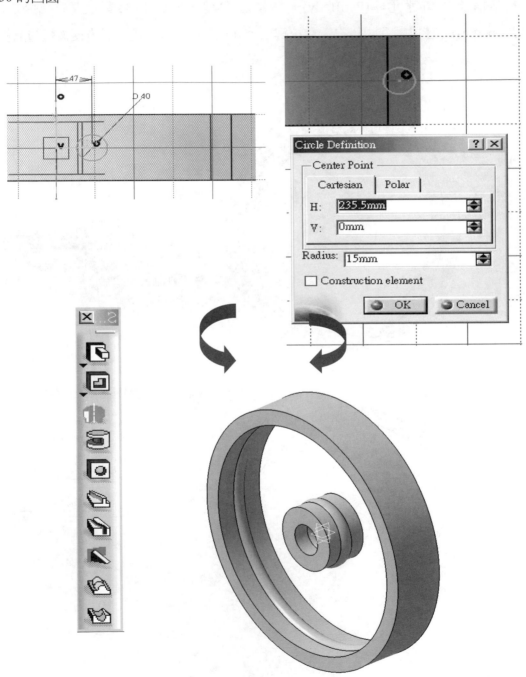

使基準面位於皮帶輪之中心。並於內孔挖鍵槽，分別標示鍵槽的大小與位置尺寸。

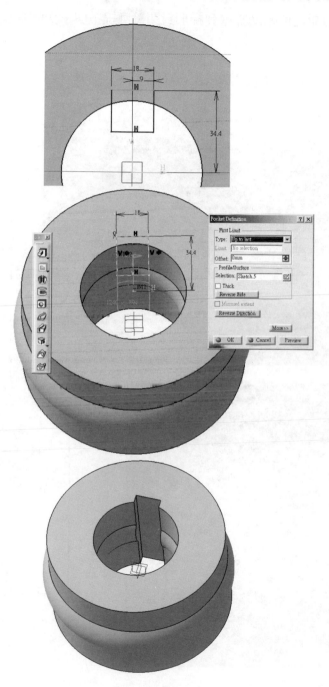

4. 建構皮帶槽：點選 yz 或 zx 基面，進入平面繪圖模組，利用輔助線勾出 V 型槽邊界線，
　 再以多邊型功能鍵依輔助線繪製梯形封閉輪廓線，與一迴轉軸線。

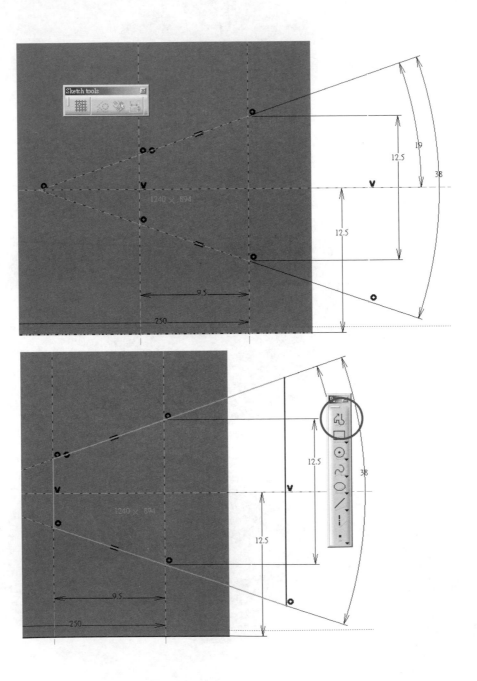

回元件設計模組，利用凹槽(Groove)功能鍵建構一 V 型槽，如圖所示。

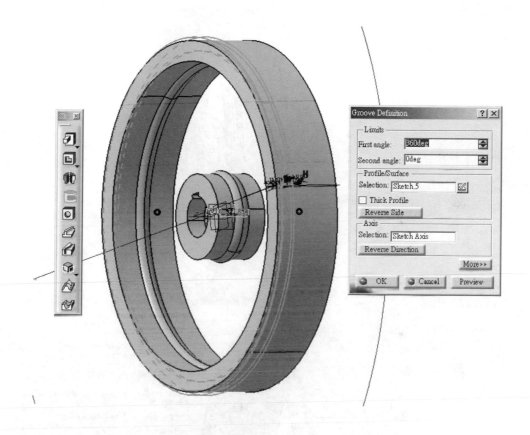

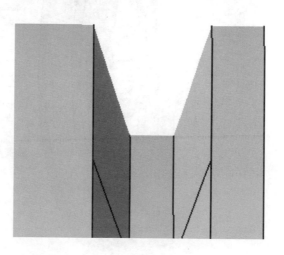

再利用矩形模組(Rectangular Pattern)建構五溝 V 型槽。

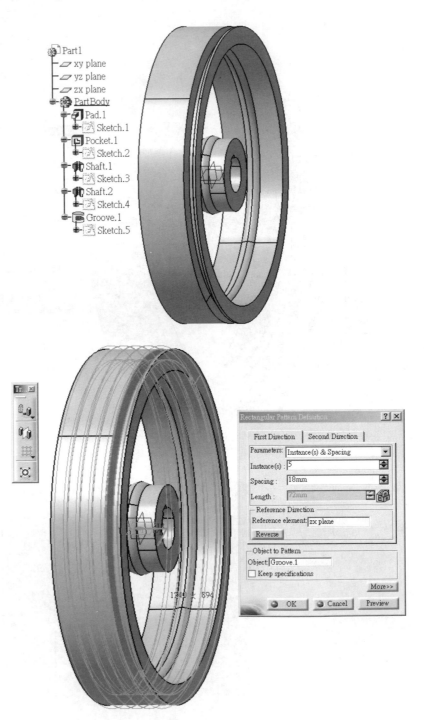

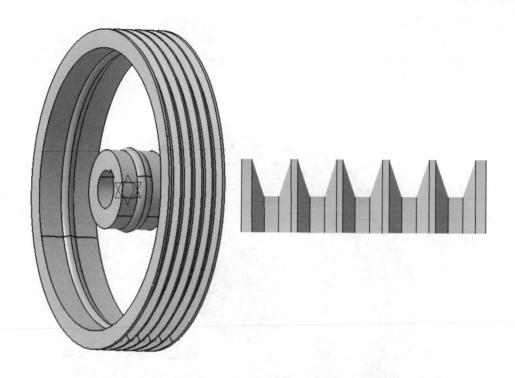

以上步驟均在元件設計模組進行實體建構，而橢圓柱肋需在造形設計模組進行。點選工作模組(WorkBench)功能鍵，進入造形設計模組(Generative Shape Design)。

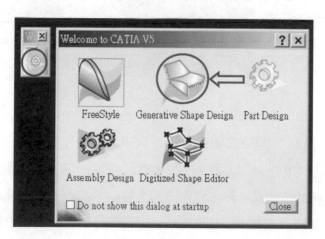

5. 建構橢圓柱肋曲面

　　於造形設計模組(Generative Shape Design)，建立二輔助面，與 yz 基面相距 67mm 與 198.5mm。

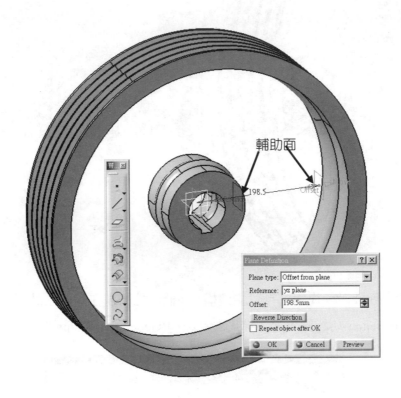

　　分別於輔助面上建構二橢圓，即點輔助面進入平面繪圖模組，點橢圓功能鍵後，點原點為橢圓之圓心；再往水平軸方向拉動，於適當位置點一點，建立橢圓之長軸；再往垂直軸方向拉動，於適當位置點一點，建立橢圓之短軸。並於橢圓上連續點二點，即呈現橢圓之參數表，分別輸入長軸半徑值 23mm、短軸半徑值 11.5mm 和長軸與水平軸之夾角 90 等參數值。

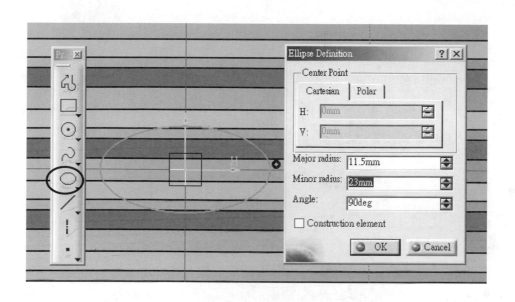

回元件設計模組，再以相同方法，於另一輔助面建立外環之橢圓截面，長軸半徑值 17mm 與短軸半徑值 8.5mm。於元件設計模組，點取連續面(Loft) 功能鍵，即呈現其參數表，分別點取二橢圓之截面(Section)。由於二截面均同一種截面，故無須建立導線(Guide)，且依線性關係進行連續截面建構。

注意方向

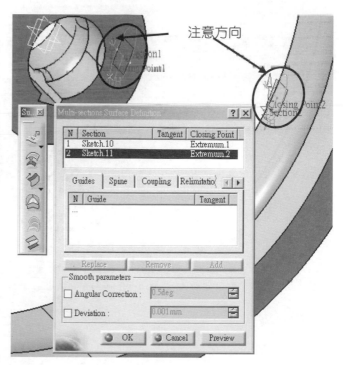

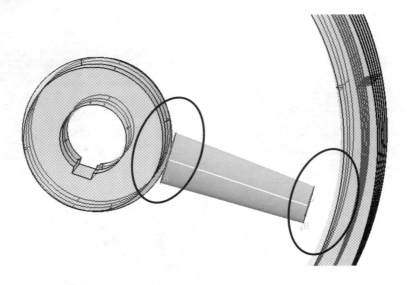

但須注意其起始點位置與方向。再點取曲面外沿伸(Extrapolate)功能鍵，於參數表中選取外廓(Profile)，於框中變深色，再點取連續面端部之橢圓截面；

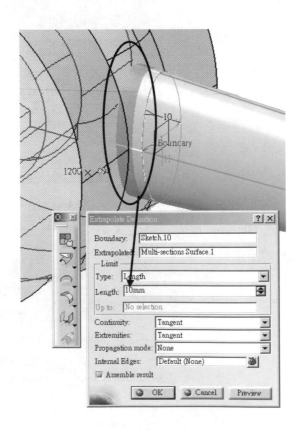

其次，選取第二個參數延伸方向(Direction)，點取連續面；然後直接於參數表中輸入適當長度值，請參閱下圖。同樣方法，於另一側亦向外延伸橢圓連續面至外環。

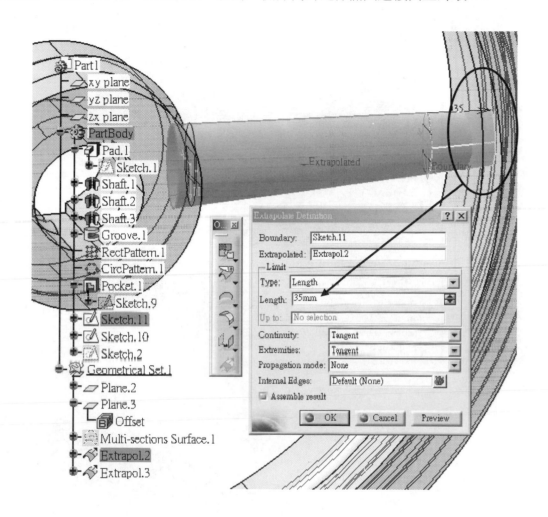

由於在造形設計模組建構只是曲面(Surface)非實體(Solid)，故需回原件設計模組進行實體建構。但此時非一封閉曲面，無法建構實體，因此，需將二端密封。

首先，先將實體隱藏，如上圖所示，於結構樹狀處點取元件(PartBody)，再按滑鼠右鍵，出現功能鍵選單，點選隱藏(Hide)功能鍵，將元件實體隱藏，保留曲面於畫面上。

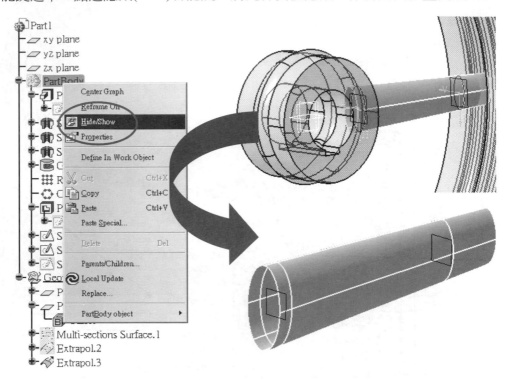

點選填滿曲面(Fill)功能鍵，再點選肋延伸面之端曲線，即可填滿一端端面，如圖。

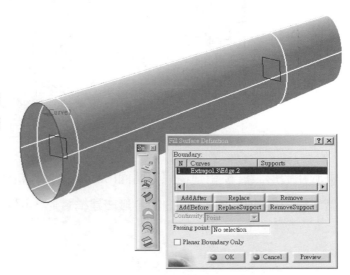

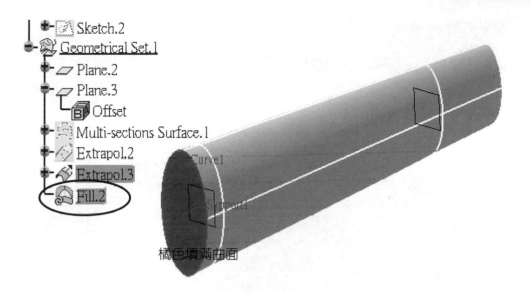

橘色填滿曲面

於樹狀結構點選填滿(Fill)面，改變端面顏色，即可顯示完成填滿動作。同樣方法，填滿另一端面。再點選連結(Joint)功能鍵，依序將端面、延伸面與連續面等曲面選取，即將五個曲面連結成單一封閉曲面，如下圖。

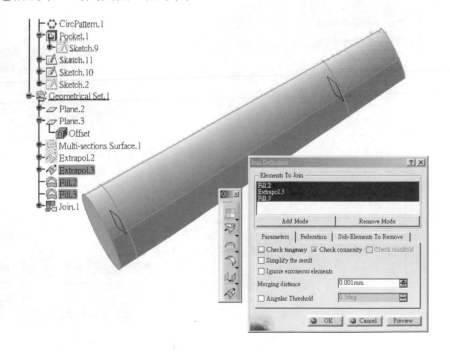

6. 建構肋實體

利用工作模組(WorkBench)功能鍵切換返回元件設計模組。

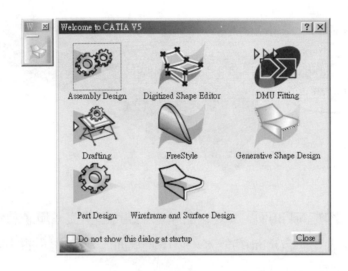

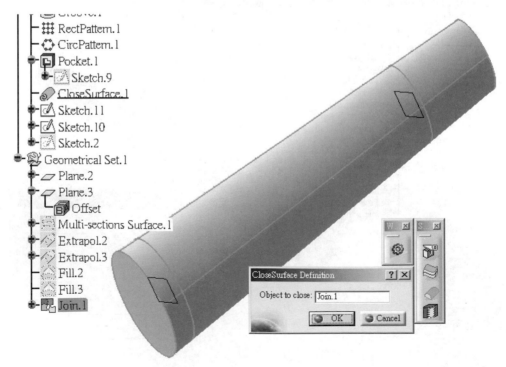

於結構樹狀點選連結曲面,再點選曲面實體(Close Surface)功能鍵,再按確定即可完成肋實體建構。於結構樹狀點之實體部分處即會呈現一密閉實體(Close Surface)。由於在上步驟將實體隱藏,此時實體無法顯示,故顯示實體並隱藏曲面,即可顯示實體肋。

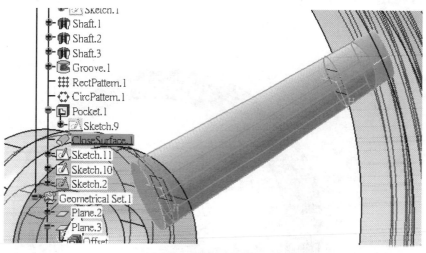

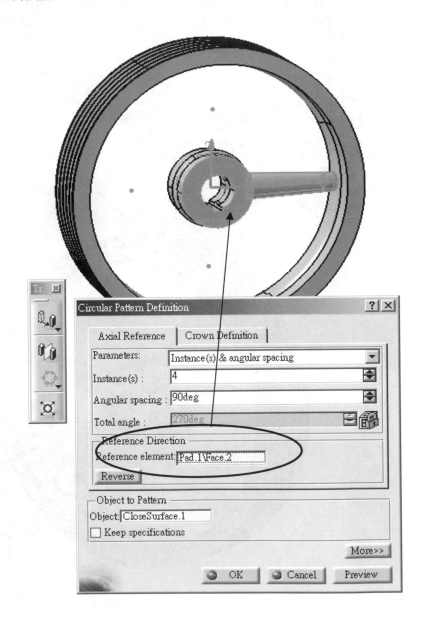

7. 建構四根肋

點選環狀模組(Circular Pattern)功能鍵，出現參數表，依序點選實體肋，設定四根與間距90°，再點選參考物件(Reference Element)，如圖。若參考物件點選錯誤，於畫面即會顯示錯誤位置，再調整至適當位置。

8. 倒圓角

通常小皮帶輪為碳鋼，以機械加工為主，尖銳處以倒角處理。而大皮帶輪為鑄鋼，以鑄造生產，尖銳處對模具而言為內凹的地方，故以圓角處理，如圖。

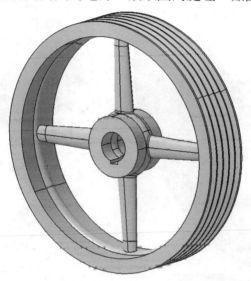

經倒角與倒圓角後即完成三角皮帶輪實體建構，如圖所示。

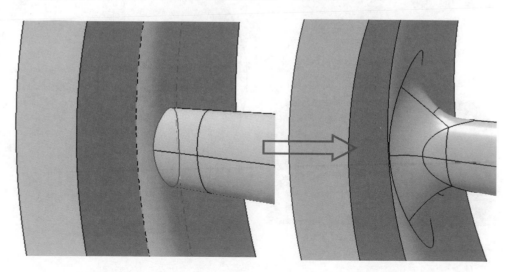

9. 完成

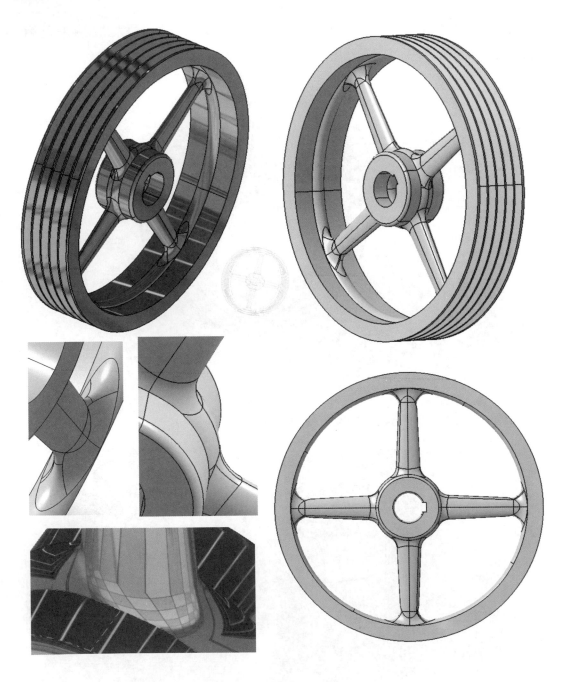

於步驟 5.建構橢圓柱肋曲面中使用外延伸面功能鍵與擠製面功能鍵所建構曲面之差
異，如下圖所示。外延伸面可延伸原曲面之斜度往外延伸，而擠製面係延伸原曲面之端
面，依設定方向等截面延伸。

外延伸面建構

擠製面建構

另外對於複雜曲面建構實體前，需先於造形設計模組檢驗是否達到密閉曲面。檢驗曲面密閉方法如下：

1. 由邊界線(Boundary)功能鍵顯示曲面邊界線，如下圖所示，綠色粗線爲邊界線。

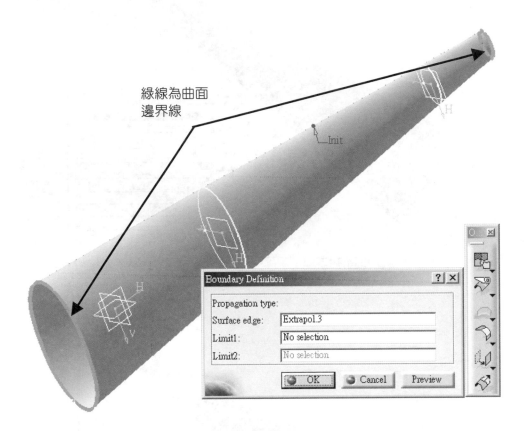

邊界線建構

於造形設計模組建構之曲面誰體設計模組進行實體(Close Surface)建構時，若非密閉曲面時即會出現圖之錯誤訊息，需進行曲面修補。

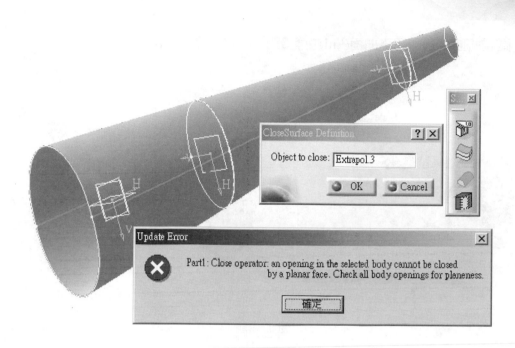

非封閉曲面錯誤訊息

於開放曲面只能長厚，若厚度超過曲面之曲率半徑時，即會發生擠料無法長厚，將出現圖之錯誤訊息，需減少厚度，直到小於曲率半徑值，方能建構一厚度之實體。另一方面，於基本幾何曲面如圓柱曲面等，無須密閉，即可長厚或建實體。

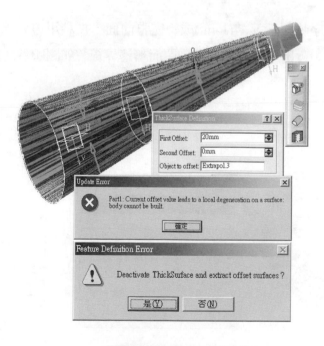

長厚厚度太厚之錯誤訊息

2. 大區域曲面需藉由填滿曲面(Fill)功能鍵填補二端邊界線曲面。

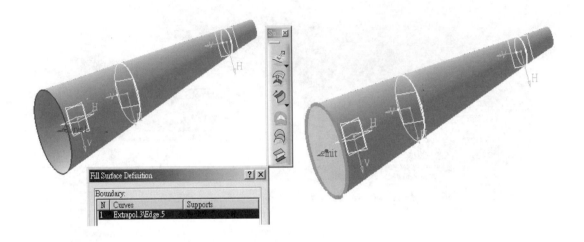

曲面封閉

3. 依序將曲面連結(Joint)成一完整曲面，再利用邊界線檢查是否達到密閉曲面，若密閉時，會出現訊息，即已密閉而無邊界線，如圖所示。

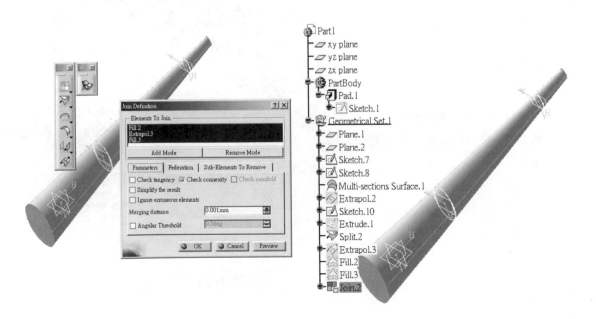

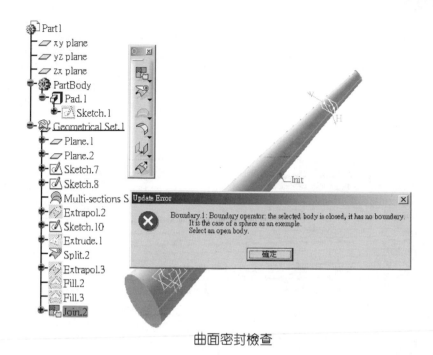

曲面密封檢查

4. 回元件設計模組，點選實體建構功能鍵，再點連結曲面，即可完成實體建構。

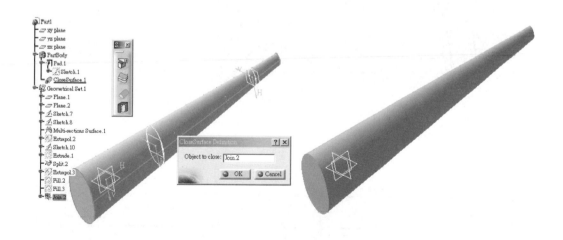

實體建構

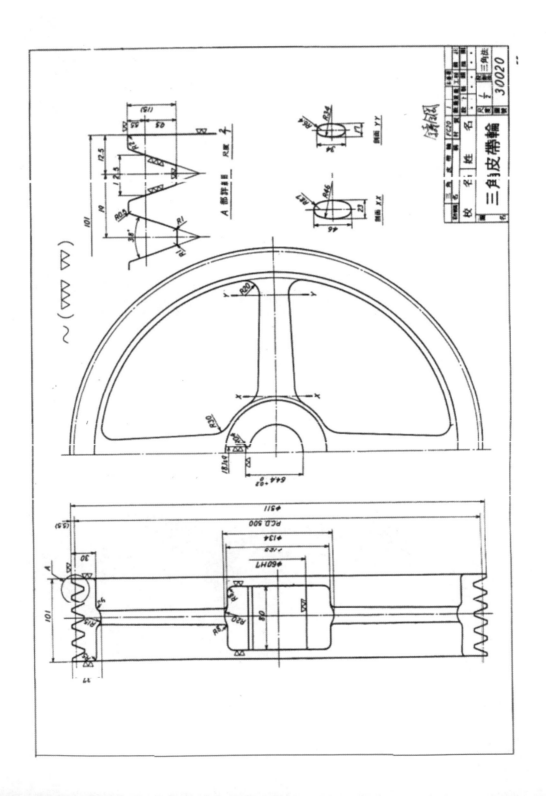

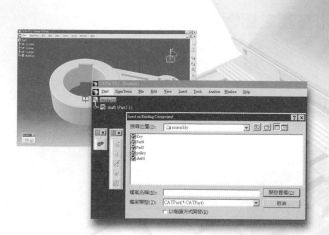

第 5 章

演 練

作業一：滾動軸承用螺帽(用墊圈之螺帽)

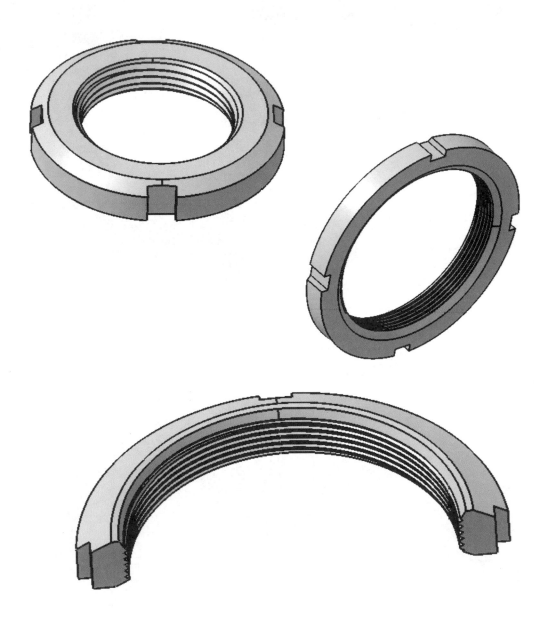

滾動軸承用螺帽 (⅓)

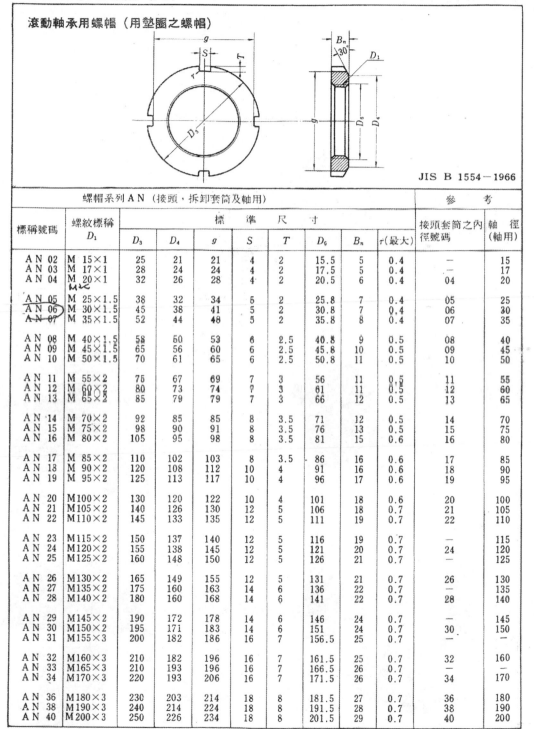

滾動軸承用螺帽（用墊圈之螺帽）

JIS B 1554－1966

標稱號碼	螺紋標稱 D_1	標　準　尺　寸								參　考	
		D_3	D_4	g	S	T	D_6	B_n	r(最大)	接頭套筒之內徑號碼	軸　徑（軸用）
AN 02	M 15×1	25	21	21	4	2	15.5	5	0.4	—	15
AN 03	M 17×1	28	24	24	4	2	17.5	5	0.4	—	17
AN 04	M 20×1	32	26	28	4	2	20.5	6	0.4	04	20
AN 05	M 25×1.5	38	32	34	5	2	25.8	7	0.4	05	25
AN 06	M 30×1.5	45	38	41	5	2	30.8	7	0.4	06	30
AN 07	M 35×1.5	52	44	48	5	2	35.8	8	0.4	07	35
AN 08	M 40×1.5	58	50	53	6	2.5	40.8	9	0.5	08	40
AN 09	M 45×1.5	65	56	60	6	2.5	45.8	10	0.5	09	45
AN 10	M 50×1.5	70	61	65	6	2.5	50.8	11	0.5	10	50
AN 11	M 55×2	75	67	69	7	3	56	11	0.5	11	55
AN 12	M 60×2	80	73	74	7	3	61	11	0.5	12	60
AN 13	M 65×2	85	79	79	7	3	66	12	0.5	13	65
AN 14	M 70×2	92	85	85	8	3.5	71	12	0.5	14	70
AN 15	M 75×2	98	90	91	8	3.5	76	13	0.5	15	75
AN 16	M 80×2	105	95	98	8	3.5	81	15	0.6	16	80
AN 17	M 85×2	110	102	103	8	3.5	86	16	0.6	17	85
AN 18	M 90×2	120	108	112	10	4	91	16	0.6	18	90
AN 19	M 95×2	125	113	117	10	4	96	17	0.6	19	95
AN 20	M100×2	130	120	122	10	4	101	18	0.6	20	100
AN 21	M105×2	140	126	130	12	5	106	18	0.7	21	105
AN 22	M110×2	145	133	135	12	5	111	19	0.7	22	110
AN 23	M115×2	150	137	140	12	5	116	19	0.7	—	115
AN 24	M120×2	155	138	145	12	5	121	20	0.7	24	120
AN 25	M125×2	160	148	150	12	5	126	21	0.7	—	125
AN 26	M130×2	165	149	155	12	5	131	21	0.7	26	130
AN 27	M135×2	175	160	163	14	6	136	22	0.7	—	135
AN 28	M140×2	180	160	168	14	6	141	22	0.7	28	140
AN 29	M145×2	190	172	178	14	6	146	24	0.7	—	145
AN 30	M150×2	195	171	183	14	6	151	24	0.7	30	150
AN 31	M155×3	200	182	186	16	7	156.5	25	0.7	—	—
AN 32	M160×3	210	182	196	16	7	161.5	25	0.7	32	160
AN 33	M165×3	210	193	196	16	7	166.5	26	0.7	—	—
AN 34	M170×3	220	193	206	16	7	171.5	26	0.7	34	170
AN 36	M180×3	230	203	214	18	8	181.5	27	0.7	36	180
AN 38	M190×3	240	214	224	18	8	191.5	28	0.7	38	190
AN 40	M200×3	250	226	234	18	8	201.5	29	0.7	40	200

螺帽系列 A N（接頭，拆卸套筒及軸用）

作業二：環首螺栓

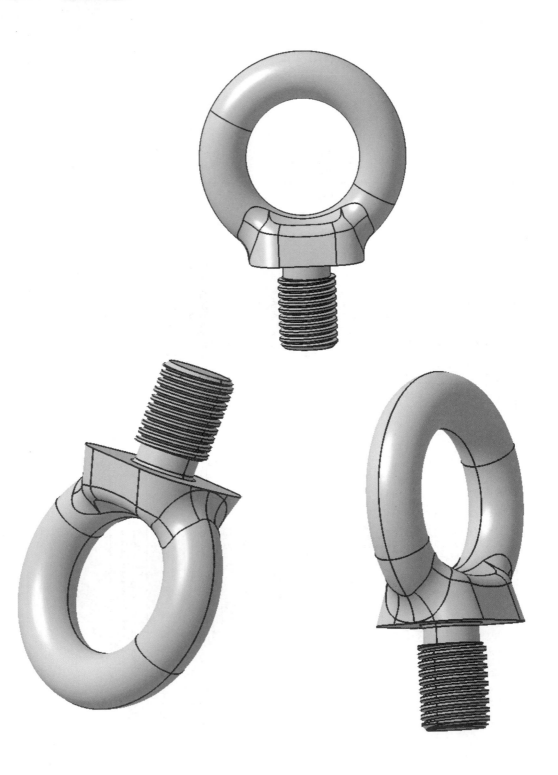

環首螺帽

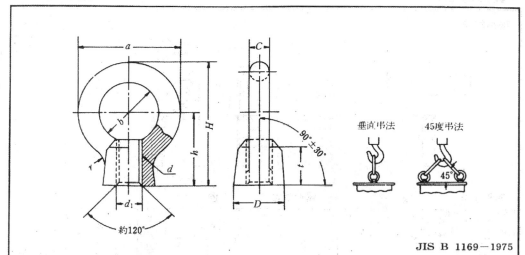

JIS B 1169－1975

螺紋標稱 d	a	b	C	D	t	h	H (參考)	r (約)	d_1	工作負載　kg	
										垂直串法	45度串法 (每對)
M 8	32.6	20	6.3	16	12	23	39.3	8	8.5	80	80
M 10	41	25	8	20	15	28	48.5	10	10.6	150	150
M 12	50	30	10	25	19	36	61	12	12.5	220	220
M 16	60	35	12.5	30	23	42	72	14	17	450	450
M 20	72	40	16	35	28	50	86	16	21.2	630	630
M 24	90	50	20	45	38	66	111	25	25	950	950
M 30	110	60	25	60	46	80	135	30	31.5	1500	1500
M 36	133	70	31.5	70	55	95	161.5	35	37.5	2300	2300
M 42	151	80	35.5	80	64	109	184.5	40	45	3400	3400
M 48	170	90	40	90	73	123	208	45	50	4500	4500
M 64	210	110	50	110	90	151	256	50	67	9000	9000
M 80×6	266	140	63	130	108	184	317	60	85	15000	15000

螺紋標稱	螺距	外　徑		有　效　徑		保證負載 1000 kg
		最大	最小	最大	最小	
M 8	1.25	7.813	7.760	7.188	7.098	0.24
M 10	1.5	9.791	9.732	9.026	8.920	0.45
M 12	1.75	11.767	11.701	10.863	10.745	0.66
M 16	2	15.752	15.682	14.701	14.576	1.35
M 20	2.5	19.706	19.623	18.376	18.244	1.89
M 24	3	23.670	23.577	22.051	21.891	2.85
M 30	3.5	29.628	29.522	27.727	27.557	4.50
M 36	4	35.583	35.465	33.402	33.222	6.90
M 42	4.5	41.562	41.437	39.077	38.887	10.2
M 48	5	47.531	47.399	44.752	44.552	13.5
M 64	6	63.470	63.320	60.103	59.879	27
M 80	6	79.470	79.320	76.103	75.879	45

1. 不可在保證負載以下發生裂斷，或環首部分發生0.5%以上之永久變形。
2. 保證負載應保持工作負載之3倍。
3. 材料爲SS41，S17C，S20C，經過鍛造後之正常化溫度爲870～920℃氣冷。
4. 45度串法之工作負載，其螺帽之座面應緊貼於配件，又2具螺帽之方向，如上圖所示在同一平面場合，方可適用。

作業三：槽六角螺帽

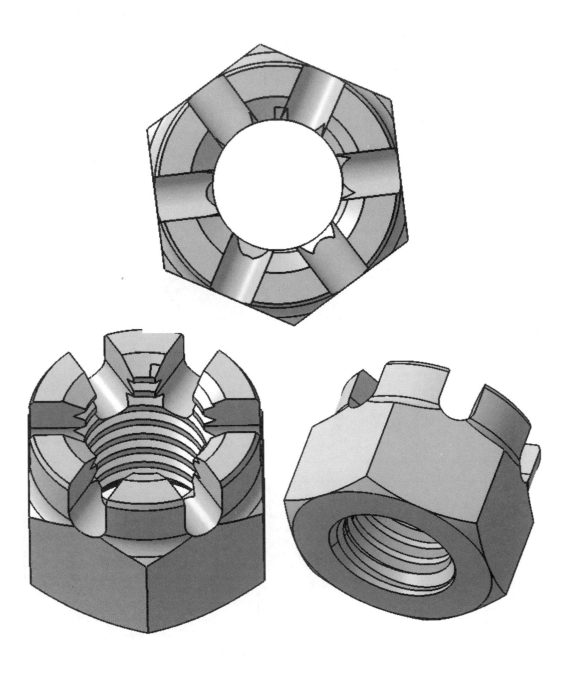

有槽六角螺帽

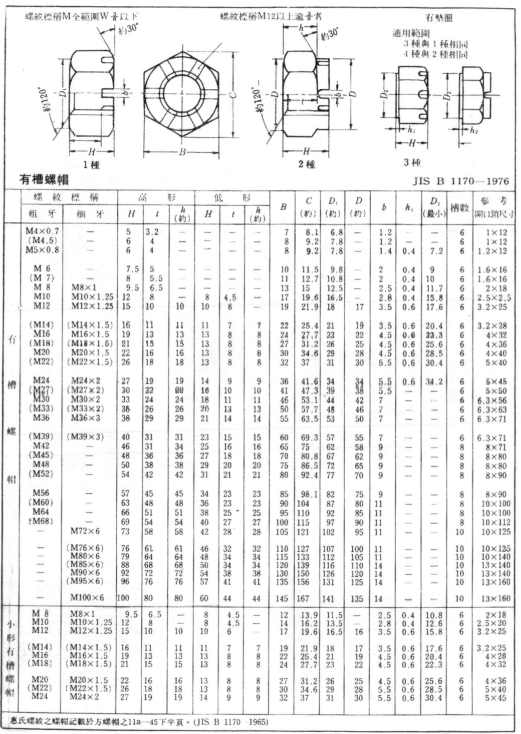

螺紋標稱M全範圍W者以下　　　螺紋標稱M12以上逾者　　　有墊圈

適用範圍
3 種與 1 種相同
4 種與 2 種相同

1種　　　　2種　　　　3種

有槽螺帽　　　　　　　　　　　　　　　　JIS B 1170—1976

螺 紋 標 稱		高 形			低 形			B	C (約)	D₁ (約)	D (約)	b	h₁	D₂ (最小)	槽數	參 考 開口銷尺寸
粗 牙	細 牙	H	t	h (約)	H	t	h (約)									
M4×0.7	—	5	3.2	—	—	—	—	7	8.1	6.8	—	1.2	—	—	6	1×12
(M4.5)	—	6	4	—	—	—	—	8	9.2	7.8	—	1.2	—	—	6	1×12
M5×0.8	—	6	4	—	—	—	—	8	9.2	7.8	—	1.4	0.4	7.2	6	1.2×12
M 6	—	7.5	5	—	—	—	—	10	11.5	9.8	—	2	0.4	9	6	1.6×16
(M 7)	—	8	5.5	—	—	—	—	11	12.7	10.8	—	2	0.4	10	6	1.6×16
M 8	M8×1	9.5	6.5	—	—	—	—	13	15	12.5	—	2.5	0.4	11.7	6	2×18
M10	M10×1.25	12	8	—	8	4.5	—	17	19.6	16.5	—	2.8	0.4	15.8	6	2.5×2.5
M12	M12×1.25	15	10	10	10	6	—	19	21.9	18	17	3.5	0.6	17.6	6	3.2×25
(M14)	(M14×1.5)	16	11	11	11	7	7	22	25.4	21	19	3.5	0.6	20.4	6	3.2×28
M16	M16×1.5	19	13	13	13	8	8	24	27.7	23	22	4.5	0.6	23.3	6	4×32
(M18)	(M18×1.5)	21	15	15	13	8	8	27	31.2	26	25	4.5	0.6	25.6	6	4×36
M20	M20×1.5	22	16	16	13	8	8	30	34.6	28	28	4.5	0.6	28.5	6	4×40
(M22)	(M22×1.5)	26	18	18	13	8	8	32	37	31	30	5.5	0.6	30.4	6	5×40
M24	M24×2	27	19	19	14	9	9	36	41.6	34	34	5.5	0.6	34.2	6	5×45
(M27)	(M27×2)	30	22	22	16	10	10	41	47.3	39	38	5.5	—	—	6	5×50
M30	M30×2	33	24	24	18	11	11	46	53.1	44	42	7	—	—	6	6.3×56
(M33)	(M33×2)	35	26	26	20	13	13	50	57.7	48	46	7	—	—	6	6.3×63
M36	M36×3	38	29	29	21	14	14	55	63.5	53	50	7	—	—	6	6.3×71
(M39)	(M39×3)	40	31	31	23	15	15	60	69.3	57	55	7	—	—	6	6.3×71
M42	—	46	31	34	25	16	16	65	75	62	58	9	—	—	8	8×71
(M45)	—	48	36	36	27	18	18	70	80.8	67	62	9	—	—	8	8×80
M48	—	50	38	38	29	20	20	75	86.5	72	65	9	—	—	8	8×80
(M52)	—	54	42	42	31	21	21	80	92.4	77	70	9	—	—	8	8×90
M56	—	57	45	45	34	23	23	85	98.1	82	75	9	—	—	8	8×90
(M60)	—	63	48	48	36	23	23	90	104	87	80	11	—	—	8	10×100
M64	—	66	51	51	38	25	25	95	110	92	85	11	—	—	8	10×100
(M68)	—	69	54	54	40	27	27	100	115	97	90	11	—	—	8	10×112
—	M72×6	73	58	58	42	28	28	105	121	102	95	11	—	—	10	10×125
—	(M76×6)	76	61	61	46	32	32	110	127	107	100	11	—	—	10	10×125
—	M80×6	79	64	64	48	34	34	115	133	112	105	11	—	—	10	10×140
—	(M85×6)	88	68	68	50	34	34	120	139	116	110	14	—	—	10	13×140
—	M90×6	92	72	72	54	38	38	130	150	126	120	14	—	—	10	13×140
—	(M95×6)	96	76	76	57	41	41	135	156	131	125	14	—	—	10	13×160
—	M100×6	100	80	80	60	44	44	145	167	141	135	14	—	—	10	13×160
M 8	M8×1	9.5	6.5	—	8	4.5	—	12	13.9	11.5	—	2.5	0.4	10.8	6	2×18
M10	M10×1.25	12	8	—	8	4.5	—	14	16.2	13.5	—	2.8	0.4	12.6	6	2.5×20
M12	M12×1.25	15	10	10	10	6	—	17	19.6	16.5	16	3.5	0.6	15.8	6	3.2×25
(M14)	(M14×1.5)	16	11	11	11	7	7	19	21.9	18	17	3.5	0.6	17.6	6	3.2×25
M16	M16×1.5	19	13	13	13	8	8	22	25.4	21	19	4.5	0.6	20.4	6	4×28
(M18)	(M18×1.5)	21	15	15	13	8	8	24	27.7	23	22	4.5	0.6	22.3	6	4×32
M20	M20×1.5	22	16	16	13	8	8	27	31.2	26	25	4.5	0.6	25.6	6	4×36
(M22)	(M22×1.5)	26	18	18	13	8	8	30	34.6	29	28	5.5	0.6	28.5	6	5×40
M24	M24×2	27	19	19	14	9	9	32	37	31	30	5.5	0.6	30.4	6	5×45

（左側欄位標記：有　槽　螺　帽　／　小　形　有　槽　螺　帽）

惠氏螺紋之螺帽記載於方螺帽之11a—45下半頁。(JIS B 1170—1965)

作業四：埋頭機器螺釘

平形端　錐形端　杯形端　　　　　　JIS B 1177－1980

圓形底　杯形錐底　圓錐底　鑽頭底

六角承窩頭固定螺栓

螺紋標稱 (d)	螺距 P	螺紋徑底 B	C (約)	e (約)	m (最小)	平形端 K	全柱頭端 d₁	全柱頭端 C₁ (約)	全柱頭端 r₁ (約)	錐形端 C₃ (約)	杯形端 d₂ (約)	杯形端 C₄ (約)	長度 l
M 3×0.5	0.5	1.5	1.7	0.3	1.5	0.6	—	—	—	1.2	1.5	0.8	3～10
M 4×0.7	0.7	2	2.3	0.3	2	0.8	—	—	—	1.6	2	1	4～16
M 5×0.8	0.8	2.5	2.9	0.5	2.5	0.9	3.5	3	0.3	2	2.5	1.2	5～20
M 6	1	3	3.6	0.5	3	1	4	3	0.4	2.5	3	1.5	6～25
M 8	1.25	4	4.7	0.6	4	1.2	5.5	5	0.4	3	5	1.5	8～32
M10	1.5	5	5.9	0.8	4	1.5	7	5	0.5	3.5	6	2	10～40
M12	1.75	6	7	1	5	2	9	6	0.6	4.5	8	2	12～50
(M14)	2	6	7	1	6	2	10	6	0.8	5	9	2.5	14～50
M16	2	8	9.4	1.1	6	2	12	8	0.8	6	10	3	18～50
(M18)	2.5	8	9.4	1.1	8	2.5	13	8	0.8	6.5	12	3	18～50
M20	2.5	10	11.7	1.2	8	2.5	15	8	1	7	14	3	20～50

長度 l 之基本尺寸　1968之規定　3，4，5，6，8，10，12，14，16，18，20，22，25，28，32，35，40，45，50

1965之規定　3，4，5，6，8，10，12，14，16，18，20，22，25，28，32，36，40，45，50

JIS 公 制 螺 紋 （⅛）

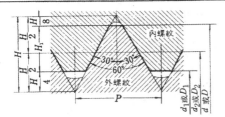

$$H = 0.866025\,P \qquad d_2 = d - 0.649519\,P$$
$$H_1 = 0.541266\,P \qquad d_1 = d - 1.082532\,P$$
$$D = d \qquad D_2 = d_2 \qquad D_1 = d_1$$

公制粗牙螺紋

JIS B 0205—1973

螺 紋 之 標 稱 [1]			螺距 P	作用高度 H_1	內 螺 紋		
					根徑 D	有效徑 D_2	內徑 D_1
					外 螺 紋		
1	2	3			外 徑 d	有效徑 d_2	根 徑 d_1
M1			0.25	0.135	1.000	0.838	0.729
	M1.1		0.25	0.135	1.100	0.938	0.829
M1.2			0.25	0.135	1.200	1.038	0.929
	M1.4		0.3	0.162	1.400	1.205	1.075
M1.6			0.35	0.189	1.600	1.373	1.221
	M1.8		0.35	0.189	1.800	1.573	1.421
M2			0.4	0.217	2.000	1.740	1.567
	M2.2		0.45	0.244	2.200	1.908	1.713
M2.5			0.45	0.244	2.500	2.208	2.013
M3×0.5			0.5	0.271	3.000	2.675	2.459
	M3.5		0.6	0.325	3.500	3.110	2.850
M4×0.7			0.7	0.379	4.000	3.545	3.242
	M4.5		0.75	0.406	4.500	4.013	3.688
M5×0.8			0.8	0.433	5.000	4.480	4.134
M6			1	0.541	6.000	5.350	4.917
		M 7	1	0.541	7.000	6.350	5.917
M 8			1.25	0.677	8.000	7.188	6.647
		M 9	1.25	0.677	9.000	8.188	7.647
M10			1.5	0.812	10.000	9.026	8.376
		M11	1.5	0.812	11.000	10.026	9.376
M12			1.75	0.947	12.000	10.863	10.106
	M14		2	1.083	14.000	12.701	11.835
M16			2	1.083	16.000	14.701	13.835
	M18		2.5	1.353	18.000	16.376	15.294
M20			2.5	1.353	20.000	18.376	17.294
	M22		2.5	1.353	22.000	20.376	19.294
M24			3	1.624	24.000	22.051	20.752
	M27		3	1.624	27.000	25.051	23.752
M30			3.5	1.894	30.000	27.727	26.211
	M33		3.5	1.894	33.000	30.727	29.211
M36			4	2.165	36.000	33.402	31.670
	M39		4	2.165	39.000	36.402	34.670
M42			4.5	2.436	42.000	39.077	37.129
	M45		4.5	2.436	45.000	42.077	40.129
M48			5	2.706	48.000	44.752	42.587
	M52		5	2.706	52.000	48.752	46.587
M56			5.5	2.977	56.000	52.428	50.046
	M60		5.5	2.977	60.000	56.428	54.046
M64			6	3.248	64.000	60.103	57.505
	M68		6	3.248	68.000	64.103	61.505

註 (1) 以第1欄為優先，為必要依第2，3欄之順序加以選擇
參 考 1欄，2欄及3欄與規定於ISO261之ISO一般用公制螺紋標稱直徑之選擇基準相同。

附 屬 書

本附屬書關於 M1.7, M2.3 及 M2.6 之螺紋規定如右欄所示。本螺紋未曾記載於ISO規定內，又行將註銷作廢，於是在新設計之機械等以不使用為宜。

螺 紋 之 標 稱	螺距 P	作用高度 H_1	內 螺 紋		
			根 徑 D	有 效 徑 D_1	內 徑 D_1
			外 螺 紋		
			外 徑 d	有 效 徑 d_2	根 徑 d_1
M1.7	0.35	0.189	1.700	1.473	1.321
M2.3	0.4	0.217	2.300	2.040	1.867
M2.6	0.45	0.244	2.600	2.308	2.113

第五篇

製圖篇

第 1 章 製圖流程與綱要

第 2 章 進入繪圖模組(Drafting)

第 3 章 繪圖參數設定

第 4 章 製圖之工具列功能

第 5 章 幾何公差標定範例－軸承內環製圖

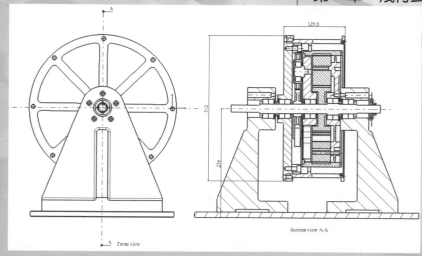

第1章

製圖流程與綱要

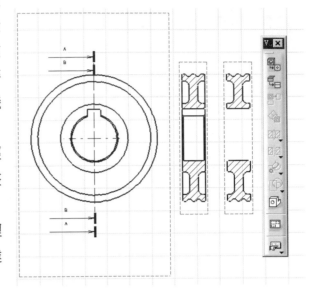

「製圖」係一門具有相當技術性之課程，它最主要的目的是如何將設計理念以最適確的圖形表達出來，這關係到加工製造、定位組裝、成本評估等，所以設計者必須具備有包括機械設計、機械製造、材料與熱處理、製圖等學能本質，並涵蓋工程實務經驗。通常欲將基本學理與工程實務整合，且融會貫通，是一件不易的事，需於工程實務上磨練，結合基本學理多加運用，方能使設計理念充分表達出來。

目前設計軟體最主要功能在於圖學，將過去在圖學練習的三視圖部分，已以軟體取代；但如何以有效視圖表達實體、如何標示尺寸與公差、如何設定基準面、如何決定公差量、如何標註說明等仍為設計者必須考量。也就是說何時需使用剖面、詳細圖等來表達；那些尺寸需標在同一視圖，那些尺寸需標在另一視圖，如何區分方能使圖面表達清楚，但又不重複；如何依據加工機種類、企業技術能力與設備精度等，來標定加工公差量；如何標定材質、硬度、強度與熱處理方法間之關係等等，仍為設計者必須決定與研習。另一方面目前軟體均由實體建構元件後，再轉成製圖之三視圖，造成初學者對視圖觀念相當缺乏與不重視，殊不知目前加工表示仍以三視圖為主，如何將三視圖結合轉成實體，是一優秀工程師必備之技能。同時，在組裝上需特別注意，軟體建構出來的元件，不具有實體性，即在軟體上二元件可穿透進行組裝，但實際上卻不能穿透，這亦是初學者常犯的問題，也是電腦軟體來進行設計時，設計者需隨時要有的觀念與注意點。

繪製元件三視圖(Drawing)主要目的在於將設計完成的元件付出實現，就是能將元件製造出來。而加工元件目前仍需利用三視圖來表示，包括元件外型、尺寸、一般公差、幾何公差與附記等(此相關知識請參閱圖學與機械畫)。在 CATIA 電腦輔助設計的這套軟體中，圖學部分正提供了將元件立體圖轉換成三視圖，詳細圖與剖面圖可經選定後能自動繪製，尺寸標定、公差配合等可由設計者進行建構等等的功能。

　　CATIA 設計流程如圖 1 所示(注意流程之箭頭方向)。設計修改後，製圖尺寸亦可經更新(Update)自動修正。但在「製圖模式」進行修改時，無法於「元件模式」自動變更；想變更設計時，在元件設計修改後，分別於組裝模式與製圖模式進行自動變更，即可完成變更設計工作。

　　本篇共分為進入繪圖模組(Drafting)、繪圖參數設定、製圖工具列功能與幾何公差標定範例－軸承內環等四章。主要學習綱要有：

　　－實體轉製圖模式

　　－製圖視圖：三視圖、剖視圖、詳細圖、立體圖

　　－尺寸與註解標定：尺寸標定、一般公差標定、幾何公差標定、表面粗糙度標定

　　－圖名、日期、比例等加註

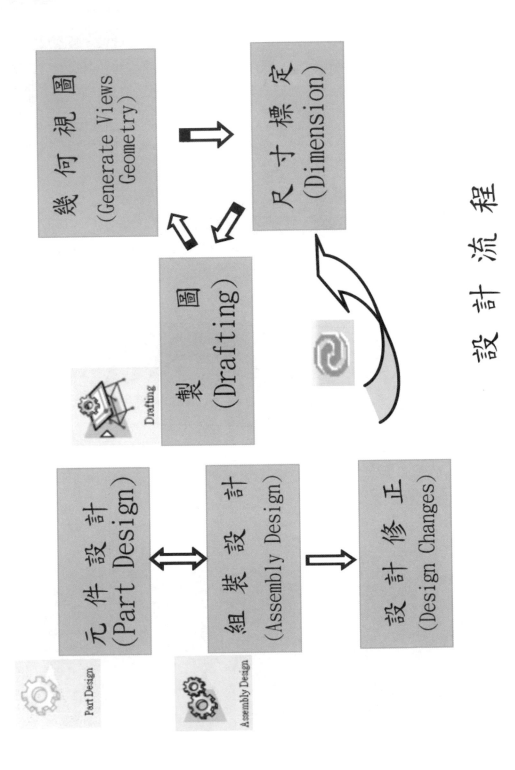

設 計 流 程

第2章

進入繪圖模組(Drafting)

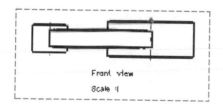

Front view
Scale :1

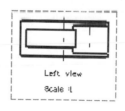

Left view
Scale :1

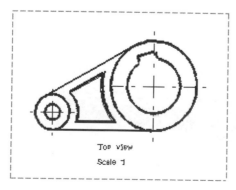

Top view
Scale :1

舉連桿元件範例來說明進入平面繪圖模組(Drafting)，並依序說明步驟。

1. 首先開啓已建構完成的實體圖。

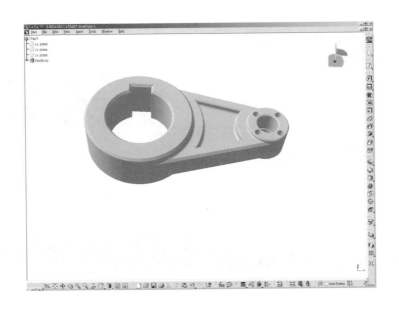

2. 再以滑鼠點選幾何元件的正視圖面。

點取正視圖基面

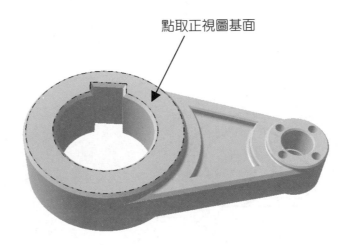

3. 由工具選單 Start 下拉，選取繪圖模組(Drafting)Drafting，如左上圖。

4. 選取所需要視圖佈置的種類，如右上圖；並可由修改選項 Modify，進入紙張規範、格式、方向與比例設定，如下圖。

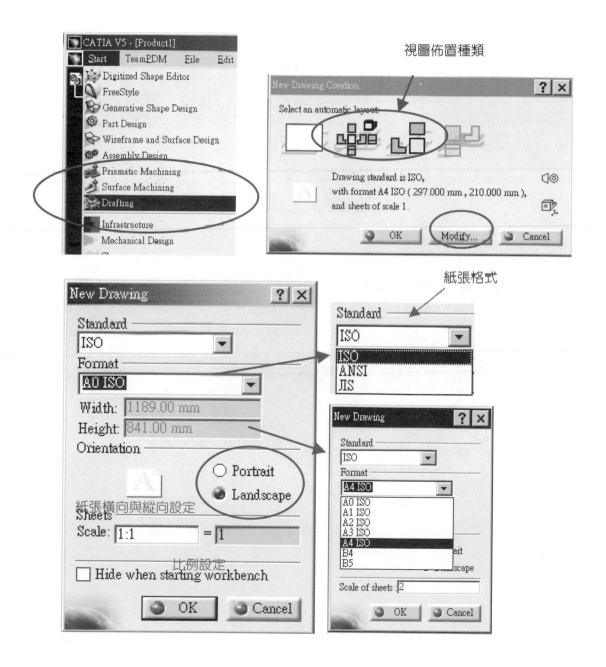

5. 當完成設定後，即可進入製圖模組(Drafting)，如上圖。而圖內顯示的是第一角法表示，可拉動視圖框，改為目前所習用的第三角法來表示。

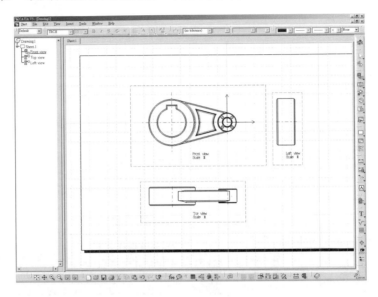

　　　如步驟 2.點取側面為正視圖面，即得下頁的三視圖。

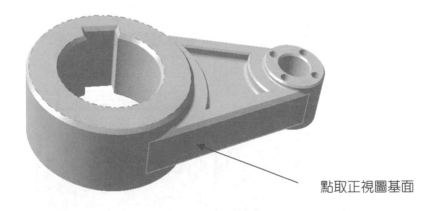

點取正視圖基面

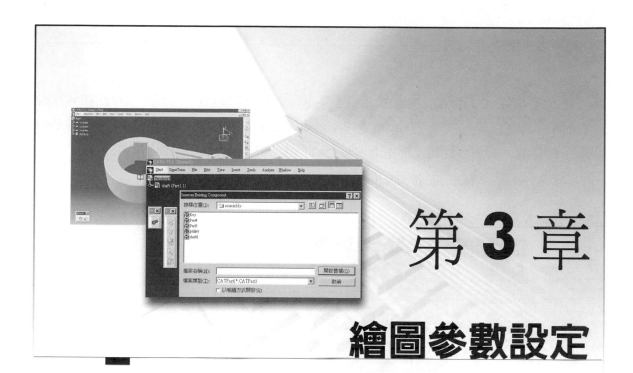

第 **3** 章

繪圖參數設定

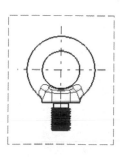 

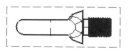 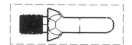

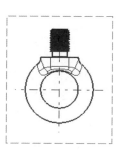

在進入 CATIA 製圖(Drafting)模組下，先進行製圖參數的設定，概括性介紹在元件設計篇的第二章第三節已提及過，不再重複。為強調本項的重要性，現將繪圖時所必需用的基本參數設定，再加以說明。首先由進入 CATIA 製圖模組(Drafting)開始：

Tools→Option→Mechanical→Drafting

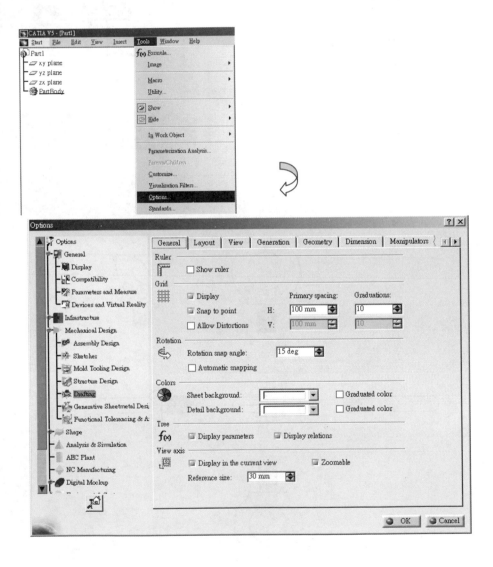

1. 由 Tool 工具列下拉，選取 Option，進行尺寸量測、單位、格點設定、視圖特性、尺規
   顯示
   (1)　尺寸與線條顏色設定(Dimension)

   　　　Tools→Option→Mechanical→Drafting→Dimension

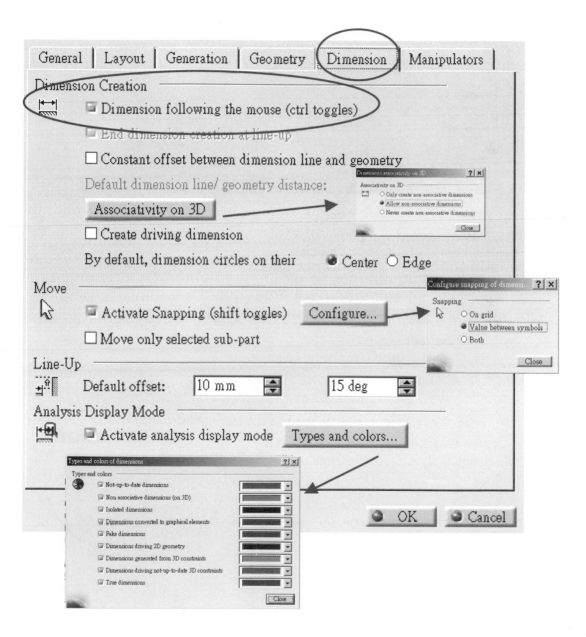

(2) 單位設定(Units)

基本單位之設定對製圖而言是非常重要，是要以那一種單位製訂，須事先定義，如 mm、m、inch 或 ft 等。

Tools→Option→General→Parameter→Units

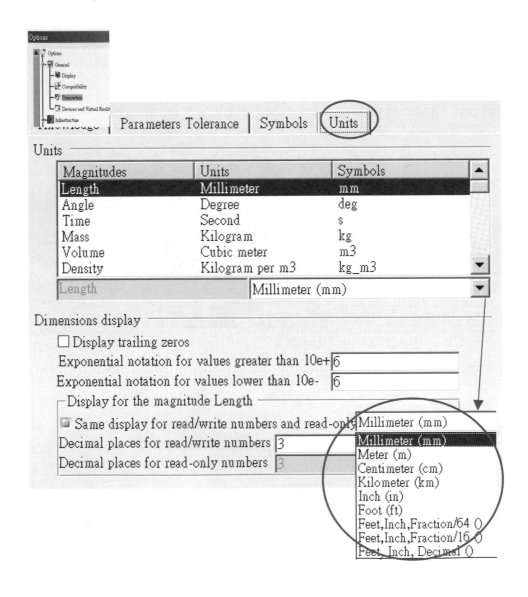

(3) 格點設定與尺規顯示(General)

一般在製圖模式下,可依使用者之習慣,自行設定尺規顯示與否,格點大小定義及旋轉角度等。

Tools→Option→Mechanical Design→Drafting→General

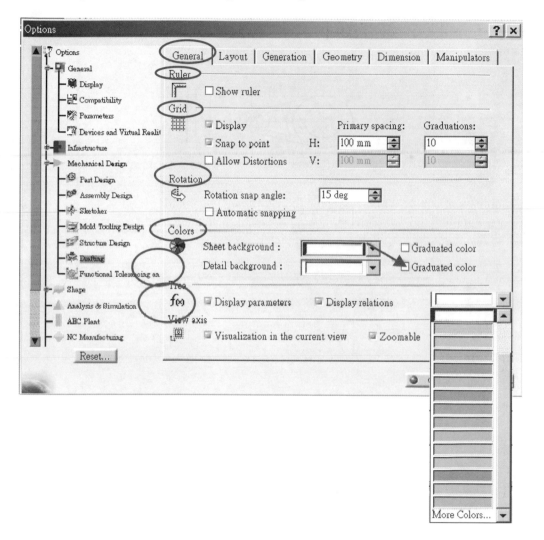

尺規

格點之設定

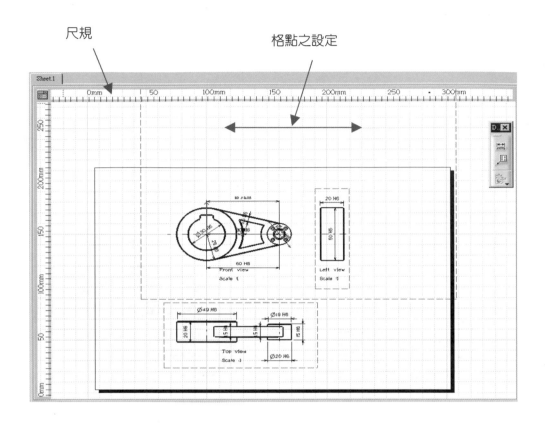

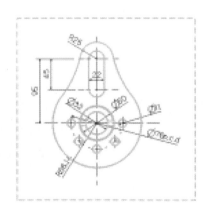

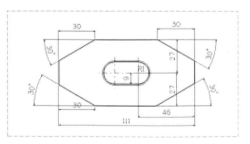

(4)　軸線與隱藏線設定(View)

　　在製圖模組中，繪圖時軸線或中心線的定義及線條種類設定，倒角線與隱藏線依
視圖複雜度來決定是否(on/off)顯示等相關參數設定。

　　Tools→Option→Mechanical Design→Drafting→View

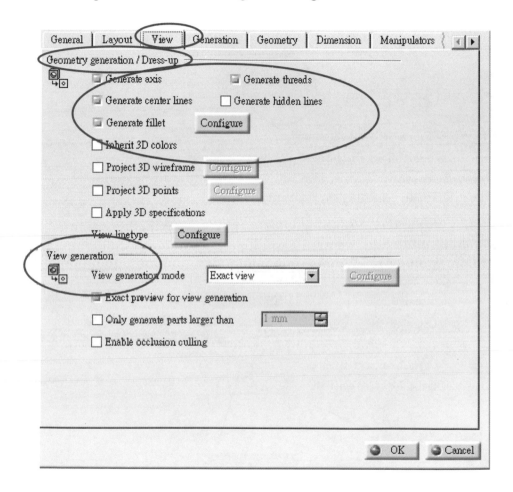

(5) 輔助功能設定(Geometry)

在製圖模組下，CATIA 具有下述補助功能－水平、直立、平行、垂直、同心、同軸、相切與對稱等功能，提供使用者自行設定。

Tools→Option→Mechanical Design→Drafting→Geometry

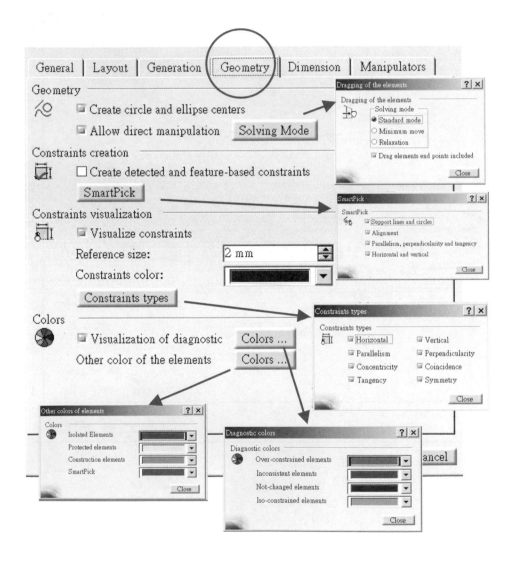

(6)　視圖特性設定(Layout)

在製圖模組中，可選擇視圖的名稱、比例及外框等顯示與否。

Tools→Option→Mechanical Design→Drafting→Layout

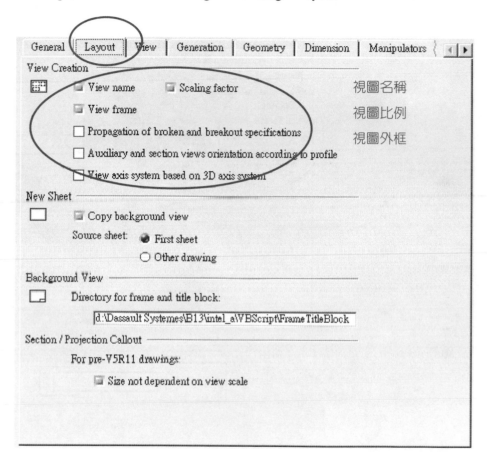

通常不顯示視圖的名稱與比例，但外框則必須顯示，以便於制定尺寸時，才能很清楚的知道目前在那個視圖下進行工作。但在最後完成出圖時則須隱藏視圖的外框。外框隱藏方式除了可在本參數表設定外，亦可在各視圖按右鍵進行隱藏。

2. 已進入製圖模組下，點選工具選單 View 下拉，設定繪圖模組(Drafting)下的全視圖與結構組織。

Drafting→View→Specification

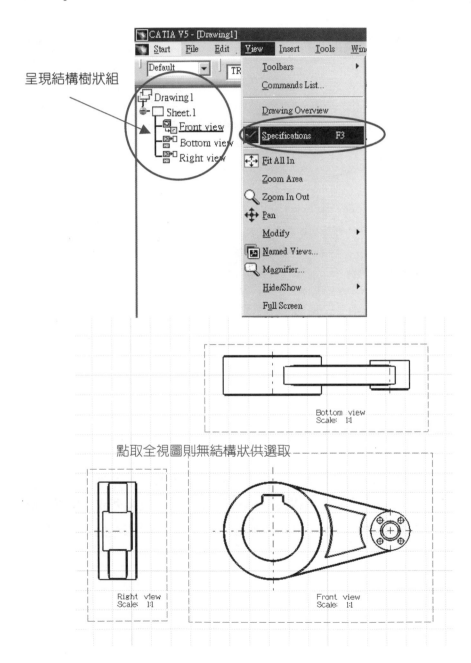

3. 繪圖模組格式設定(Drafting)

　　製圖時對於所繪的繪圖紙規格與形式，除了可從實體圖進入製圖模式時設定外，亦可在製圖的模式本身中再加以設定。由工具選單　File　下拉，點取　Page Setup　進行相關參數的設定。

File→Page Setup

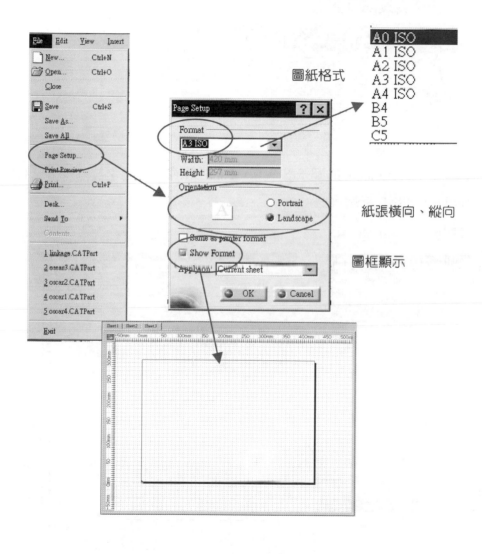

圖紙格式

紙張橫向、縱向

圖框顯示

4. 格線與擷取功能

　　在繪圖中，需作小部份的移動時可利用擷取 (Snap) 工具列來進行修正

　　位置微調時，需放開擷取 (Snap) 功能，進行調整。

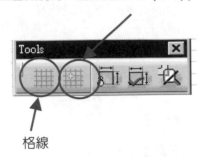

格線

5. 圖名、比例與角法設定

　　點取結構樹狀(Tree structure)的圖紙(Sheet)，並按住視窗功能鍵下拉或按滑鼠右鍵，再
點取 Properties，即出現參數視窗。

　　Edit→Properties

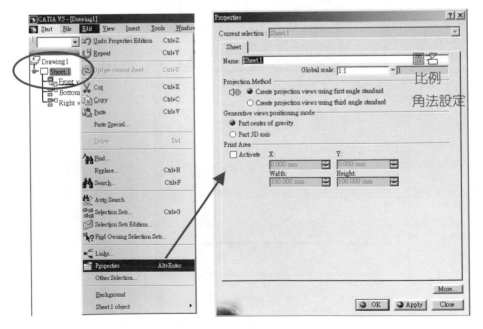

6. 視圖參數設定

在點取結構樹狀(Tree structure)的前視圖(Front View)時，接著按住滑鼠右鍵(MB3)，並選取 Property 進行設定，針對該視圖的名稱、比例、旋轉等設定與補助特性設定，如隱藏線、軸線、中心線與倒角邊界線等顯示功能，以方便設計者使用。其中，中心線通常必須顯示，而倒角邊界線視視圖大小來決定，若比例太小或線條太多時，建議不顯示。

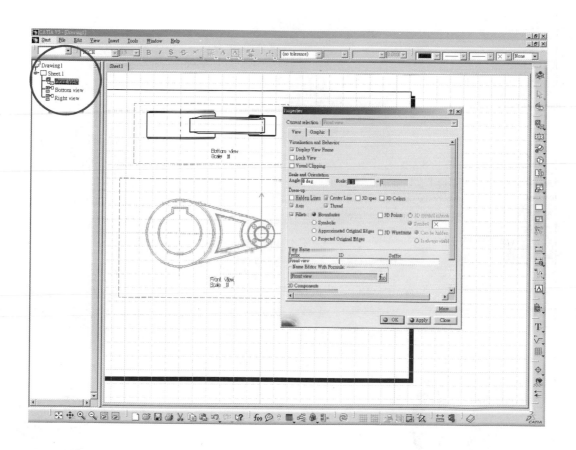

MEMO

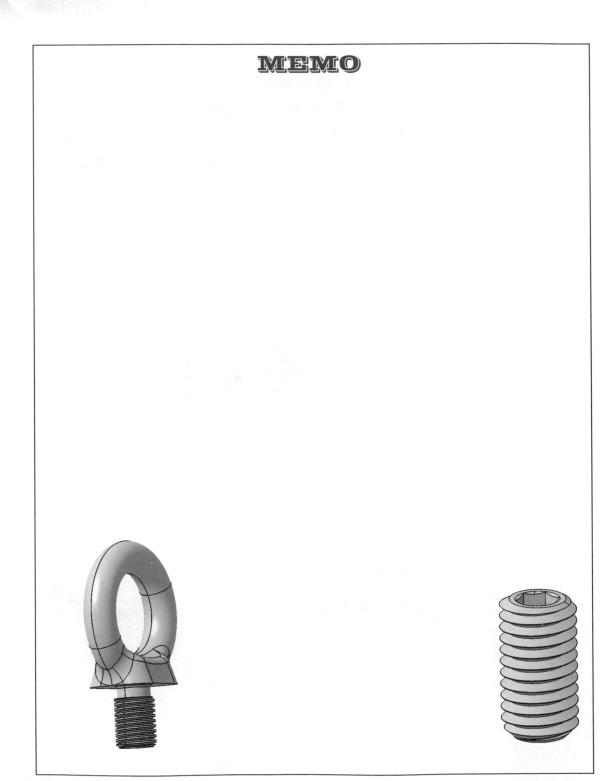

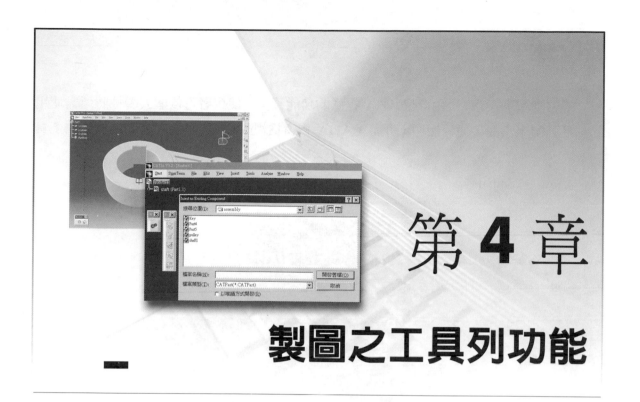

第 **4** 章

製圖之工具列功能

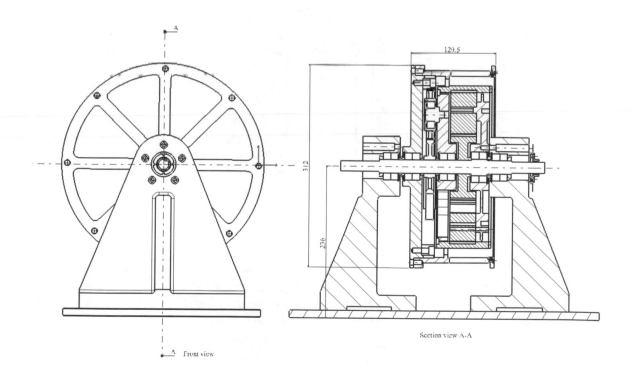

Front view

Section view A-A

當啟動製圖模組時，由於 CATIA 提供的功能甚多，使用者可依個人習性將所需使用的工具列叫至桌面，便於操作，可從 CATIA 視窗檢視(View)工具列，查看所提供的工具列。

View→Toolbars

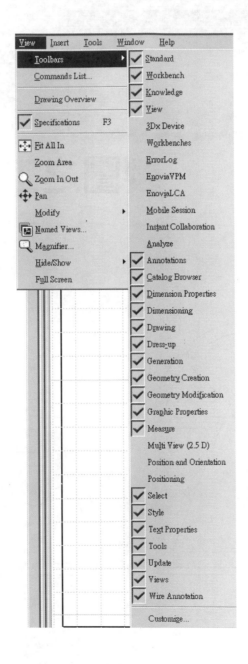

　　由 CATIA 視窗功能選單中點選插入(Insert)的工具列，下拉製圖工具列選單，其中包括

－物件(Object)

　－視圖增構(Views)：輔助圖、剖面圖、詳圖與
　　立體圖等增構

－繪圖標定(Drawing)：

－尺寸標定(Dimensions)：尺寸與座標等

－標定(Generation)：

　－註解(Annotations)：說明、尺寸線、幾何公差、
　　基面與粗糙度等

　－修整(Dress up)：圓角、倒角、斷點與中心軸
　　等

　－幾何構件建構(Geometry Creation)：點、線、
　　仿線、封閉曲線、多邊形、圓與圓弧

　－幾何構件修改(Geometry modification)：中心線標示、螺孔標示、剖面線與箭頭、
　　外廓尺寸限制及修飾等

所對應在桌面視窗的快速功能鍵，如下頁所示。

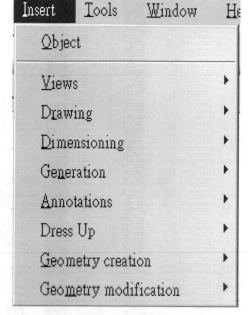

(1) 尺寸線粗細與顏色設為設定

(2) 尺寸線種類、一般公差、單位與精度設定

(3) 字體格式、大小與粗體等設定

(4) 註解、幾何公差、基面編號與粗糙度設定

(5) 格線與擷取等設定

快速鍵功能表

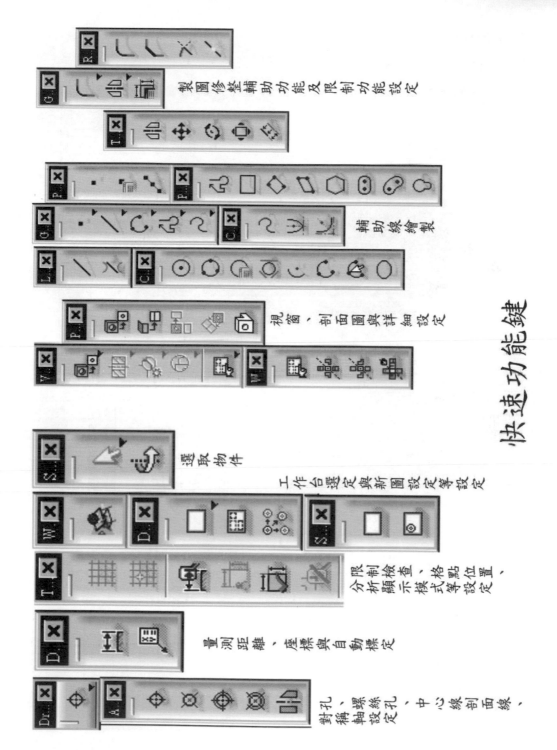

製圖修整輔助功能及限制功能設定

輔助線繪製

視窗、剖面圖與詳細設定

快速功能鍵

選取物件

工作台選定與新圖設定等設定

分限制檢查、格點位置、析顯示模式等設定

量測距離、座標與自動標定

對孔稱、軸螺絲設定孔、中心線剖面線、

1. 物件(Object)

   建立一新的物件，如圖名框(Title Block)加入時使用。

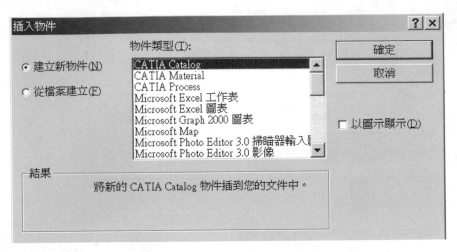

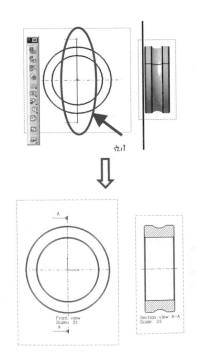

2. 視圖增構(View)

當在進行繪製草圖時，因需求要加上不同視角圖來進一步的描素，以利出圖提供廠商加工。

(1) Projections(視圖外加功能)

(i) Insert→Views→Projections

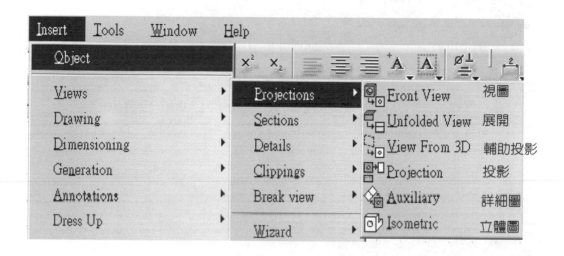

(ii) Insert→View→Sections(剖面與斷面)

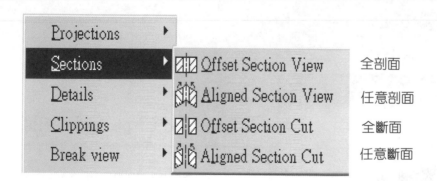

(iii) Insert→View→Details(詳細圖)

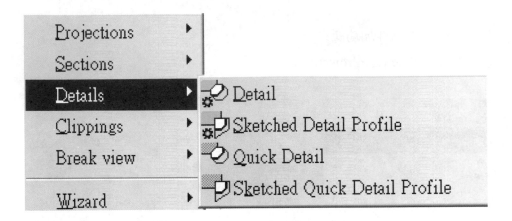

(iv) Insert→View→Clippings 修剪

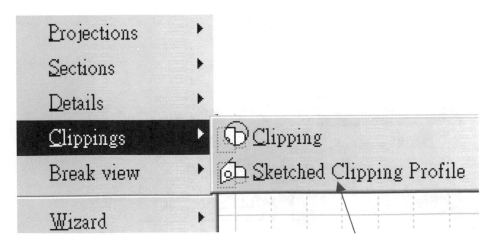

任意外型修剪

(v)　Insert→View→Break view(截斷視圖)

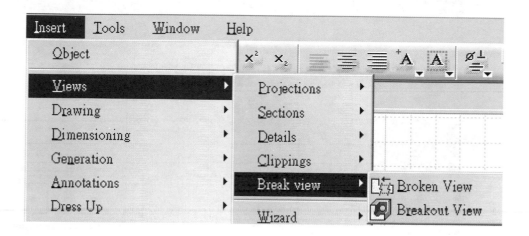

(vi)　Insert→View→Wizard(壓縮)

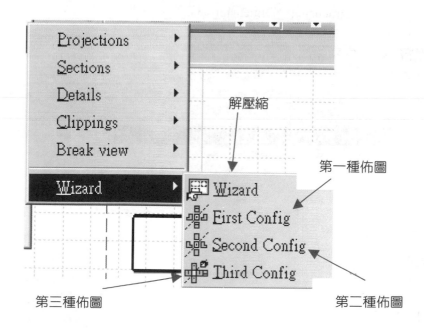

(3) Drawing(繪圖)

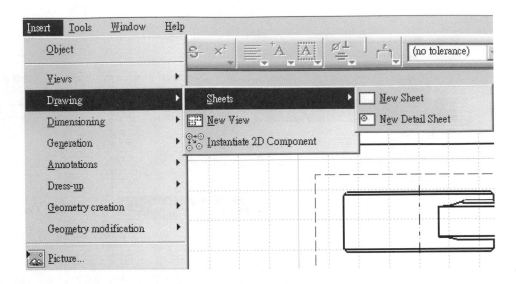

(4) Dimensioning(標定尺寸)

(i) Insert→Dimension→Dimensions(標示尺寸或座標尺寸)

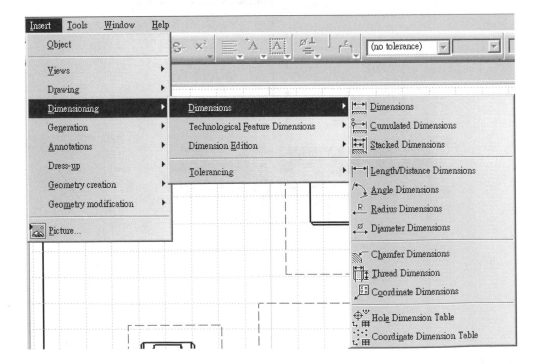

(ii)　Insert→Dimension→Technological Feature Dimensions

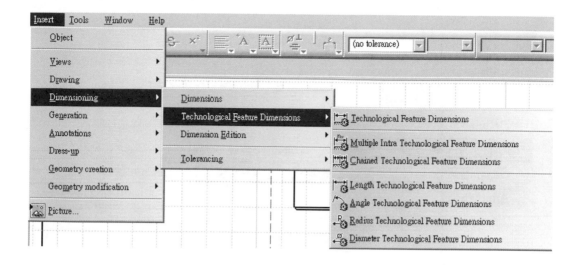

(iii)　Insert→Dimension→Dimension Edition(尺寸編輯)

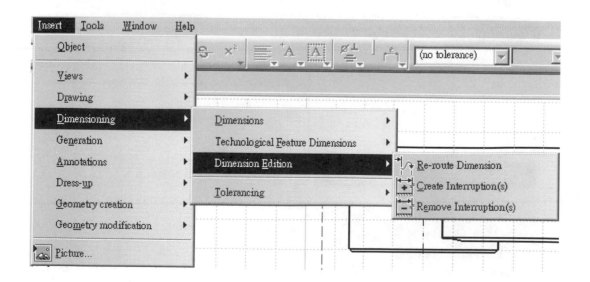

(iv) Insert→Dimension→Tolerancing(幾何公差)

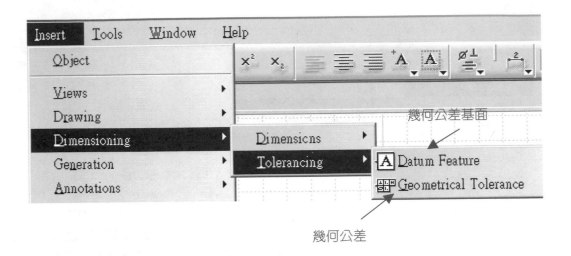

(5) Insert→Generation(一般尺寸建構)

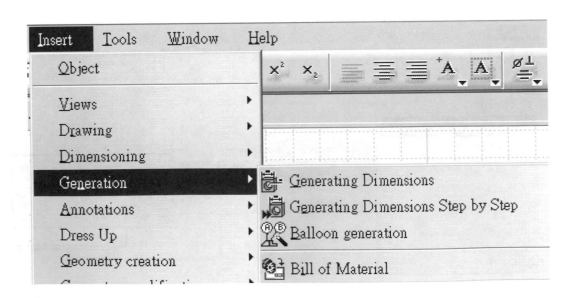

(6)　Annotations(註解)

　　(i)　Insert→Annotations→Text(文字標示或註解)

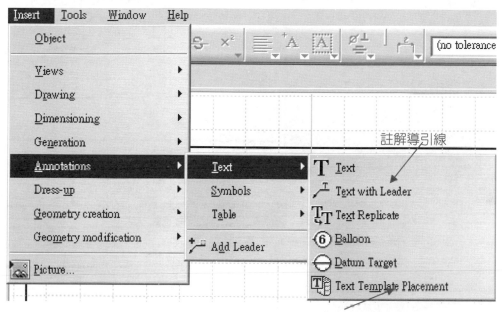

註解導引線

幾何公差繪圖主要標的

　　(ii)　Insert→Annotations→Symbols(符號標示)

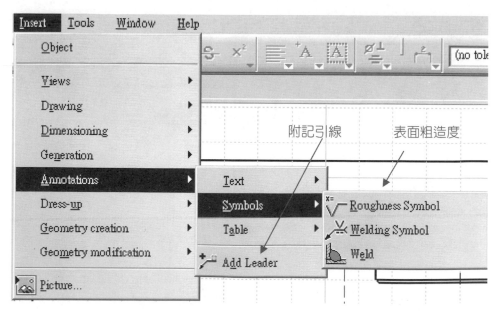

附記引線　　　表面粗造度

(iii) Insert→Annotations→Table(表格標示)

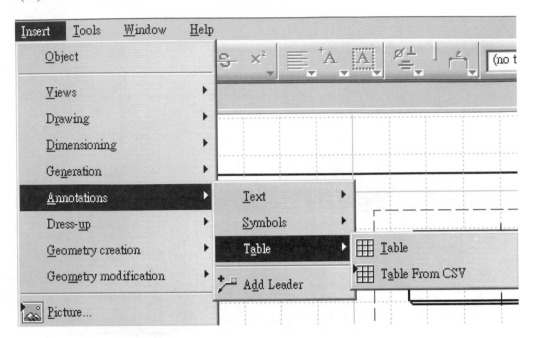

(7) Insert→Dress Up(修整)

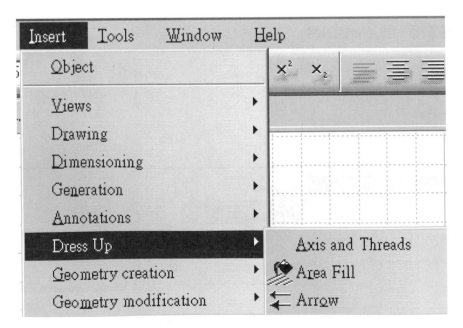

(8)　Geometry Creation(幾何外形建構)

(i)　Insert→Geometry-> Points(點建構)

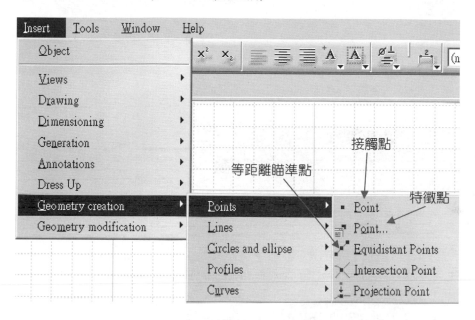

(ii)　Insert→Geometry->Lines(線建構)

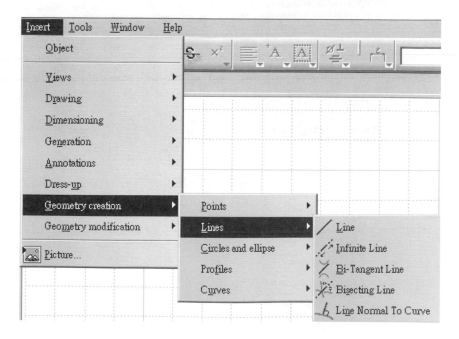

(iii) Insert→Geometry->Circles and ellipse(圓建構)

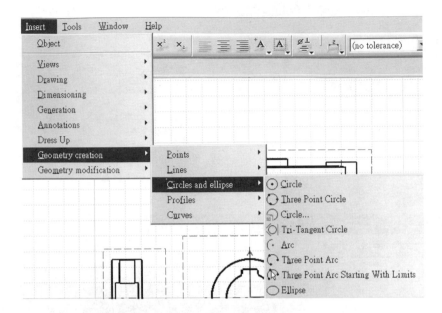

(iv) Insert→Geometry→Profiles(多邊形建構)

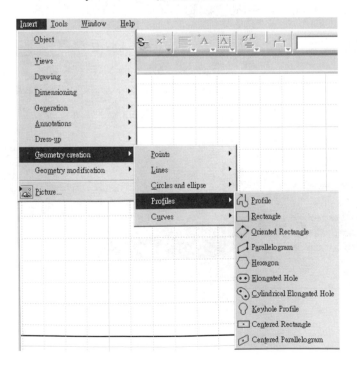

(v) Insert→Geometry creation→Curves(曲線建構)

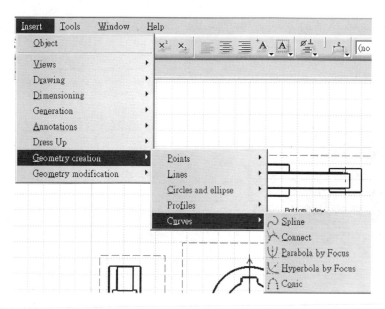

(9) Geometry modification(幾何外形修整)

(i) Insert→Geometry modification→Relimitations

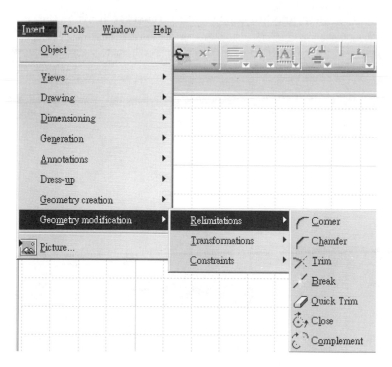

(ii)　Insert→Geometry modification→Transformations(平移)

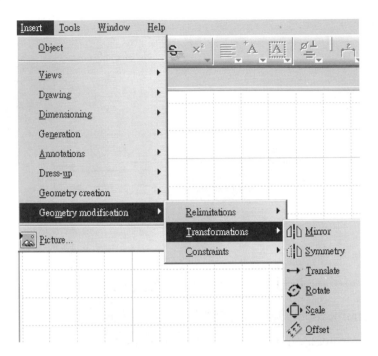

(iii)　Insert→Geometry modification→Constraints(幾何限制)

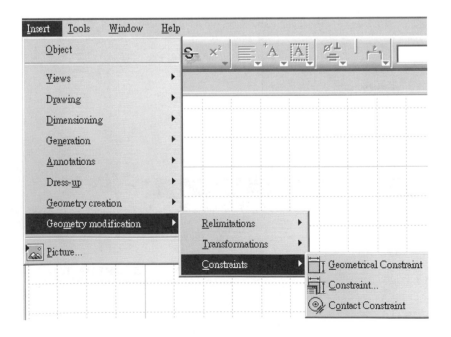

第 5 章

幾何公差標定範例

一軸承內環製圖

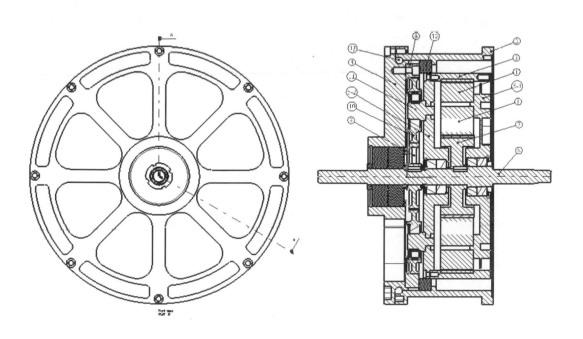

本篇以軸承內環為例,主要係因軸承為一精密元件,除公差設定外,仍需標定幾何公差,故採用軸承內環作為本篇說明範例。至於公差標定說明,會在步驟中一併概略性的說明,詳細定義請配合圖學與參考機械畫等相關書籍,可參閱教學光碟中製圖篇圖例 Innerring.CATPart。軸承內環的元件實體與製圖建構步驟如下:

1. 建構一長方形 39×15,並作迴轉軸 的設定,在 3D 模式下迴轉 一方形環。

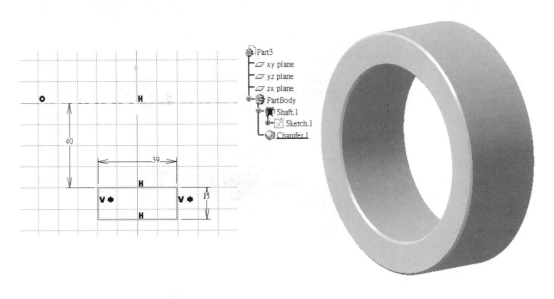

圖 5.1

2. 插入一元件(Insert Body),進入 2D 繪圖模組(Drafting),繪製一圓環 $\phi25$,並作迴轉軸 的設定,再回 3D 擠製成形。

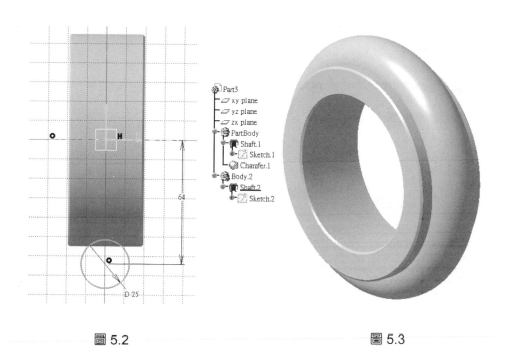

圖 5.2　　　　　　　　　　　　　　圖 5.3

3. 方形環與圓環兩元件進行差集布林運算

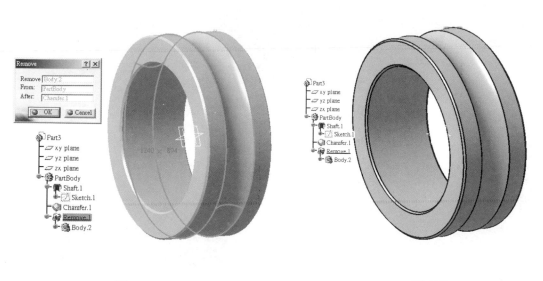

圖 5.4　　　　　　　　　　　　　　圖 5.5

4. 點一正視圖的基面,並下拉選取繪圖;

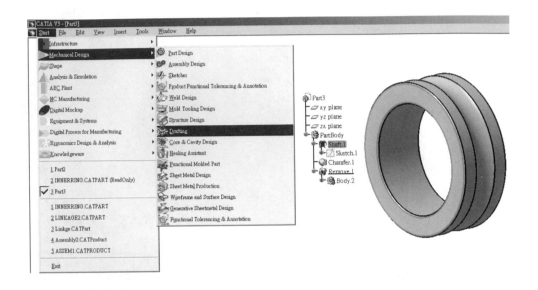

並於視窗設定圖紙格式;

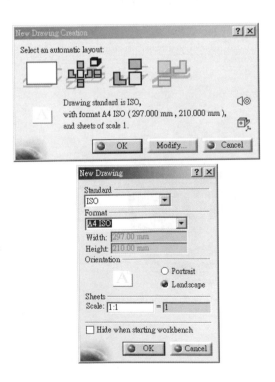

進入繪圖模組(Drafting)。

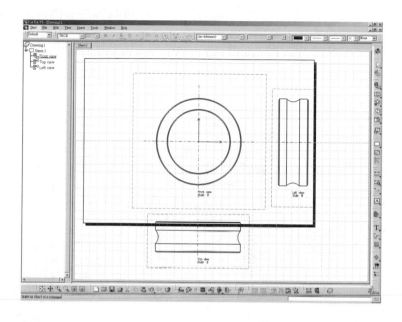

5. 先將多餘的視圖去除，因滾珠軸承的內環為一對稱環，只需一視圖即可完全表示，故
　 將側視圖去除。為充分表達元件，此一視圖採用剖面圖。

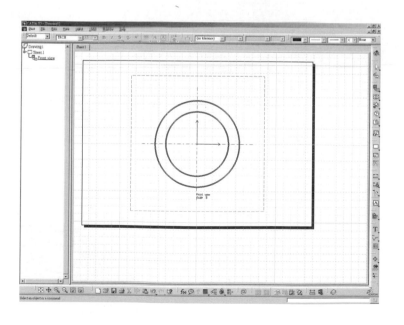

6. 繪製剖視圖

　　點取剖面圖鍵 ，在正視圖上繪製剖面線後，外拉圖形到所要擺放的位置；得到所需的剖視圖，接著並拉動整個視圖，使剖面圖置於圖中間。待完成標示後，再將正視圖去除。

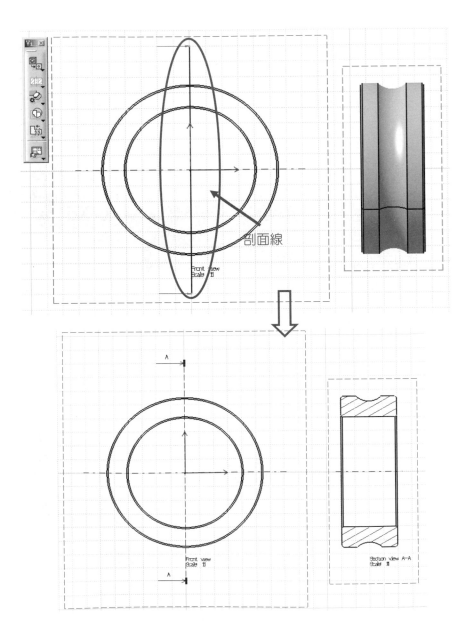

剖面線

各個視圖下方都有註明視圖的名稱與比例。若是覺得字體太小，可點取視圖的名稱，再下拉註解功能鍵中的大小鍵，點取適當的尺寸後，即可作字體大小的改變，如下圖所示。同理，在標註尺寸字體的大小修改方式亦同。

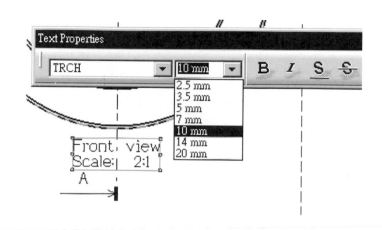

尺寸標定時，亦可利用結構樹狀來選取各個視圖，故在各個視圖框內加註視圖名稱與比例，似乎是多餘。若要刪除此加註，則可利用點取視圖名稱，再按住 MB3 鍵，會呈現功能表，再點選刪除鍵 (Cut)，即可刪除視圖名稱與比例，如圖 5.11 所示。同理，標註尺寸刪除方式亦同。

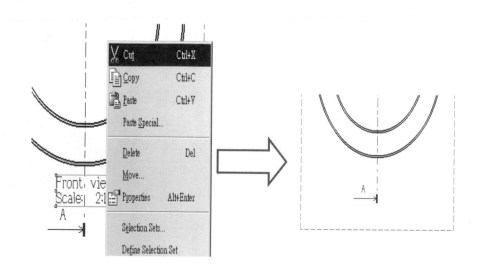

7. 環厚度與公差 $39^{0}_{-0.15}$ 標定

 (1) 先點取尺寸標定的功能鍵，再點選二邊界

 (2) 選取尺寸線格式

 (3) 點選公差格式

 (4) 選取尺寸單位

 (5) 由精度訂定尺寸位數

   請參閱下列相關圖示。

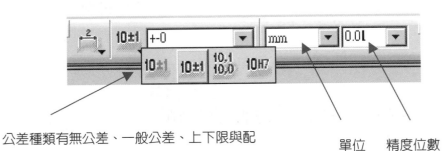

公差種類有無公差、一般公差、上下限與配
合符號等四種類型標定
              單位 精度位數

圖 5.6

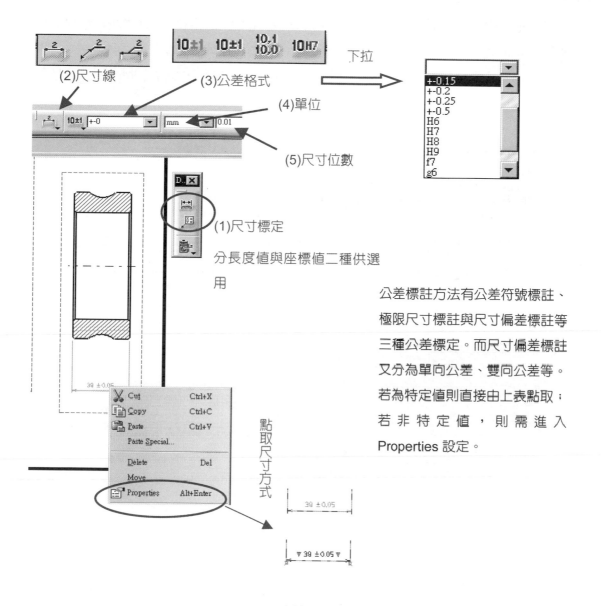

公差標註方法有公差符號標註、
極限尺寸標註與尺寸偏差標註等
三種公差標定。而尺寸偏差標註
又分為單向公差、雙向公差等。
若為特定值則直接由上表點取；
若非特定值，則需進入
Properties 設定。

游標移動至尺寸，不點取(如左上圖) 與點
取(如左下圖，具有三角形標點)差異。前者
按 MB3 進入 Properties 進行特性修改；後
者可拖曳尺寸位置。

公差標定可由二處來設定，一為工作桌面上方功能鍵，通常針對等量雙向公差或公差符號標定設定使用；另一如左下圖，點取 Properties 之 Tolerance 設定。若公差非特定值時，則點尺寸值後按 MB3，進入公差參數表，將單向公差輸入，如左下圖，所示，按確定後即完成尺寸與公差設定，如右下圖，所示。

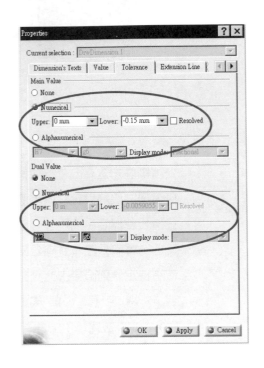

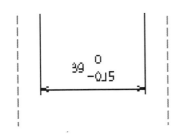

決定公差配合

　　　　－鬆、過渡與緊配合

依尺寸大小決定公差值

　　　　－公差標定有上下限尺寸、加減公差與公差符號等三種表示法。公差符號表示，
　　　　軸以小寫英文字標定，孔以大寫英文字標定。公差等級參閱機械便覽。

8. 繪製假想線

繪製軸承內滾珠的假想圓及標定尺寸，如圖 5.15~5.18。

繪圖時，線條種類、粗細與名稱如下表。

線條種類		粗細	畫法	線條名稱
實線	▬▬▬	中	連續線	輪廓線、圖框線
	────	細	連續線	尺寸線、界線、指線
	〜	細	不規則連續線	折斷線
虛線	-------	中	短虛線	隱藏線
	▬ ▬ ▬	粗	短虛線	表面熱處理線
鏈線	─·─·─·	細	一長一點	中心線
	─··─··─··	細	一長二短	假想線

通常，粗線取 2.25 點，中線取 1.5 點，細線取 0.75 點。但隨圖大小可作適度變更。

先於結構樹狀的剖面視圖處連續點二點，使剖面視圖變色，表示剖面視圖處於編輯工作模式，如下頁上圖所示。

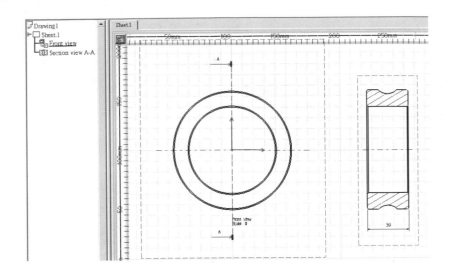

利用繪圖工具列中繪圓的功能鍵繪圓，點圓顯示參數表，將圓大小 r12.5 與圓心位置座標(0,-64)鍵入，即完成圓的繪製。點圓且按 MB3，再點選 Properties 鍵，即呈現特性表，如圖所示。下拉線條種類，點選假想線：一長二短之細線(Linetype：5)。

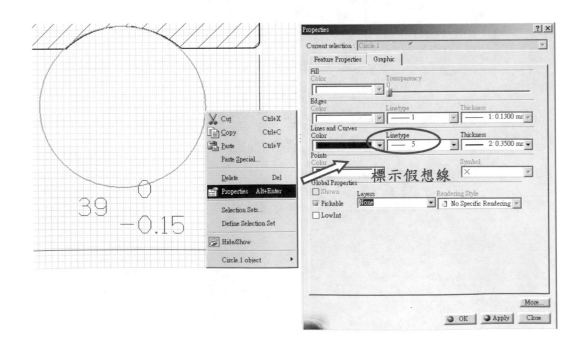

點取尺寸標示功能鍵，再點圓，同步驟 7.標定圓的尺寸與公差，圓直徑與公差就完成標定，如圖左下所示。

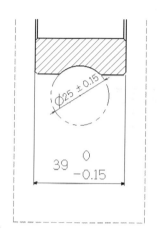

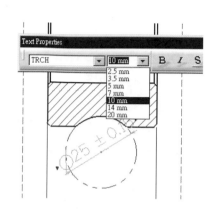

尺寸標定後，仍有一些技巧需注意：

(1)　移動尺寸與尺寸線：點尺寸，使尺寸值前後具有三角形標點，如步驟 7 所示，即可拉動或旋轉尺寸至適當位置。

(2)　改變尺寸值字型大小：同(1)，點取尺寸值後，再下拉註解特性 (Text Properties) 功能鍵內之尺寸大小，選取適當值，如右上圖所示。

(3)　直徑與半徑標定變換：點尺寸，再按 MB3，即呈現參數選定表，點尺寸形式 (Dimension type)，可橫拉出以直徑或以半徑標定方式，如下頁上圖所示。通常此設定在於點取尺寸鍵時，即刻點取，方能設定直徑或半徑標示。若已經過修改後，則無法進入此模式，而進入下頁下圖參數設定表。倘若要改變直徑與半徑標定，則建議刪除該值，再重新設定尺寸。

(4)　尺寸與尺寸線方位設定：同(2)，點尺寸，再按 MB3，就呈現參數選定表，點尺寸值方位(Value Orientation)，即呈現參數表，可選取與尺寸線或特定基準線互相平行、垂直或成一角度的方位設定，同下圖所示。

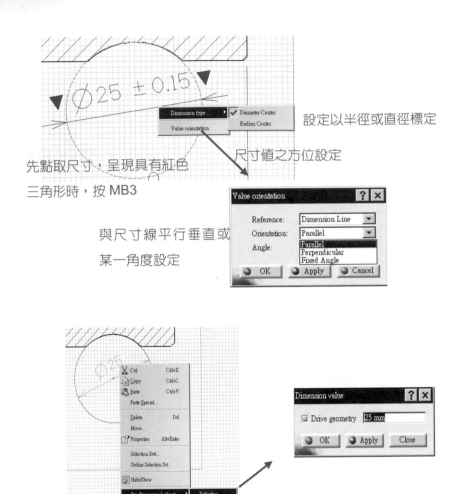

設定以半徑或直徑標定

尺寸值之方位設定

先點取尺寸，呈現具有紅色
三角形時，按 MB3

與尺寸線平行垂直或
某一角度設定

(5) 改變尺寸值：元件大小於製圖模式無法改變，必須回到元件設計模式進行修改。若為製圖模式外加的圖形時，則亦可利用點取尺寸，但未出現二個三角形之情況下，按 MB3，呈現參數鍵表，橫拉圖形尺寸物件(Draw Dimension 1 object)，再點尺寸定義(Definition)，於參數表內，輸入變更值，如上頁下圖所示，來進行尺寸變更。

(6) 箭頭設定：尺寸線上箭頭有多種形式可供選用，即於上頁下圖，點取尺寸，但未出現二個三角形之情況下，按 MB3，呈現參數鍵表，點取特性值 (Properties)，即呈現功能表，如下頁圖所示；選取形式與位置鍵(Frame and Position)，並於表內下拉符號(Symbols)內的外型(Shape)，有開放式、密閉式、斜線式、圓圈式、三角形式或打叉式等多種形式之箭頭供選取設定；又下拉表內的方位(Reversal)，有內側、外側等箭頭方位供選取設定。

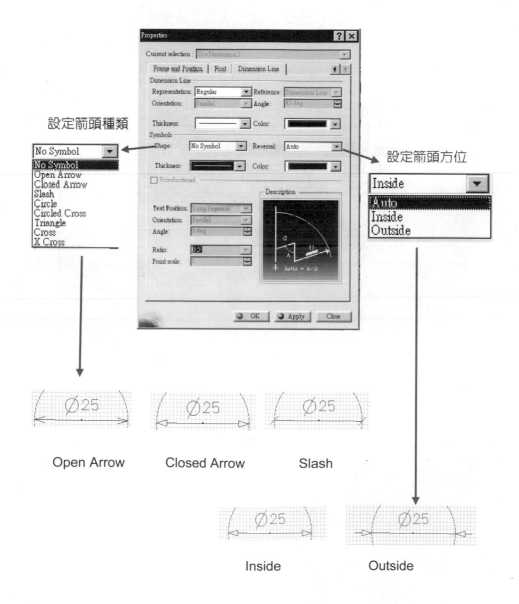

Open Arrow　　Closed Arrow　　Slash

Inside　　　　Outside

(7) 外加尺寸線與尺寸值：軸承內之滾珠對內環元件而言，是不同元件，但為了加工定位方便與精度要求，於軸承內環標定尺寸時，為一假想元件，故繪製一假想圓，如 8.繪製假想圓。而此假想圓亦需標定其大小與位置，大小如前標定法，標定 25±0.15。而位置標定，若軸二側均繪製二假想圓，則直接如前述尺寸標定即可；若只畫一假想圓，則需外加尺寸標定。

　－加尺寸界線，如左下圖所示。

　－加註假想圓到內環軸心距離，如右下圖所示。

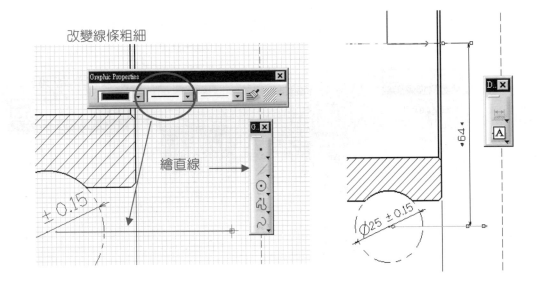

9. 內環軸孔徑與外徑標定

　　內徑標定時，由於公差至小數後三位，故精度位數需重新設定；由於內環外徑處非配合面，故外徑標定時不設定公差，只需依一般公差加工，如左下圖所示。

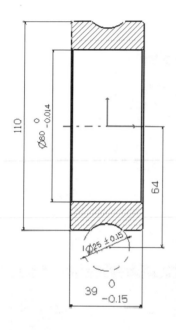

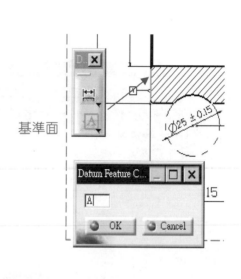

基準面

10. 內環二側面平行度的幾何公差標定

　　幾何公差標定時，需有基本三項要件：公差形式、容許量與基準面等。首先先設定基準面，即點取尺寸功能鍵的基準面，再點取元件上面的基準面後，往外拉出至適當位置再點一點，即會出現基準面代號表，輸入英文大寫字母，按確定後，即完成基準面設定，如右上圖所示。只要點取基準面後 MB1 不放，即可移動基準面位置與長度。

　　標定二側平行度，即點取幾何公差鍵，再點選平行面後，往外拉出至適當位置再點一點，即會出現幾何公差參數表；點取平行公差符號，輸入公差值與基準面代號，如圖所示。

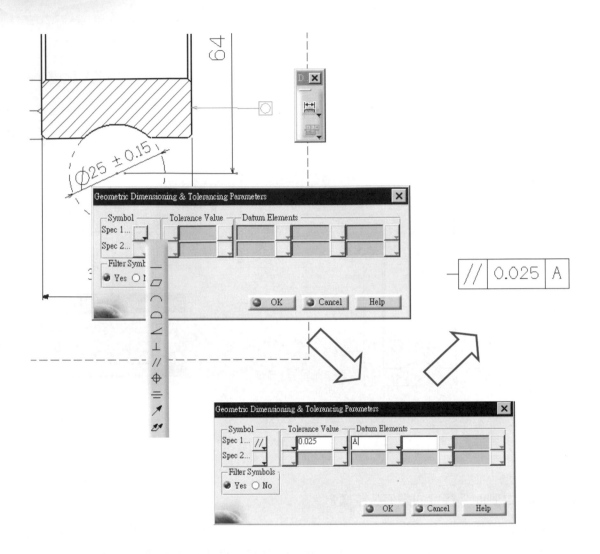

11. 軸孔本身的真圓度和軸心的平行度的幾何公差標定

同 10，標定軸心為基準面 B，及標定二項幾何公差：真圓度與平行度，如圖所示。
幾何公差有形狀、位置公差與偏轉度，形狀公差有真直度、真平度、真圓度、圓柱
度、曲線輪廓度與曲面輪廓度等，位置公差有平行度、垂直度、傾斜度、正位度、
同心度與對稱度等。標定時，先點取標定線，再選取幾何公差鍵，即呈現如圖先下
拉選取幾何公差類型，後輸入公差值與基面。

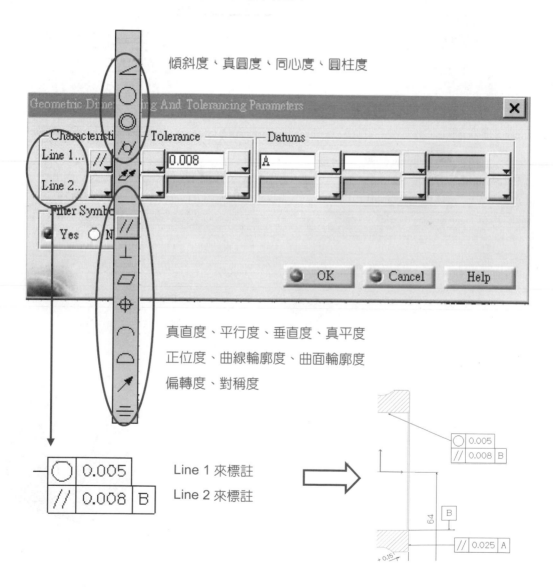

傾斜度、真圓度、同心度、圓柱度

真直度、平行度、垂直度、真平度
正位度、曲線輪廓度、曲面輪廓度
偏轉度、對稱度

Line 1 來標註
Line 2 來標註

加註一彎點，使幾何公差的指線多一直角，如下圖所示；點取指線的箭頭，再按 MB3，即呈現一表單；點選加一端點鍵(Add a Breakpoint)，產生一新端點；只要拉動此端點至適當位置，就可得到垂直的指線。

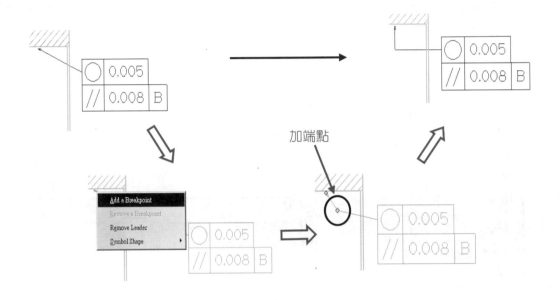

加端點

12.　加註滾珠凹槽的真圓度

　　同 11，利用幾何公差鍵與加端點鍵，可完成凹槽真圓度的標定，如圖所示。

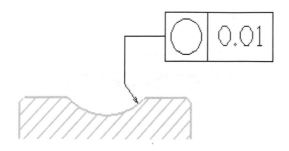

13.　加註滾珠凹槽與側邊的偏轉度

　　同 11，利用幾何公差鍵與加端點鍵，可完成偏轉度的標定，如圖所示。

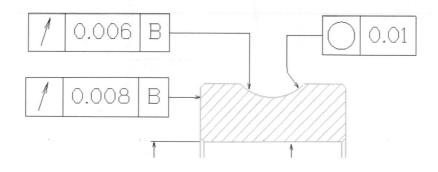

14. 完成軸承內環尺寸標定，如下圖所示。由於其具對稱，故只需一剖面圖，就可完整的標示出來。

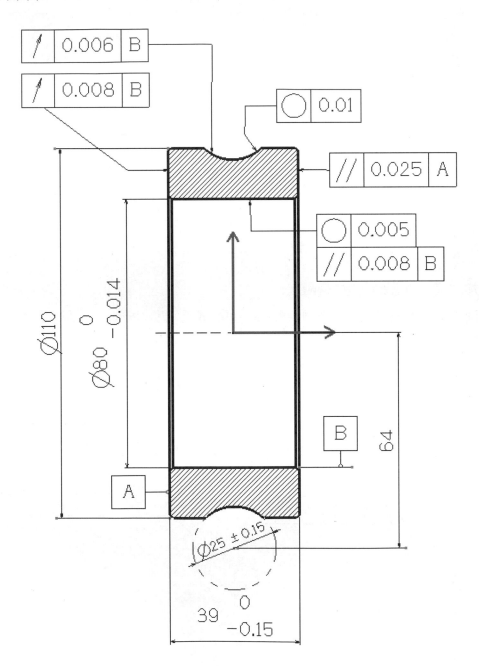

表達元件的詳細形狀與尺寸，除剖面外，仍有斷面與局部詳細圖。斷面如下圖所示，而局部詳細圖如下頁上圖所示。而表面粗造度有二種表示法，一為表面粗造度符號，如下頁下圖所示，另一為表面粗造度代號表示法，即以倒三角形數量來代表，詳細請參考機械便覽。

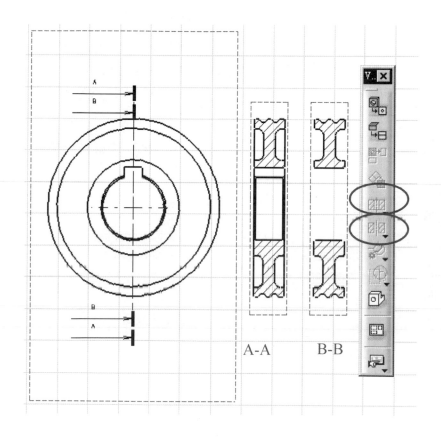

A-A　　　B-B

先點取視圖，再選取第一個剖視圖之功能鍵，於視圖拉出剖面線，並往外拉，即可得 A-A 剖面圖。若點取第二個剖視圖之功能鍵，即可得 B-B 斷面圖。

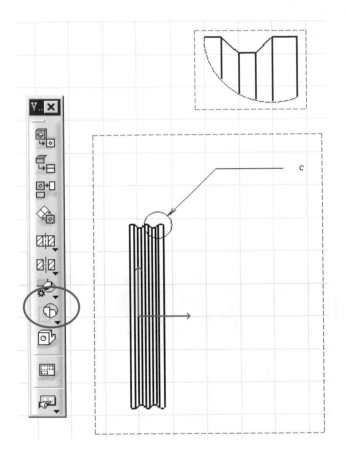

先點取視圖框或 Tree 之視圖(連續點二下)，使視圖框呈現橘紅色；再點取詳細圖之功能鍵，亦呈現橘紅色，再到視圖圈取所需區域，外拉即可呈現局部詳細圖。若點取下一個詳細圖之功能鍵，則整個視圖即被詳細圖所取代。

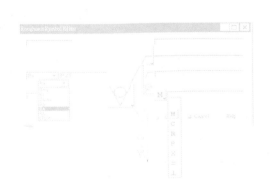

至於尺寸界線與輪廓間距離與凸出尺寸線長度的設定，於點取尺寸，按 MB3 時，再點取特性(Properties)設定鍵，出現的參數表，如下圖所示，進行設定。

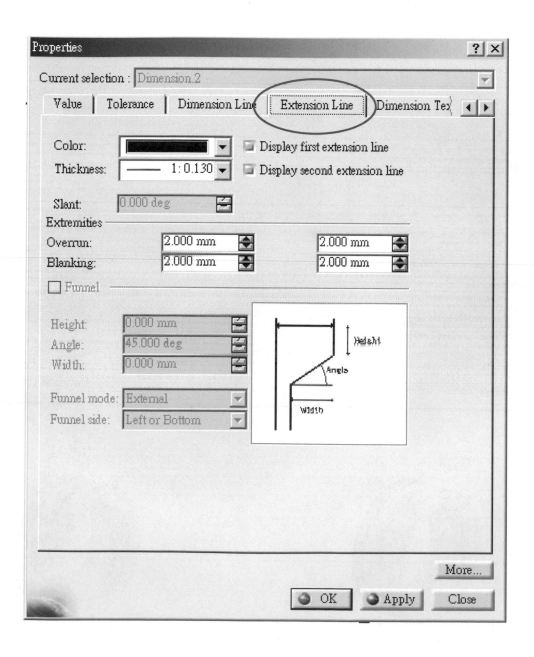

MEMO

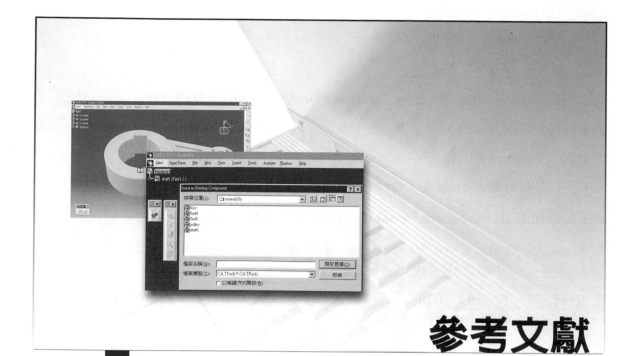

參考文獻

1. A. H. Slocum, 1992, *Precision Machine Design*, Prentice Hall, Inc.

2. Besant, C. B. and Lui, C. W. K., 1986, *Computer-Aided Design and Manufacture*, Ellis Horwood Limited, Chichester.

3. CATIA Training Foils & Exercises，DASSUALT SYSTEMS 1999。

4. Choi, B. K.,1991, *Surface Modeling for CAD/CAM*, Elsevier.

5. Korn, G. A. and Corn, T. M., 1968, *Mathematical Handbook for Scientists and Engineers*, McGRAW-Hill, New York.

6. Krar, S. F. and Gill, A., 1990, *CNC Technology and Programming*, McGRAW-Hill, Inc., New York.

7. Rogers, D. F. and Adams, J. A., 1990, *Mathematical Elements for Computer Graphics*, 2nd Edition, McGraw-Hill Inc., New York.

8. S. C. Jonathan Lin, 1994, *Computer Numerical Control : Form Programming to Networking*, Delmar Publishers.

9. 新編 JIS 機械製圖，吉澤武男編著，林文晃，徐仁輝譯著，壹隆書店。型錄。

10. NTN 軸承承型錄。

11. 機械元件設計，陳雄章譯著，滄海書局。

12. 機械設計圖表便覽，小栗富士雄等著，壹隆書店。

13. CATIA Training Foils & Exercises，DASSUALT SYSTEMS 1999。

14. 機械設計製圖－往復式壓縮機，陳朝光、王明庸、黃泰祥，高立圖書公司。

15. 工程圖學，王輔春、朱鳳傳、楊永然、康鳳海，師友工業圖書公司。

16. 新編 JIS 機械製圖，吉澤武男編著，林文晃，徐仁輝譯著，壹隆書店。

17. NTN 軸承型錄。

18. SKF 軸承型錄。

19. 機械元件設計，陳雄章譯著，滄海書局。

20. 機械設計算例與詳圖，彭源昌等，科技圖書股份有限公司。
    機械設計圖表便覽，小栗富士雄等著，壹隆書店。

親愛的讀者：

感謝您對全華圖書的支持與愛護，雖然我們很慎重的處理每一本書，但恐仍有疏漏之處，若您發現本書有任何錯誤，請填寫於勘誤表內寄回，我們將於再版時修正，您的批評與指教是我們進步的原動力，謝謝！

全華圖書 敬上

勘誤表

書號		書名		作者
頁數	行數		錯誤或不當之詞句	建議修改之詞句

我有話要說： （其它之批評與建議，如封面、編排、內容、印刷品質等・・・）